● 本书获中国社会科学院出版基金资助

# 都市圈战略规划研究

## RESEARCH ON STRATEGIC PLANNING OF METROPOLITAN CIRCLE

宋迎昌　著

中国社会科学出版社

图书在版编目（CIP）数据

都市圈战略规划研究／宋迎昌著．—北京：中国社会科学
出版社，2009.4
ISBN 978 - 7 - 5004 - 7736 - 5

Ⅰ. 都… Ⅱ. 宋… Ⅲ. 城市规划 - 研究 Ⅳ. TU984

中国版本图书馆 CIP 数据核字（2009）第 060182 号

出版策划　任　明
特邀编辑　成　树
责任校对　曲　宁
技术编辑　李　建

出版发行　中国社会科学出版社
社　　址　北京鼓楼西大街甲 158 号　　　邮　编　100720
电　　话　010 - 84029450（邮购）
网　　址　http://www.csspw.cn
经　　销　新华书店
印　　刷　北京奥隆印刷厂　　　　　　　装　订　广增装订厂
版　　次　2009 年 4 月第 1 版　　　　　印　次　2009 年 4 月第 1 次印刷
开　　本　710×1000　1/16
印　　张　18.25　　　　　　　　　　　插　页　2
字　　数　296 千字
定　　价　35.00 元

# 前　言

都市圈作为一种崭新的城市地区空间概念，最近 10 年来频繁出现于国内学术界。从都市圈的概念界定、划分方法到都市圈战略规划研究，学术界呈现出百家争鸣、百花齐放的态势，有力地推动了都市圈战略规划研究向纵深地带发展。

自 21 世纪以来，我国区域经济发展出现了翻天覆地的变化，主要大中城市的扩张正在突破行政区划的限制，区域城市化和城市区域化方兴未艾，对都市圈组织区域经济发展重要性的认识已经不再局限于学术界，政府界和城市规划部门逐渐唱起了主角，各地纷纷组织力量开展都市圈战略规划，从而把都市圈研究推向了都市圈战略规划这样一个实施操作的高度，现在已经成为城市规划界的热点。

然而，都市圈战略规划目前也存在着不容回避的问题：一是学术界对都市圈的概念界定和划分方法尚存在争议，没有公认的科学标准；二是战略规划的理论体系尚不完善，研究方法也不成熟；三是规划侧重于物质建设规划，与空间政策不匹配，社会科学家参与规划甚少；四是规划的法律地位尚不明确。都市圈的形成和发展是新时期中国城市化的一个主要特征，广泛借鉴国外都市圈战略规划的经验，系统总结国内都市圈战略规划的得失，及时开展都市圈战略规划理论、方法与应用研究是当前亟待解决的重大课题。在这种背景下，《都市圈战略规划研究》荣幸地被列入了中国社会科学院 2004 年度院重大课题之列。

自担任课题主持人起，作者主要开展了以下几方面的工作：一是收集资料。由于本课题研究涉及全国主要大、中城市，资料要求的广度和深度很高，而且资料要求的历史跨度和横向对比也很高，尽管面临着重重困难，最后还是收集到了基本能够满足课题研究的资料。二是国内外对比研究。从各种渠道收集到了多个国内外都市圈战略规划的案例，为课题总结国内外都市圈战略规划的经验和教训提供了便利。三是主持和参与相关应用研究课题。在课题执行阶段，荣幸地承担了多个相关应用研究课题。主持的课题有《"十一五"期间北京城市空间发展战略实施研究》（2004—2005 年）、《宁波市土地利用规划修编专题研究》（2004—2005 年）、《天津市土地利用与经济社会发展关系研究》（2004—2005 年）、《"十一五"期间北京市崇文区空间发展战略研究》（2005 年）、《青岛市城镇化发展用地需求研究》（2005 年）、《河北省大厂工业园区产业发展规划》（2005 年）、《北京市通州区国民经济和社会发展"十一五"规划》（2005 年）、《北京市朝阳区土地利用规划修编前期研究》（2006 年）、《北京市崇文区生态和谐、环境宜居城区规划》（2007 年），参与的课题有《济宁都市圈战略规划》（2004 年）、《"十一五"期间北京市 CBD 功能区发展规划》（2005 年）。通过这些应用课题研究，收集到了大量第一手资料，并对都市圈战略规划的应用研究进行了系统梳理，为都市圈战略规划的理论体系研究奠定了良好的基础。四是公开发表了一些以论文和文章为形式的中期成果，如发表在《江苏城市规划》［2005（4）］上的论文"中国城镇密集区发展特征研究"、发表在《前线》［2005（11）］上的文章"国外都市经济圈发展的启示和借鉴"、收集在《三大都市密集区：中国现代化的引擎》（社会科学文献出版社，2007 年）一书中的文章"都市密集区理论研究"、收集在已经出版的中国社会科学院研究生院研究生教材《城市学概论》中的文章"城市规划"以及"中国的都市密集区"等。五是初步构建起了都市圈战略规划体系和课题报告写作框架，为研究课题的圆满完成打下了良好的基础。

本研究的学术贡献有四点：一是在对都市圈概念内涵研究的基础上，提出了中国都市圈形成的三条界定标准，即：（1）中心城市出现城市郊区化现象；（2）城市边缘区的经济增长快于中心市；（3）城郊联系密切。二是在上述三条界定标准的基础上，通过实证研究对中国都市圈的发展状况有了更加清晰的认识：（1）都市圈发育成熟的城市有 4 个，即北京、天津、上海、广州。（2）都市圈发育基本成熟的城市有 13 个，即重庆、南京、长春、哈尔滨、郑州、武汉、温州、福州、厦门、深圳、合肥、贵阳、乌鲁木齐。（3）都市圈发育尚不成熟的城市有 25 个，即沈阳、大连、吉林、齐齐哈尔、呼和浩特、包头、大同、太原、石家庄、开封、济南、青岛、苏州、无锡、徐州、杭州、宁波、湛江、南宁、柳州、南昌、长沙、昆明、成都、西安。这对指导我国当前正在开展的都市圈战略规划有极强的参考价值。三是初步构建了都市圈战略规划体系，在对都市圈战略规划的定位、都市圈战略规划与相关规划的关系、都市圈战略规划的指导思想、原则、路径、实施及法律地位等方面都提出了有创新性的观点。四是发现了我国都市圈战略规划存在的缺陷，即规划与政策的脱节。这正是都市圈战略规划需要努力的方向。

由于作者学术水平有限，本研究一定存在这样或那样的缺点和不足，敬请学术界同人给予批评和指正。

# 目　　录

# 第一章　都市圈的概念及其界定标准

中国的城市化发展已经进入了一个新阶段，其标志是城市化加速发展，都市圈不断发展壮大，地位也日益凸显，按都市圈组织区域经济已经引起社会各界的共鸣。比如，江苏省提出以都市圈发展带动全省经济发展和建立南京市"一小时都市圈"设想，上海联合江苏和浙江部分市县共建上海大都市圈，广东省提出建设珠江三角洲大都市圈，京津冀地区走向联合，等等。然而社会上对都市圈的概念理解并不一致，出现了都市圈、城市圈、城市经济区、城市影响区、城市群、都市区、城市带、城镇密集区、都市连绵区等相关概念，造成了概念使用上的混乱，因而有必要对都市圈的概念及其界定标准进行明晰。

## 第一节　都市圈的基本概念

### 一、都市圈概念起源于美国、成名于日本

美国早在 1910 年人口普查时就提出了都市区（Metropolitan District）的概念，其定义为以一个或多个有一定人口规模的中心城市和若干邻接城镇组成的区域。后来，日本借用这一概念，提出了"都市圈"的概念，其含义为：以一日为周期，可以接受中心城市（都市）某一方面功能服务的地域范围。

### 二、都市圈是以城市为核心的城乡一体化发展地区

没有城市，不可能形成都市圈，而且城市必须具备一定的人口规模，经济社会文化高度发达，有强大的聚散效应，能够带动周边地区发展。都市圈是一个区域概念，无论在景观上还是经济社会发展特征上，它都不同于传统的城市，也不同于传统的乡村。除了发达的中心城市外，还包括大片"似城非城、似乡非乡"的功能一体化地域。

### 三、都市圈是经济圈

都市圈形成的根本动力是中心城市和周边地区两种异质空间在相邻条件下的相互作用（取长补短），这种作用力以"流"的形式表现为各种要素和经济活动在空间上的集聚与扩散[①]。因此，都市圈是一种经济活动的地域组织形式，各种产业和经济活动聚集于此，并相互联系，构成一个高度一体化的有机整体。

### 四、都市圈是社会圈

都市圈内不仅聚集了大量经济活动，也聚集了大量人口和社会活动。各种经济要素在空间上的集聚与扩散，也带动了社会活动的一体化发展趋势。都市圈内人们的社会活动不再局限于某一城市或地区，而更多的是在整个都市圈域内完成。密切的社会联系使都市圈成为一个有机联系的完整的社会实体[②]。

### 五、都市圈有明显的圈层结构

都市圈内的中心城市是驱动都市圈运行的引擎。在聚集和扩散效应的作用下，都市圈的空间形态表现出明显的圈层结构。但在实际中，由于受地形地貌、山川河流、交通线路等因素的影响，都市圈的圈层结构往往表现为不规则形态。当都市圈内存在多个中心城市时，圈层结构会有相互交叉和重叠的可能。

### 六、都市圈的地域范围有较大的伸缩性

都市圈中心城市功能扩散和辐射所及的地域范围有很大的模糊性，造成实践中都市圈地域范围的不确定性。加之城市功能扩散和辐射具有动态性，造成都市圈边界也不断变化。这些复杂因素导致都市圈地域范围有较大的伸缩性，出现了对都市圈狭义和广义理解之分。

## 第二节　国外都市圈的界定标准

自20世纪50年代以来，都市圈作为一种现代区域经济发展模式，不仅在发达国家占据主体，而且在发展中国家也得到了空前的发展。其标志

---

① 胡序威等：《中国沿海城镇密集地区空间集聚与扩散研究》，科学出版社2000年版，第42—43页。

② 李国平等：《首都圈：结构、分工与营建战略》，中国城市出版社2004年版。

是：经济集聚程度高，在所在国家或地区占据着国内生产总值的绝大部分比例；第二，在所在国家或地区扮演着区域经济组织者或领导者的角色；第三，城乡经济社会相互融合，城乡一体化发展；第四，通过结构和布局调整，不断完善自身机能。

尽管都市圈在社会经济生活中占据着越来越突出的地位，但由于国别和国情的差异，世界上并没有一个统一的都市圈的界定标准。

### 一、美国的都市圈界定标准

美国设定的标准一般包括三部分：第一为都市圈内中心城市的人口规模；第二为外围区域的城市化标准；第三为外围区域和中心城市的经济社会一体化方面的标准[①]。

1910 年美国首先给出了都市圈（Metropolitan Area）的界定标准，规定都市圈内有一个至少 20 万人口的城市，在城市行政边界以外 10 公里范围内的最小行政单元的人口密度为 150—200 人/平方英里。此后对界定标准多次修订完善，规定每个都市圈应有一个 5 万人口以上的中心城市作为核心，围绕这一核心的都市区地域由中心县和外围县构成。中心县是中心市所在的县，外围县则是与中心县邻接且满足以下条件的县：

（1）非农业劳动力的比例在 75% 以上；

（2）人口密度大于 50 人/平方英里，且每十年人口增长 15% 以上；

（3）至少 15% 的非农劳动力向中心县以内范围通勤或双向通勤率达到 20% 以上。

### 二、日本的都市圈界定标准

20 世纪 50 年代，日本行政管理厅对都市圈的界定标准为：以一日为周期，可以接受城市某一方面功能服务的地域范围，中心城市的人口规模须在 10 万以上。1960 年日本进一步提出大都市圈的界定标准，规定中心城市为政令指定城市或人口规模在 100 万以上的大城市，并且邻近有 50 万人以上的城市，外围地区到中心城市的通勤率不小于本身人口的 15%，大都市圈之间的物资运输量不超过总运输量的 25%。据此日本全国划分为首都圈、近畿圈、中部圈、北海道圈、九州圈、东北圈、中国圈和四国圈

---

① 转引自李国平等《首都圈：结构、分工与营建战略》，中国城市出版社 2004 年版，第 5—6 页。

八大都市圈①。

1975 年日本总理府统计局提出都市圈的界定标准为：100 万人口以上的政令指定城市，外围区域向中心城市的通勤率不低于 15%。此外，富田和晓（1975）、山田浩之等人（1983）也提出了各自的界定标准②。

**三、其他国家或地区的都市圈界定标准**

美国的都市圈界定标准对其他欧美国家影响较大，如英国的标准大都市劳务区（Standard Metropolitan Labor Areas，简称 SMLA）、加拿大的大都市人口统计区（Census Metropolitan Area，简称 CMA）等都是参照美国的概念提出的，但是考虑到各自的国情，界定标准相去甚远。如加拿大规定每个 CMA 应有一个人口 10 万以上的中心城市，外围区域向中心城市的通勤率达到 40% 以上③。

苏联将都市圈理解为"城市集聚区"，其定义为，按行政区界限和距离界限划分出来的、由中心城市及其影响区域内的若干城镇所组成的区域，并提出了以下几条界定标准：

（1）城镇聚集区内中心城市人口在 10 万人以上，并至少有相邻的两个城镇；

（2）凡距离中心城市 2 小时交通半径内的所有城镇，均属集聚区范围；

（3）超过距中心城市 2 小时交通半径以外，但属于集聚区同一行政区的城镇也包括在内。

根据上述标准，苏联曾划分为 193 个城市集聚区④。

# 第三节　中国都市圈的界定标准

**一、中国都市圈界定标准的学术研究**

（一）高汝熹、罗明义等提出的界定标准

高汝熹、罗明义等⑤（1998）提出了都市圈（城市圈域经济）界定的几个层次。

---

① 张京祥等："论都市圈的地域空间组织"，《城市规划》2001 年第 5 期，第 19—23 页。
② 李国平等：《首都圈：结构、分工与营建战略》，中国城市出版社 2004 年版，第 6 页。
③ 张京祥等："论都市圈的地域空间组织"，《城市规划》2001 年第 5 期，第 19—23 页。
④ 高汝熹、罗明义：《城市圈域经济论》，云南大学出版社 1998 年版，第 153 页。
⑤ 同上书，第 158—161 页。

1. 中心城市区（central city place or urbanized area）

一般由实体地域城市或非农业人口在70%以上的行政区或地域上具有较高人口密度，其社会经济活动基本上与中心城市紧密融为一体，但在行政上不属于中心城市管辖范围的区域所组成。中心城市区一般由中央商务区（Central Business District，简称为CBD）、内城区（Inner City，简称为IC）、外城区（Outer City，简称为OC）和边缘区（Fringe Area，简称为FA）所组成。中心城市区一般总人口应在50万以上，且70%以上为非农业人口。中心城市区按人口规模可划分为一级中心城市，总人口在500万以上；二级中心城市，总人口规模在200万以上；三级中心城市，总人口规模在100万以上；四级中心城市，总人口规模在50万以上。

2. 大城市经济圈（metropolitan area）

通常由一个三级以上中心城市和若干个相邻县区，或者由若干个三级以下的中心城市和若干个相邻县区所构成的区域。相邻县区，一般指具有10万以上人口，且人口密度不低于1000人/平方公里，非农业人口不低于60%的中心城镇区域。能够列入大城市经济圈域范围的中心县区一般应有相当多的人口，并与中心城市保持通勤往来，通勤人口一般占总人口的15%以上或者占就业人口的25%以上。成为大城市经济圈一般总人口应在100万以上，且总人口中60%以上为非农业人口。其中一级大城市经济圈，总人口在800万以上；二级大城市经济圈，总人口在500万以上；三级大城市经济圈，总人口在300万以上；四级大城市经济圈，总人口在100万以上。

3. 大城市经济带或大都市连绵区（megalopolis）

由若干个相邻大城市经济圈相互交叉、重合、渗透而形成的区域。构成大城市经济带可以是一个级别较高的大城市经济圈和若干个相邻的级别相对较低的大城市经济圈所组成，也可以是由若干个相邻的级别相同的大城市经济圈所组成。它们不仅在地域上密切结合，而且在经济、社会活动上具有相互吸引和辐射，构成较为密切的经济联系的城市带，并形成经济上的一体化关系。城市经济带也可能突破国家界限，而发展成为跨国界、跨区域的大城市带。大城市经济带总人口一般应在1000万以上。按人口规模可以划分为：一级大城市带（世界级），总人口在5000万以上；二级大城市带，总人口3000万以上；三级大城市带，总人口1000万以上。

（二）周一星提出的界定标准

周一星[1]（2000）提出了都市区和都市连绵区的界定标准。

1. 都市区（metropolitan area）

都市区由中心市和外围非农化水平较高、与中心市存在着紧密社会经济联系的邻接县（市）两部分组成。

凡城市实体地域内非农业人口在 20 万以上的地级市可视为中心市，有资格设立都市区。

都市区的外围地域以县级区域为基本单元，外围地域必须同时满足以下条件：（1）全县（或县级市）的地区生产总值中来自非农产业的部分在 75% 以上；（2）全县（或县级市）的社会劳动力总量中从事非农业经济活动的占 60% 以上；（3）与中心市直接毗邻；（4）如果一县（市）能同时划入两个都市区则确定其归属的主要依据是行政原则（视其行政归属而定），在行政原则存在明显不合理现象时（如舍近求远），采用联系强度原则（即依据到中心市的客流量取最大者而定）。

2. 都市连绵区（metropolitan inter-locking region，简称 MIR）

都市连绵区成型的指标为：（1）有两个以上人口规模超过百万的特大城市作为发展极且其中至少一个城市具有相对较高的对外开放度，具有国际性城市的主要特征；（2）有相当规模和技术水平领先的大型海港（年货物吞吐量在 1 亿吨以上）和空港，并有多条定期国际航线运营；（3）区域内拥有多种现代运输方式叠加形成的综合交通走廊，区内各发展极与走廊间有便捷的陆上手段；（4）区域内有多个中小城市，且多个都市区沿交通走廊相连，总人口规模达到 2500 万以上，人口密度达到 700 人/平方公里以上；（5）组成都市连绵区的各个城市之间、都市区内部中心市与外围县之间存在密切的社会经济联系。

（三）其他学者提出的界定标准

邹军等[2]（2001）参照日本都市圈界定标准，并考虑江苏省内实际情况提出都市圈的界定标准为：（1）中心城市人口规模为 100 万以上，且邻近有 50 万以上人口城市；（2）中心城市 GDP 中心度大于 45%；（3）中心城市具有跨

---

① 胡序威、周一星、顾朝林等：《中国沿海城镇密集地区空间集聚与扩散研究》，科学出版社 2000 年版。

② 邹军、陈小卉："城镇体系空间规划再认识——以江苏为例"，《城市规划》2001 年第 1 期。

省际的城市功能；（4）外围地区到中心城市的通勤率不小于本身人口的15%。

姚士谋等[1]（1992）提出划分中国超大城市群的定量标准：（1）城市群区域总人口1500万—3000万；（2）区域内特大城市多于2座；（3）区域内城市人口比重大于35%；（4）区域内城镇人口比重大于40%。

张伟[2]（2003）介绍南京都市圈规划中划分都市圈圈层的指标：以中心城市与周边城市长途汽车的发车频率（发出汽车班次的时间间隔）作为替代指标，效果非常接近国外的"通勤率"指标。（1）发车频率在10分钟左右，是都市圈的核心圈层，与国外日常都市圈覆盖范围基本一致；（2）发车频率在20分钟左右，是都市圈的紧密圈层，该区域是都市圈规划的重要选择性区域，将视区域交通规划布局、城市主要联系方向确定相关城市在何种程度上参与都市圈的功能地域组织；（3）发车频率在30分钟以上，基本是中心城市的泛影响区域，一般进行都市圈规划的外围区域分析和合作竞争分析，不纳入都市圈空间结构范畴。

**二、中国都市圈界定标准的不同类型**

（一）习惯性界定标准

由于自然地理条件的相似性和经济社会联系的密切性，一些都市圈的空间地域范围得到了社会各界的广泛承认，并不需要拿出一套指标体系进行界定。如珠江三角洲、长江三角洲和京津冀地区所包含的空间地域范围，基本上约定俗成。珠江三角洲由广州、深圳两个副省级城市，珠海、佛山、江门、东莞、中山五个地级市及惠州市区、惠阳市、惠东县、博罗县、肇庆市区、高要市、四会市七个县（区）级市组成。长江三角洲由上海、南京、苏州、无锡、常州、镇江、扬州、泰州、南通、杭州、湖州、嘉兴、宁波、绍兴、舟山、台州十六个地级以上城市及其所辖县（市）组成。京津冀地区由北京、天津、唐山、廊坊、保定、秦皇岛、承德、张家口八个地级以上城市及其所辖县（市、区）组成。

（二）政府主导下的行政撮合

在社会上并没有约定俗成的都市圈空间地域范围，而是政府根据经济社会发展的需要和推进城市化的战略考虑，通过行政撮合，促使若干城市共建都市圈。比如江苏省提出通过发展苏锡常、南京、徐州三大都市圈带动全省

---

① 姚士谋等：《中国的城市群》，中国科学技术大学出版社1992年版。

② 张伟："都市圈的概念、特征及其规划探讨"，《城市规划》2003年第6期，第48页。

经济社会发展的城市化战略①，并组织有关专家进行三大都市圈的战略规划，确定了三大都市圈的空间地域范围：苏锡常都市圈由苏州、无锡、常州三大地级市及其所辖县（市）组成；南京都市圈由江苏省的南京、镇江、扬州和安徽省的马鞍山、滁州、芜湖的全部及淮安南部和巢湖部分地区组成；徐州都市圈由江苏省的徐州、宿迁、连云港三个地级市及其所辖县（市），安徽省的宿州、淮北两个地级市及其所辖县（市），山东省的枣庄市及其所辖县（市）、济宁市所辖的微山县，河南省的商丘市所辖的永城市。再如，山东省提出了利用济南、青岛、济宁三大都市圈带动全省经济社会发展的城市化战略，对三大都市圈的空间地域范围也有明确的行政规定。

（三）政府主导＋学者研究类型

政府下达都市圈战略规划任务，并基本上明确了都市圈的空间地域范围，学者（规划师）在划定的空间地域范围内进行有针对性的圈层结构划分。和以上两种类型相比，增加了规划研究的科学性。比如，四川省编制的《成都都市圈战略规划》认为，成都城市影响力半径为155经济公里，通过对都市圈内的核心城市及其他城市的经济势能、影响力范围以及经济距离的测定，将成都都市圈的圈域范围划分为三层：（1）核心层，为城市的实体空间地域，相当一段时间内将相对稳定在以三环路为边界的区域内。（2）紧密层，以成都城心地域为中心、半径30—50公里的地域，其空间范围包括双流县、郫县、新都区、温江区、龙泉驿区的全部以及青白江区、新津县、崇州市、彭州市、都江堰市的部分地域。这一圈层与成都的距离在30分钟车程内，将是受成都辐射影响最大的区域。在都市圈的未来发展中，这一圈层与核心地域全方位的融合，达到较高程度的一体化，成为人口、产业、城镇高度集聚的区域。（3）松散层，以成都城心地域为中心，以半径50—150公里范围内的中小城市为节点，构成都市圈的松散层。松散层中的中小城市主要包括雅安、峨眉山、乐山、眉山、简阳、资阳、遂宁、德阳。这些中小城市通过铁路、高速公路、高等级公路与成都相接，车程距离在一个半小时以内，与核心城市形成合理的分工协作关系②。

（四）学者自由研究类型

和以上几种类型相比，学者自由研究类型的自由度最大，科学性也最

---

① "江苏打造三大都市圈战略"，《领导决策信息》2003年2月第5期。

② 引自区域与旅游规划空间站（http：//www.plansky.net）。

强。但是，由于没有与政府规划决策相结合，因而实施操作性较差。兹介绍几种有代表性的研究成果如下：

1. 丰志勇的研究成果

丰志勇在其硕士学位论文《兰州都市圈城镇体系发展研究》[①] 中，根据行政区划原则、经济联系原则、时空距离原则、可持续原则，选择人均GDP、农民人均纯收入、人均固定资产投资、城市化水平、距离兰州公路里程等指标，采用URMS（Urban and Regional Planning Model System）城市规划软件进行聚类分析，得出兰州都市圈的空间结构可以分为三个圈层：（1）核心圈，由城关区、七里河区、安宁区、西固区组成。（2）紧密联系圈，由红古区、榆中县、皋兰县、永登县、白银区、永靖县组成。（3）外围辐射圈，由定西县（现安定区）、临洮县、临夏市、景泰县、平川区、靖远县、积石山县、广河县、天祝县、康乐县组成。

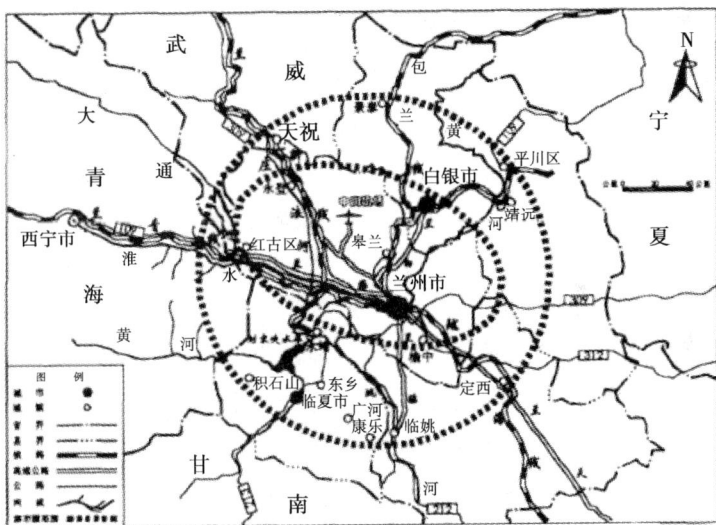

图1-1　兰州都市圈的圈层结构

2. 胡茂的研究成果

胡茂在其硕士学位论文《成都都市圈的战略规划研究》[②] 中，提出了

---

[①] 丰志勇：《兰州都市圈城镇体系发展研究》，西北师范大学硕士学位论文，2003年版，第6页。

[②] 胡茂：《成都都市圈的战略规划研究》，西南交通大学硕士学位论文，2002年版，第6页。

都市圈中心城市的设置标准：（1）中心城市 GDP 应占圈域内 GDP 的 1/3；（2）二、三产业比重大于 50%；（3）昼夜间人口比 1.0 以上；（4）人口机械增长率 1‰以上。并提出了卫星城确定的地域范围：（1）地理半径 50公里以内；（2）时间距离 1 小时以内。结合引力模型，计算出了成都都市圈的圈层范围：（1）核心城市：成都市；（2）副中心城市：双流；（3）卫星城：金堂、温江、郫县、大邑、新津、新都、崇州。

3. 臧淑英等的研究成果

臧淑英等人[1]在《哈尔滨大都市圈的形成与发展》一文中，对哈尔滨都市圈的空间结构进行了划分：（1）都市核心圈：哈尔滨市区本埠，含现有中心区和松北新区加 22 个乡镇范围，总面积 1660 平方公里；（2）都市紧密圈：为距中心圈 30 公里半径范围内的卫星城市，含阿城、呼兰、肇东、宾县、双城等县（市），它们是连接中心城市与广大农村的纽带；（3）都市辐射圈：为距中心圈 80 公里扇形范围内的区域，波及扶余、榆树等吉林北部地区。

4. 吴瑞君的研究成果

吴瑞君在其博士学位论文《上海大都市圈人口发展战略研究》[2] 中，介绍了几种上海大都市圈空间结构的划分方法：（1）行政区划法：上海大都市圈有"一核两翼"（一核指上海，北翼指南京、镇江、扬州、泰州、南通、常州、无锡、苏州所在的江苏省；南翼指杭州、嘉兴、湖州、宁波、绍兴、舟山所在的浙江省）、"三核三片"（三核指上海、南京、杭州，三片指江苏省的 7 个城市以长江为界划分为苏中片和苏南片，浙江除杭州外的其他城市所在的片区）之说。（2）圈层距离法：划分为都心部、城区边缘部、近郊区、远郊区和周边苏嘉地区 5 个圈层。（3）经济联系与空间结合法：上海为经济增长极，第一扩散圈层为苏州、无锡、杭州和宁波，第二扩散圈层为南京、嘉兴、常州和绍兴，第三扩散圈层为扬州、泰州、南通、湖州和舟山。（4）人口聚集强弱法：强人口聚集区上海，中人口聚集区苏州、无锡、常州、南京、杭州、宁波，弱人口聚集区镇江、扬州、湖州、嘉兴、舟山，人口净流失地区绍兴、南通、泰州、台州。

---

① 臧淑英、吕弼顺、李继红："哈尔滨大都市圈的形成与发展"，《经济地理》2002 年第 7 期，第472 页。

② 吴瑞君：《上海大都市圈人口发展战略研究》，华东师范大学博士学位论文，2005 年版，第 5 页。

吴瑞君确定的划分方法和依据是，以中心城市为核心，以交通通达性为纽带，以人口发展和流迁特征为主要依据，兼顾城市行政区划和经济区域相对一致的原则，以常住人口作为统计口径，选取人均 GDP、人口就业结构、人口聚集能力、人口年均增长率、总和生育率、人口密度、平均受教育年限、各城市与上海的交通时间等指标，利用 2000 年第五次人口普查及年末统计数据，采用聚类分析，将上海大都市圈各城市划分为核心层上海，强集聚层苏州、无锡、杭州、宁波，中集聚层南京、镇江、常州、嘉兴、湖州、绍兴、台州，弱集聚层扬州、泰州、南通、舟山。

**三、若干基本结论**

1. 概念不一致，标准不统一

在中国，都市圈的概念是舶来品。由于对概念理解的不一致，出现了对都市圈的不同表述。在划分标准上，也各有差别。在地域空间上，有较大的伸缩性。这给学术研究和规划决策带来了较大的混乱。

2. 中国已经进入了都市圈战略规划阶段

中国的城市化实践已经推动都市圈由学术研究进入规划实施阶段，政府的组织、引导和实施规划成了都市圈发展的重要推动力。由于学术研究和政府决策之间尚有较大距离，政府在推动都市圈发展规划实施中有较大的盲目性。

3. 中国都市圈的战略地位和作用有待正确评估

中国的城市化已经进入了都市圈发展的新阶段。都市圈的数量、地域范围和空间分布有待科学界定。科学、简便易行的都市圈界定标准，是正确评估中国都市圈的战略地位和作用的基础。

4. 都市圈的界定标准需要理论分析和实证研究

中国都市圈的界定标准：一要符合中国国情，不能盲目照搬国外的标准；二要进行扎实的理论分析和大量实证研究，并进行必要的归纳总结；三要简便易行，有可操作性。

5. 既要防止拔苗助长，也要防止作茧自缚

都市圈的形成和发展服从自然和经济规律。并不是所有的城市都可能形成都市圈。要正确掌控政府作用的空间和尺度，既要防止一些城市不切实际地提出高标准地建设都市圈，也要防止一些城市以"大城市病"为借口人为压制都市圈的形成和发展。科学合理的都市圈界定标准是规范政府推动都市圈发展的行为准则。

# 第二章 都市圈形成和演化的机理

都市圈作为一种客观存在，早已引起了人们的注意。杜能的农业区位论、韦伯的工业区位论、廖什的城市区位论、克里斯泰勒的中心地理论、戈特曼的大都市带理论、佩鲁的增长极理论、弗里德曼的核心—边缘理论、霍华德的田园城市理论、伯吉斯的同心圆理论、沙里宁的有机疏散理论以及近年来出现的可持续发展理论等，都极大地丰富和完善了都市圈发展和规划理论体系。本章对这些理论进行了较为系统的梳理，并对都市圈形成的动力机制、形成条件和发展特征进行了较为详尽的论述。

## 第一节 都市圈形成和发展规划的理论基础

### 一、区位理论

（一）农业区位论和农业圈布局模式

都市圈的原始概念可以追溯到德国农业经济学家约翰·冯·杜能（J. H. Thunen）于 1826 年提出的"孤立国"理论（也叫农业区位论）。杜能在《孤立国》第一卷《关于谷物价格、土地肥力和征税对农业影响的研究》中假设，有一个与世隔绝的孤立国，全境的土质没有差异，都适宜耕作。全国只有一个城市，位于中央平原。全国没有可以通航的河道，矿山和盐场都位于城市附近。除了这个城市以外，其他地方都是农村。城市所需要的农产品由农村提供，全国所需要的工业制成品由城市提供。从这些假设出发，杜能根据产生费用最小和销售价格最低的原则，认为孤立国全境的生产布局应以城市为中心，以同心圆的形式，由内向外依序排列最为合理和经济。他提出孤立国应该有六个圈层：第一圈层为自由农业圈，主要生产城市需求量大、易腐烂、且单位产出率高的蔬菜、牛奶等鲜货；第二圈层为林业圈，以当时城市需求最大的薪材和建筑木材生产为主；第三圈层为轮作农业圈，主要生产集约化程度较高的谷物；第四圈层为谷草农业圈，主要向城市提供以畜产品为主的农牧业商品；第五圈层主要采取三区轮作制生产谷物；第六圈层主要经营畜牧业，农牧产品大部分自给，仅有少量加工产品向城市提供。

杜能的农业区位论和农业圈布局模式是以城市为中心展开的，对都市圈理论的形成具有较大的启发价值。

（二）工业区位论和工业圈布局模式

德国经济学家韦伯（A. Weber）是工业区位论的奠基人。其1909年出版的《工业区位论》系统阐述了工业区位及其选择和合理布局的理论。韦伯所假设分析的对象是一个均质的孤立国或特定地区，然后引入运输、劳动力和聚集三个区位因子，并根据对三个区位因子相互作用的分析和计算，确定工业生产的最佳区位及相应的工业布局。韦伯首先研究了运费对工业区位选择的影响，指出寻求运费最低的"运输指向"是工业区位选择的首要因素，并根据对原材料的特征分析，提出了原材料指数作为判断以运输指向企业的选址原则：即原材料指数大的企业应以原材料地为中心布局，指数小的企业应以消费地为中心布局。其次，韦伯指出劳动力费用是引起工业区位选择的第一次修正因素，并提出"劳动力指向"的布局原则。根据一个企业或部门生产单位产品的劳动消耗，计算出劳动力指数，然后根据劳动力指数大小选择工业布局是趋向劳动力市场还是消费地市场，并按此对"运输指向"的工业布局选择进行修正。再次，韦伯分析了由运费和劳动力费用综合确定的区位还必须根据聚集效益进行再一次修正，并根据单位产品的成本费用而提出费用指数作为"聚集指向"的标准。韦伯认为，聚集可以带来内部经济和外部经济，因而聚集的产生和发展就形成了经济活动的地域分异及等费线。按照等费线可以划分出三种不同的聚集区位和布局，即城市经济、地方性经济和工业中心区经济。

韦伯的工业区位论是建立在微观分析基础上，缺乏对生产力布局的宏观考虑。苏联学者勃罗勃斯托对韦伯的工业区位论进行了修正补充和完善，提出了地域生产综合体理论。勃氏认为地域生产综合体是一个由核心企业和若干相互联系的企业所组成的地域工业中心或工业枢纽。在一个工业中心或枢纽内，各类企业都是围绕核心企业呈圈层式布局的。工业枢纽的核心是枢纽的主导专业化企业，通常都是一个大型企业；第一圈层是核心企业的补充部分，主要是与核心企业有生产、经济上的密切关联、相互补充的企业；第二圈层是指为核心企业和第一圈层企业提供配套服务的各种生产性企业；第三圈层是有专门为核心企业和各圈层企业职工及家属服务的各类工业企业，如食品工业、服装鞋帽工业、公共福利的生产性企业等；第四圈层是直接为整个工业枢纽服务的各种农业生产单位，即郊区农业，主要提供各种肉食产品、蔬菜等；第五圈层主要是指交通运输业和邮电业；第六圈层是为工业枢纽服务的各种非生产性机构、商业、文化、教育、医疗卫生等①。尽管这一模式只是一种理论假设，但其通过工业圈层布局把各类企业结合成一个生产、技术和经济上互相联系和补充的地域生产综合体，实现空间布局最优化的想法，对都市圈理论发展有极大的学术价值。

### （三）城市区位论和都市经济圈布局模式

德国经济学家廖什（A. Lösch）是城市区位论和都市圈布局模式的重要代表人。1939 年，廖什在其重要著作《经济空间秩序》中全面阐述了城市区位理论和经济区理论，为都市圈发展奠定了理论基础。

廖什指出，城市是非农企业的点状堆积。个别工业企业的发展，本身会扩大到组成整个城市。而同类企业和不同企业的聚集，会增进聚集经济效益，实现内部经济与外部经济，从而建立起较大的生产综合体，并成为产生城市的重要因素。消费者和各种企业不断向首府和发达的交通要道的偶然聚集，也是城市产生的重要因素。一旦城市形成以后，城市就会对整个区域经济发展提供各种功能，使各个企业相互创造巨大的地方需求，于是城市就会成为各种经济活动的专门化的聚集区位了。都市经济圈的形成是通过各种纯经济力量的相互作用而产生的，有些经济力向着集中化方向起作用，有些则向着分散化方向起作用。在集中与分散相互作用下形成了三种主要的经济区类型，即单一市场的经济区、区域网状组织的经济区和经济景观。无论哪一种经济区都是以城市为中心而形成的市场区域，实质上就是都市经济圈。这些都市经济圈并不是毫无秩序的出现和排列，而是随着经济的发展，按照市场经济规律的作用，以大城市为中心，先形成单一的城市市场区域，以后又逐渐发展成为市场网络，进一步再发展成为以城市为中心的大都市经济圈②。

---

① 高汝熹、罗明义：《城市圈域经济论》，云南大学出版社 1998 年版，第 136—138 页。
② 同上书，第 138—140 页。

廖什的城市区位论和都市经济圈布局模式，不仅从理论上分析论证了城市在区域经济发展中的核心地位和作用，而且运用定量分析方法揭示了都市经济圈的形成过程，即由单一的城市经济区—城市市场网络—都市经济圈的演进过程，为都市圈发展提供了理论框架。

**二、城市体系理论**

城市体系是指一个国家或地区一系列规模不等、职能各异、相互联系、相互制约的城市空间分布结构的有机整体。城市体系的形成和发展的内在规律和相互之间的合理分工和联系是都市圈发展中的核心问题，也是都市圈发展的理论基础。

（一）中心地理论

德国经济学家克里斯泰勒（W. Christaller）在对德国南部地区的城市和中心居民点的大量调查后，于1932年出版了《德国南部的中心地》一书，创立了"中心地理论"。

克里斯泰勒首先假设：研究区为均质区域，资源、人口、购买力是均匀分布的，在各个方向上的交通运输条件都是同样方便的。然后提出了中心地和城市等级形成的三种可能条件及配置方式：（1）市场最优原则，即按照最大提供商品和服务来考虑，较高等级的中心地不仅服务于自己范围内的消费者，还要保证为所属六个下一等级中心地范围内消费者提供商品和服务，从而形成了基本的六边形城市体系。（2）交通最优原则，是指在两个同级中心地之间的交通线中点处可能形成次一级中心，于是每个次级中心被两个高一级中心所分割。高一级中心除服务于自己中心范围外，还要按六边形规则服务六个次级中心地的二分之一。（3）行政最优原则，各中心地的服务界限与行政区保持一致，服务于行政区所辖的所有次级中心。根据上述原则和配置方式，所谓市场区结构实质上就是由不同等级的城市（中心地）所组成的市场网络体系，从而揭示了大、中、小城市体系合理存在的内在机理[①]。

（二）城市等级论

有关城市等级理论的研究是在中心地理论的基础上开展的。1960年，美国地理学家戴克在《大城市与区域》一书中明确提出了城市等级体系的概念。接着，贝里（B. Berry）和加里森（W. Garrison）又在"中心地理

---

① 高汝熹、罗明义：《城市圈域经济论》，云南大学出版社1998年版，第141—142页。

论的最新发展"和"城市商业类型中沿市郊公路的发展"等文章中，运用中心地理论分析了不同规模城市的聚集能力和相互联系，并通过分析城市人口分布和服务中心等级系统的建立，开创了城市等级体系研究的先河。美国人文地理学家波特则从人类采购行为方面揭示了城市等级体系存在的客观性。他指出：由于存在着社区集体采购习惯，所以较大城市和较小城市之间必然形成相互支撑的城市体系。于是，一座中心城市必然要为其周围的一圈、两圈乃至更多圈域内的城镇和腹地提供货物和服务，而中心城市服务范围的大小，取决于其等级大小，等级越大，则服务范围越广；等级越小，则服务范围越小。美国城市经济学家贝克曼和贝里等人进一步对城市体系的等级大小规则进行了研究。贝克曼假设：任何城市的大小与它服务的人口成正比；除最低级城市外，每一等级的城市都有几个次一级的卫星城镇。把各种相关因素作为一种随机变量，则通过模型计算分析，城市等级体系基本上是一条"J"字形曲线，即以大城市为中心而形成梯度分布的城市等级体系，每一级城市服务的人口都是上一级城市的一半，这与克里斯泰勒的中心地理论基本上一致。美国区域经济学家胡佛运用城市等级体系论分析了贸易等级的确立。他根据贸易等级体系把城市划分为不同的等级：那些依赖于外部经济的活动主要位于大城市中；那些以农产品为原料的粗放式加工，以及廉价劳动力的活动，主要位于小城镇。这就形成了以大城市为中心，若干小城市围绕其周围的城市等级体系。在城市等级体系中，每一级的中心地都经营较低级别中心地所从事的所有商业活动，再加上一些较低级别中心地所没有的较高层次的活动①。

（三）大都市带理论

1957 年法国地理学家戈特曼（J. Gottmann）根据对美国东北海岸地区城市的考察，提出具有深远影响的"大都市带"（metropolis）理论，从而使城市体系理论有了开创性的新思路。戈特曼在其大都市带理论中提出：在美国东北海岸这一巨大的城市化区域内，支配空间经济形式的已不再是单一的大城市或都市圈，而是聚集了若干个都市圈，并在人口和经济活动等方面有密切联系的巨大整体。其基础功能是汇集人口、物资、资金、观念、信息等各种可见与不可见要素，主宰着国家经济、文化、金融、通信、贸易等方面的主要活动和发展政策的制定，甚至成为影响全球经济活

---

① 高汝熹、罗明义：《城市圈域经济论》，云南大学出版社 1998 年版，第 143—144 页。

动的重要力量。同时，其高密度的要素聚集还导致各种创新活动的出现，使各种思想、新技术不断涌现，从而形成对其他地区具有试验和导向意义的孵化器功能。

戈特曼的大都市带理论已不仅仅是一个区域的概念，而是一个类型的概念和发展阶段的概念①，对都市圈理论的形成具有十分重要的理论价值。

### 三、城市—区域发展理论

#### （一）增长极理论

法国经济学家佩鲁（F. Perroiix）1955 年提出增长极理论，后经其他学者进一步发展。佩鲁指出，在经济发展过程中，增长并非同时出现在所有的地方，它以不同的强度首先出现于一些增长点或增长极上，然后通过不同的渠道向外扩散，并对整个经济产生不同的最终影响。而增长极的形成主要取决于：具有创新能力的企业和企业家群体；具有产生规模经济效益的能力；具有良好的经济基础和社会环境。在这些因素作用下，某些主导产业和有创新的企业就会在某一地区或城市聚集并形成经济发展的"增长极"。然后通过这些"增长极"的迅速发展，带动整个区域的经济发展②。

增长极具有以下几个特点：从产业发展来看，增长极是通过与周围地区的经济技术联系而成为区域产业发展的组织核心；从空间角度看，增长极通过与周围地区的空间关系而成为支配经济活动空间分布与组合的重心；从物质形态上看，增长极就是区域的中心城市。

增长极对区域经济有三方面的影响：一是支配效应；二是乘数效应；三是极化与扩散效应。增长极正是通过上述三方面对区域的产业发展及空间分布与组合产生影响③。增长极理论对都市圈战略规划有很大的启发价值。

#### （二）核心—边缘理论

美国城市规划专家弗里德曼（F. Friedman）于 20 世纪 60 年代提出核心—边缘理论。弗里德曼认为，经济活动的空间组织中，通常具有强烈的极化效应与创新活动的空间扩散，这两种活动在一个经济系统中是

---

① 史育龙、周一星："戈特曼关于大都市带的学术思想评介"，《经济地理》1996 年第 3 期。
② 高汝熹、罗明义：《城市圈域经济论》，云南大学出版社 1998 年版，第 146—147 页。
③ 杨忠伟、范凌云：《中国大都市郊区化》，化学工业出版社 2006 年版，第 31 页。

客观存在的。一个经济系统的空间结构是由核心区和边缘区相互依存构成的，核心区是在地域空间上具有产生和吸引创新变化的社会组织一级系统；而边缘区则依存于核心区，并由核心区决定其发展途径的社会组织次级系统。核心区与边缘区相互依存机制的形成，是通过核心区自身经济的不断强化，而形成对边缘区的支配态势；是通过核心区对边缘区要素配置的支配功能；是通过核心区创新活动向边缘区的扩散和渗透作用来实现的。通过以上机制形成核心—边缘的空间结构后，核心区与边缘区就会通过以下途径而发生吸引、对流和扩散的相互作用关系：一是核心区通过向边缘区输送商品、吸引边缘区的资本、劳动力从而对边缘区发生着极化作用，并增强核心区的累积效应；二是核心区又通过向边缘区的创新扩散、信息传播和产业联系效应带动边缘区的经济发展，实现整个经济系统的发展①。

弗里德曼在提出核心—边缘理论的基础上又提出了区域空间结构演化的四个阶段模型②，即：

1. 前工业化阶段

这个阶段区域空间结构的基本特征是区域空间均质无序，其中存在着若干没有等级结构的地方中心。由于生产力水平低下，经济极不发达，区域空间结构由一些独立的地方中心与广大农村组成，相互之间缺乏联系，区域经济处于低水平均衡状态。

2. 工业化初期

这个阶段区域中的某些地方因经过长期积累或外部刺激而获得发展的动力，出现快速增长，成为区域经济的核心，从而打破了区域空间结构的原始均衡状态。区域空间结构由单个相对强大的核心与衰落的边缘地区组成，边缘地区的要素不断向核心聚集，从而使核心越来越强大，而边缘地区则更为衰落。结果，区域空间结构日趋不平衡。

3. 工业化阶段

随着经济活动范围的扩展，在区域的其他地方也产生了新的核心，新核心与原来的核心在发展上和空间上相互联系、组合，形成了一个核心体系。每个新核心都有其相应的边缘地区，这样就产生了大大小小的核心—

---

① 高汝熹、罗明义：《城市圈域经济论》，云南大学出版社1998年版，第147—148页。
② 杨忠伟、范凌云：《中国大都市郊区化》，化学工业出版社2006年版，第30—31页。

边缘结构。区域空间结构趋向复杂化和有序化。

4. 后工业化阶段

这个阶段经济发展达到了较高的水平，区域内的经济交往日趋紧密和广泛，核心与边缘地区的经济联系越来越紧密，相互之间的发展水平差异在逐步缩小，从而形成功能上的一体化空间结构，最终达到区域空间一体化。

弗里德曼的核心—边缘理论及其区域空间发展阶段的划分，为都市圈发展提供了理论基础。

（三）空间相互作用理论

空间相互作用的概念源自于物理学，后被引入城市引力场分析。一般地说，城市间的空间相互作用有三种类型：第一类，以物质和人的移动为特征，如能源、原材料及工业制成品的交换、人员的移动等；第二类指城市间进行的各种交易，如财政交易、金融拆借等；第三类指信息的流动和新思想、新技术的扩散等。

城市间的相互作用是有条件的：（1）城市间存在着互补性。从供需关系角度出发，如果两个城市对某种货物恰巧存在着需求和供给的关系，它们才会产生以货物流动为特征的相互作用；（2）城市间存在着货物可运输性。货物、人员及信息的移动是以交通运输和通信工具为载体的，两个城市间只有具有交通和通信联系，其相互作用才会发生；（3）城市间没有中间干扰机会。如果两个城市间存在另外一个城市，就会产生中间机会，使两个城市间相互作用中断。

城市间相互作用量的大小取决于城市间物质流、能量流、人员流及技术信息流的大小，流量越大，相互作用量越大。从理论上测定城市间相互作用量，通常用引力模型和潜力模型。

一般情况下，两个城市间相互作用量与两城市的规模成正比，与城市间距离成反比。城市间引力模型可以表述为：

$$I_{ij} = KM_i M_j / D_{ij}^b$$

公式中，$I_{ij}$表示城市 i 与城市 j 之间的相互作用量；$M_i$ 和 $M_j$ 表示城市的质量规模，通常用城市的人口规模或经济规模，也可用反映城市实力的综合指标；$D_{ij}$表示两个城市间的距离，可直接用空间距离，也可以用反映城市间交通运输便捷性的时间距离；K 为经验确定的质量权重；b 为反映距离摩擦作用的指数，其值的变化受两地间交通运输条件及货物种类的影响。

城市间相互作用量随两个城市间距离的增大而减少，这就是空间相互作用的距离衰减法则。其衰减速度与距离摩擦系数 b 有关，b 值越大，衰减速度越快。

如果要考察某一个城市与城市体系内所有城市的相互作用总量，则可引入潜力模型，即

$$V_i = \sum_{j=1}^{n} M_j / D_{ij}^b$$

公式中，$V_i$ 表示城市 i 与城市体系内所有城市的相互作用总量，称为城市 i 的潜力（或潜能、位势）；$M_j$、$D_{ij}$、b 与前述符号的意义相同。

潜力模型反映了城市体系内所有城市之间相互作用的机遇和概率。引力模型和潜力模型是空间相互作用理论的最基本模型，也是都市圈形成和发展研究的理论分析工具。

**四、城市空间结构理论**

（一）田园城市理论

1898 年英国人霍华德（E. Howard）在《明天——一条引向真正改革的和平道路》一书中提出了"田园城市"（Garden City）理论。霍华德在书中指出了工业化条件下城市与适宜的居住条件之间的矛盾、大城市与自然隔绝的矛盾。他认为，城市无限制发展与城市土地投机是资本主义城市灾难的根源，应该限制城市的自发膨胀，并使城市土地统一归城市机构，这样就会消灭土地投机，而土地升值所获得的利润，应该归城市机构支配。霍华德还指出，城市应与乡村结合，并以"田园城市"规划方案阐述其理论：城市人口 3 万人，占地 404.7km²，城市外围有 2023.4 km² 土地为永久性绿地，供农牧业生产用。城市部分由一系列同心圆组成，有 6 条大道由圆心放射出去，中央是一个占地 20km² 的公园。沿公园也可建公共建筑物，其中包括市政厅、音乐厅兼会堂、剧院、图书馆、医院等，它们的外面是一圈占地 58km² 的公园，公园外圈是一些商店、商品展览馆，再外圈为住宅，再外面是宽 128 米的林荫道，大道当中为学校、儿童游乐场及教堂，大道另一面又是一圈住宅[①]。

霍华德的田园城市理论影响十分广泛，对都市圈的形成发展和规划有

---

① 杨忠伟、范凌云：《中国大都市郊区化》，化学工业出版社 2006 年版，第 23—24 页。

极大的理论启发价值。

（二）城市内部地域结构理论

美国社会学者伯吉斯（E. W. Burgess）于 1925 年最早提出了城市地域结构理论。这一理论认为，城市以不同功能的用地围绕单一核心，有规律地向外以同心圆方式扩展。他将城市的地域结构划分为中央商务区（CBD）、居住区和通勤区三个同心圆地带。中央商务区由中央商业街、事务所、银行、股票市场、高级购物中心和零售商店组成。居住区由内向外依次分为三个圈层：第一圈层为海外移民和贫民居住带；第二圈层是低收入工人居住带；第三圈层是中产阶级居住带。通勤区位于居住环境良好的郊区。

伯吉斯的同心圆模式提出以后，引起了很大反响。许多学者对其进行了修正和深化研究，比如，美国城市经济学者霍伊特（H. Hoyt）于 1939年提出了扇形模式，认为城市地域的扩展是扇形，而不是同心圆形。美国地理学者哈里斯（C. D. Harris）和乌尔曼（E. L. Ullman）于 1945 年提出了多核心模式，认为城市是由若干个不连续的地域所组成，这些地域分别围绕不同的核心形成和发展。迪肯森（R. E. Dikinson）于 1947 年提出了三地带模式，认为城市地域结构从市中心向外发展按照中央地带、中间地带和边缘地带顺序排列。罗斯乌穆（L. H. Russwurm）于 1975 年提出了现代社会的区域城市结构，即由内向外分别是城市核心区、城市边缘区、城市影响区和乡村腹地。穆勒（Muller）于 1981 年提出了大都市结构模式，认为在大都市地区，除衰落中的中心城市以外，在外郊区正在形成若干个小城市，它们根据自然环境、区域交通网络、经济活动的内部区域化，形成各自特定的城市地域，再由这些特定的城市地域组合成大都市地区。

城市内部地域结构理论丰富了都市圈研究的内涵，是都市圈形成和发展研究的理论基础。

（三）卫星城及新城理论

卫星城是地处大城市周边，同大城市的中心城区有一定距离，具有一定数量人口规模，并且同大城市的中心城区有着密切联系的新型城镇。在功能上，卫星城具有一定的独立性，但在行政管理、经济、社会、文化等方面，与母城有较密切的联系。在空间上，卫星城同样具有独立性，与母城保持一定距离，且多有农田或绿化隔离带，但二者之间有便捷的交通联系。

1922 年，恩文（R. Unwin）为伦敦地区制定咨询规划，首次提出卫星城理论方案，把伦敦的人口和就业岗位大规模地分散到附近的卫星城。1944 年阿伯克伦比（Abercrombie）主持编制大伦敦规划，计划在伦敦外围建设 8 座城镇，以疏散伦敦市区人口。这 8 座城镇，最初亦被称为"卫星城"，后被称为"新城"。第二次世界大战结束后，新城理论被广泛接受。以英国为代表的西方国家，出于疏解人口、提供住宅、区域布局等多方面的考虑，进行了大规模的新城建设运动。

卫星城及新城理论是都市圈战略规划的重要理论基础。

（四）有机疏散理论

工业革命后，西方城市急剧发展，从 19 世纪初到 20 世纪初的 100 年中，大城市的人口增加很快，甚至出现住宅缺乏、交通拥堵、中心拥挤、建筑混乱、城市环境恶化等现象。沙里宁（E. Saarinen）觉察到城市这种迅速膨胀与不断集中有着走向分散的强烈趋势。在畸形发展的城市中，集中会造成拥挤和混乱，甚至城市的衰败和贫民区的扩散。只有用有机的方法解决城市的疏散问题，才能使城市恢复有机秩序并产生持久的效果。

1917 年沙里宁在着手赫尔辛基规划方案时，即发现单中心城市存在的中心区拥挤问题，而当时赫尔辛基已经在城市郊区建造卫星城镇，因为仅仅承担居住功能，导致生活与就业不平衡，使卫星城与市中心区之间发生大量交通，并引发一系列社会问题。因此在规划中，他主张在赫尔辛基附近建设一些可以解决一部分居民就业的"半独立"城镇，以缓解城市中心区的紧张。在他的规划思想中，城市是一步一步逐渐离散的，新城不是跳离母城，而是有机地进行着分离运动，即不能把城市的所有功能都集中在市中心区，应实现城市功能的"有机疏散"，多中心地发展郊区的卫星城，应该创造居住与就业的平衡，这样不但可以减轻交通的负担，更会降低市民的生活成本①。

有机疏散是一种渐进式的城市发展模式，强调城市发展的有序性。有机疏散理论对都市圈战略规划有重要的理论启发价值。

（五）精明增长理论

第二次世界大战以后，美国的城市郊区化达到高潮，并最终集中于交通与土地之间复杂、动态关系的争议。20 世纪 90 年代出现于美国的精明

---

① 杨忠伟、范凌云：《中国大都市郊区化》，化学工业出版社 2006 年版，第 28—29 页。

增长（Smart Growth）理论是作为改善交通和土地利用规划的协调关系而引起世人关注的。其基本含义①是：

（1）精明增长应该通过更好的土地利用和交通规划来减少城市蔓延；

（2）作为一种为经济、社区和环境发展服务的方式；

（3）通过建立一种政治舆论和实施市场调节及创新的土地利用规划概念来满足潜在的、随着不断增长的人口及经济繁荣而增长的居住需求；

（4）一种重塑城市和郊区增长的努力，以强化经济和环境保护；

（5）精明增长应该是"集约使用的、可步行的、公交可导的"，用来作为对郊区蔓延的矫正。

精明增长理论是用来矫正城市郊区化过程中城市无序蔓延和土地低效利用，对我国的都市圈战略规划有一定的理论启发价值。

### 五、可持续发展理论

罗马俱乐部早在 1972 年的《增长的极限》一书中，就提出经济增长已临近自然生态极限，单纯注重经济增长将无法回避地导致贫富悬殊、人际失衡和生态无序等"全球性问题"②。紧随着工业文明而至的全球生态危机，标志着人类的生存发展已经不能单纯依靠土地种植和挖掘地球资源来维持，人类的生存和发展必须制止或逆转生态环境的退化。在这种背景下，以人与自然和谐发展的新发展观——可持续发展观逐渐兴起。

在人类对环境影响较小时，人们认为空气、水等环境资源是一种"自由取用"的物品，环境无限论的认识导致人类任意使用自然资源，对环境进行掠夺性开发与利用。到 20 世纪 60 年代，随着人类活动对环境影响的深度和广度扩大，各种环境问题接踵而来，人类逐渐认识到环境问题的实质在于：人类索取资源的速度超过了资源及其替代品的再生速度，人类向环境排放废弃物的速度超过了环境自净能力。于是，环境稀缺论应运而生。对环境稀缺论的认识是可持续发展理论的基本前提。

对环境价值的全面认识是可持续发展的理论基础。环境价值包括环境的使用价值、潜在价值和存在价值。使用价值不仅是环境为人类提供食物、药物和原料的功能，还间接地支持和保护人类活动和财产的调节功能。潜在价值使环境为后代人提供选择机会的价值。存在价值则是环境独

---

① 杨忠伟、范凌云：《中国大都市郊区化》，化学工业出版社 2006 年版，第 29—30 页。

② 晏路明：《人类发展与生存环境》，中国环境科学出版社 2001 年版。

立于人的需要的生存权利①。目前人类应该做的是如何通过恰当的产权分配、合理的制度安排和科学的规划来约束和规范人类的行为，从而实现人与自然的和谐。

都市圈的形成和发展是解决"大城市病"的有效途径，是人类遵循自然和经济规律，经过长期探索和实践，追寻城市可持续发展的必然选择。因而，可持续发展理论应该纳入都市圈形成和发展的理论体系。

## 第二节　都市圈形成和发展的动力机制

### 一、都市圈形成和发育的制度环境

（一）计划经济体制下不可能形成都市圈

都市圈要有强大的经济中心城市、密切的城郊联系和发达的城郊经济。在计划经济体制下，政府是决策的中心，也是生产要素的实际掌控者和配置者。行政联系取代了经济联系，企业和个人没有自主决策权。导致市场供求关系失衡，生产要素价格失灵。尽管政府为了解决"大城市病"，曾经把若干企业搬迁到郊区选址发展，并且造成了一定的通勤流，具备了都市圈的某些特征，但是这种联系是行政主导下的经济联系，不是企业和个人自主决策选择的结果，不具有持续性，因而不可能形成都市圈。

（二）都市圈是市场经济体制改革的产物

我国的经济体制由计划向市场转轨，主要体现在以下几方面：一是决策权的多元化。在计划经济体制下，政府是唯一的决策者，企业和个人是决策的执行者。生产要素的配置，更多地体现的是政府的意志，而非市场的供求关系。在市场经济体制下，政府虽然仍然是重要的决策者，但是企业和个人的决策力量不容忽视，政府、企业、个人是平等的决策主体，呈现出决策权多元化的态势；二是生产要素配置的市场化。在计划经济体制下，政府是生产要素的配置者，生产要素的流动要受政府的控制。在市场经济体制下，生产要素的流动更多地受市场调节。比如资本的流动，虽然政府仍然掌握了一定数量投资，但是在全社会投资中的比例已经很低，而且主要限于公共服务领域；人员的流动（包括居住地和就业地的选择）主

---

① 李廉水等：《都市圈发展：理论演化、国际经验、中国特色》，科学出版社 2006 年版，第 21 页。

要受市场调节；土地资源的配置在土地有偿使用制度实行以后更多地服从市场经济运行规律。这些情况说明，正是市场经济体制，才使生产要素的集聚与扩散有了经济规律可循，可以说市场经济体制是都市圈催生的摇篮。

# 二、都市圈形成和发展的内在动力

（一）内在动力之一：自组织机制

都市圈作为一种独特的地域空间系统，其形成有一定的自律性。在都市圈演化过程中，系统的结构与能量并非固定不变，而是在直接受到新物质、新能量、新信息的刺激下，发生着变异，地域空间结构进行着转化。这种自发现象，即都市圈形成和发展的自组织现象。都市圈形成和演化过程中存在着自组织现象，其根本原因是因为空间中存在着类似于自然界的不同生态位势差。这种生态位势差，在城市发展早期，是由于自然条件的差异造成的。在城市发展过程中，各种社会经济因素在不同场所以不同的方式的集聚与扩散也会对生态位势差进行改变。都市圈的自组织机制实质是对系统平衡的否定，并能在新的层次达到相对稳定有序的结构。没有不稳定性，就无法打破旧的平衡，新的平衡就难以建立，空间就难以发生变化。

都市圈正是这样一个遵循自组织规律，城市内部以及城市之间不断地进行着物质与能量交换，进行着一个长期不断的历史演化过程。首先，为了适应环境变化和经济发展的需要，都市圈不断处在调节结构、功能转化和空间形态的变化之中，表现出强大的具有自我调整的生命力；其次，在都市圈内，中心城市具有强大的创新能力，其新陈代谢主要表现为不断地进行着变异创新，使新产品、新技术、新产业、新制度不断产生和发展，从而使城市向更广阔的城市圈域范围不断演进；再次，都市圈自组织行为还表现为具有自我诊断、完善的修补机制①。例如许多大城市不可避免地出现"城市病"，但随着"都市圈"的发展及其空间扩散，都市圈不断进行着自我修复和完善，"城市郊区化"、"逆城市化"、"城市空心化"等现

---

① 胡茂：《成都都市圈的战略规划研究》，西南交通大学硕士学位论文，2002 年版，第 11 页。

象都是都市圈自我修复机制的表现形式。

（二）内在动力之二：市场机制

市场机制是都市圈内生产要素配置的基本法则。20世纪80年代以来，我国的市场体系已基本上推行市场原则，由最初不完整的消费品市场扩展到生产资料市场进而发展到金融、技术、劳务、人才、房地产等各类要素市场。在市场机制作用下，企业和个人是市场行为的主体，追求利益最大化是决策的动力。

在一定地域空间范围内，资源和空间具有稀缺性。资源和空间的有限性与市场主体追求利益最大化的无限性，决定了对资源和空间的激烈争夺。那些能够支付高昂地租的企业和个人将占据城市中心区位；那些对地租比较敏感、无法承担高昂地租的企业和个人将选择城市边缘区立足。正是市场机制，促使生产要素在空间上的分异与重组，打破了生产要素在空间上的"无序堆积"，促进了各种城市功能区的形成与发展。

（三）内在动力之三：技术进步

技术进步引起产业结构演替，导致人力资源和产业布局变化，并造成了区域空间结构的变化。相对于二、三产业而言，农业是一个比较利益较低的弱质产业，要受市场和自然两种风险的约束。由于比较利益的驱动，资本和劳动力等生产要素必然要流向非农业部门，从而推动了二、三产业的发展。人类历史上每一次大的技术革新都会促进新产业的形成，推动产业结构向高级演化。新产业往往最先出现于具有创新性的城市中心，由于其具有技术和市场的双重垄断性，必然会带来丰厚的利润回报，驱使常规（或落后）产业向城市边缘区扩散，促进了城市边缘区的开发。如此不断反复，导致产业布局和空间结构的不断变化，促使城郊的一体化发展。

同时，技术进步也极大地改善了城郊之间联系的方式。在马车或自行车时代，人类经济活动的范围十分有限，城市人口的居住地和就业地无法实现大的分离；城市产业因城郊联系成本高昂也无法向郊区扩散。在这种背景下，因缺乏必要的通勤条件，都市圈无法形成。进入汽车时代，尤其是汽车进入家庭，带来了革命性的变化，人类经济活动的空间范围大大延伸，城市人口的居住地和就业地在空间上的分离十分普遍，企业由城市中心区向城市边缘区搬迁扩散也可以克服通勤成本。加之，高速公路和城市轨道交通等现代化交通方式的发展，使城郊联系的便捷性大大提高，有力地推动了都市圈的形成和发展。

现代社会信息技术的迅猛发展，使经济活动的流动性大大加强，生产转移、商品和劳务贸易、资本和技术流动更为容易，表现在地域空间上就是更加强化了城市的分散化或离心化倾向，同时也更加密切了城郊之间的联系强度和密度，使城郊联系更加密切，提供了实现城郊一体化的另一种中介[①]。

### 三、都市圈形成和发展的外在动力

#### （一）外在动力之一：规划

规划是一种超越市场的力量。当市场竞争的结果无法令政府决策者满意时，规划就成了一种矫正市场竞争缺陷的有力手段。在中西方相当长的历史时期，处于对美学、伦理等价值判断，而以强有力的方式限定城市的空间结构形态，是最为明显不过的例子。到了现代社会，为解决城市发展中具体社会、经济、环境问题而又借以技术条件的支撑，对城市空间结构进行规模更大、内容更为丰富的干预，更成为城市规划一项经常而主动的工作，如英国为了疏散大城市过于密集的人口与产业，在战后先后进行了三代卫星城的规划和建设，对大城市空间结构的调整产生了深远的影响；日本三大都市圈的构建也很大程度上体现了规划的作用；我国北京城市总体规划（2004—2020 年）有关新城概念的提出和规划建设导引也是如此。

#### （二）外在动力之二：政策引导

政策引导是另外一种超越市场的力量。政策引导和规划既有联系，也有区别：二者同为超越市场的力量，都是为了矫正市场竞争失灵而存在的；政策引导有时是为执行规划配套的，与规划作用的方向一致；不完善的政策，或者与规划不匹配的政策，有时作用方向与规划相反；政策引导的重点在于时效性和战术性，而规划的重点在于长期性和战略性。

在实践中，政策引导对于城市空间结构的演变有很大的影响，比如现行的户籍政策以及附加在其上的社会福利政策，就不利于人口流动，提升了劳动力优化配置的交易成本，不利于城市人口的郊迁；一些城市制定的"退二进三"（指退出二产，发展三产）政策，有力地推动了城市中心区产业结构和空间结构的优化，促进了城市边缘区的开发；一些大城市制定的促进卫星城（或者新城）发展政策，有力地推动了都市圈的形成和

---

① 刘荣增：《城镇密集区发展演化机制与整合》，经济科学出版社 2003 年版，第 80—83 页。

发展。

# 第三节　都市圈的形成条件和发展特征

## 一、都市圈的形成条件

（一）自然条件是都市圈形成的自然基础

自然条件和自然资源不仅是都市圈形成的自然基础和空间载体，而且也是其可持续发展的重要支撑。在都市圈孕育和发展的历史过程中，包括地质、气候、水文、地形和土壤肥沃程度等在内的自然条件，不仅是人们聚居的基本条件，还直接影响着工农业生产和交通运输的布局，进而影响到人口密度和城市规模，从而影响到都市圈的发育。都市圈大都发育在自然条件优越的地区，比如气候适宜、水源充足、土地肥沃的地区就可能首先出现大的城市，然后逐步发展成为都市圈。高寒地区、干旱缺水地区、地形陡峭和破碎地区，一般不会出现大的城市，也不会形成都市圈。

但是，自然条件只是都市圈形成的自然基础，不会成为决定都市圈发展方向的决定因素。随着交通运输条件的改善和区际贸易的兴起与发展以及经济全球化发展和科技进步，自然条件对都市圈形成的影响有所降低。

（二）区位条件是都市圈形成的空间基础

在人类社会发展进程中，区位条件始终是影响人们定居和从事社会经济活动的基本因素之一。都市圈作为人类社会经济活动的一种地域空间形式，同样也受制于区位条件优劣的影响。在人类社会早期，由于生产力水平低下和为获取生存资料的便利，人们选择了以沿海（或沿江、沿河）和相对靠海的地区定居，导致沿海区域城市迅速发展而成为当今社会经济活动的主要区域。全世界距海 200 公里以内的陆地，其总面积不到地球陆地总面积的五分之一，但集中的人口却超过了世界总人口的半数以上。几乎世界上所有大洲人口的 50% 以上都生活在靠海 200 公里以内，少数洲（如澳洲）更高达 90%。而远离海岸超过 1000 公里的内陆地区，居住人口不到 10%[1]。大量人口聚集于沿海地区，使 50% 以上的大城市都位于沿海和靠海 50 公里之内，也使都市圈主要发育于沿海地区。

区位条件不是固定不变的，而是不断变化的。比如历史上京杭大运河

---

[1]　高汝熹、罗明义：《城市圈域经济论》，云南大学出版社 1998 年版，第 168—169 页。

沿岸的城市曾经兴盛一时，后来随着铁路运输的出现而衰落。1949 年新中国成立以后，我国为了平衡全国生产力布局而大力发展中、西部地区，形成了一批新兴的资源型城市。改革开放以后，随着沿海地区对外开放，沿海地区的区位优势重新得到加强，城市经济发展水平不断提高。时至今日，尽管信息产业迅猛发展，经济全球化的趋势不断得到加强，世界经济的格局不断发生变化，但是世界仍然处于"海洋经济时代"的特征并没有发生根本性的变化，沿海地区仍然是都市圈形成和发展的主要地区。

表 2-1　　　世界各地区距海不同距离范围内人口分布百分比

和各地区百万以上人口城市位置

| | 人口比重（%） | | | | | 百万以上人口城市数 | | |
|---|---|---|---|---|---|---|---|---|
| | 小于 50 公里 | 50—200 公里 | 200—500 公里 | 500—1000 公里 | 大于 1000 公里 | 海港城市 | 距海 50 公里以内城市 | 内陆城市 |
| 欧洲 | 29.1 | 25.8 | 30.3 | 11.9 | 2.9 | 15 | 4 | 30 |
| 亚洲 | 27.1 | 20.2 | 21.9 | 19.9 | 10.9 | 25 | 10 | 34 |
| 非洲 | 18.1 | 27.0 | 18.6 | 23.5 | 12.8 | 5 | — | 4 |
| 北美洲 | 31.5 | 19.8 | 20.1 | 18.5 | 10.1 | 14 | 6 | 16 |
| 南美洲 | 24.4 | 38.4 | 27.9 | 9.0 | 0.3 | 7 | 3 | 8 |
| 澳洲 | 79.0 | 15.2 | 4.9 | 0.8 | — | 2 | — | — |
| 全球 | 27.6 | 22.7 | 23.5 | 17.7 | 8.6 | 68 | 23 | 92 |

资料来源：高汝熹、罗明义：《城市圈域经济论》，云南大学出版社 1998 年版，第 170 页。

（三）大城市是都市圈形成的核心

都市圈一般都有大的经济中心城市作为核心，驱动整个都市圈经济的运行。这个核心所发挥的作用是：（1）聚集作用。通过规模效益和聚集效益吸引生产要素的聚集。（2）过滤作用。有针对性地选择中心城市所需要的生产要素，排挤不需要的生产要素。（3）扩散作用。将过滤后的生产要素向都市圈域内扩散，带动城市边缘地区开发。（4）创新作用。在聚集生产要素的基础上，创新出新观念、新制度、新技术、新产业，推动都市圈向更高级阶段演化。

都市圈的核心城市要有一定的人口规模，并不是所有的城市都可以成为都市圈的核心城市。鉴于核心城市所发挥的作用，许多研究者认为核心城市至少应有 50 万人口规模。有些都市圈有两个甚至三个核心城市共同发挥都市圈经济核心的作用。

（四）交通网络是都市圈形成的骨架

交通技术（包括交通工具、交通设施）的发展和完善，将导致客货空间位移过程中时间和费用的节约，有利于加快城市地域扩展。不同运输方式下城市地域扩展的范围是不同的，步行通勤约 5 公里/小时，公共汽车 15 公里/小时，小汽车可达 50 公里/小时。交通运输速度提高，交通时间成本下降，交通成本对城市发展的约束将降低，产生的效果是：一方面，城市聚集效应增加，资源要素更大规模、更大范围的集中，将使城市在更大范围内得到发展；另一方面，交通通信条件改善后，企业和居民的空间移动和聚集更加自由方便，有利于生产要素的空间扩散。无疑，现代化的交通网络是都市圈形成必不可少的骨架。

（五）城市郊区化是都市圈形成的先决条件

世界城市化历史进程表明：城市化过程经历了城市化、郊区化、逆城市化和再城市化四个阶段。城市化阶段主要以向心集聚为主，郊区化和逆城市化阶段主要以离心扩散为主，再城市化是世界许多大都市在信息化和全球化时代表现的新特征。西方国家伴随城市郊区化出现了都市区这种空间地域形态绝不是偶然的，而是必然的。只有进入城市郊区化阶段，离心扩散才占据主导地位，才能真正促进城市边缘地区的开发和新城（或卫星城）的发展，才具备形成都市圈的客观条件。

**二、都市圈的经济发展特征**

（一）都市圈的经济是一种高聚集经济

现代经济发展的一个典型特征是生产和消费的聚集并由此而产生规模经济。生产和消费的聚集，一方面可以创造大量需求，促使市场规模不断扩大，从而使供应厂商能够以较低的成本向一个集中的大规模市场提供大量的商品和服务，这种由于聚集而形成的规模经济称为内部经济；另一方面，由于聚集改善了生产厂商的外部生产条件，比如充足的劳动力供应、熟练的技术工人、良好的基础设施、资金融通的方便、信息传递的快捷等，都会提高厂商的市场竞争能力和商品消费服务能力，这样的规模经济称为外部经济。可见，聚集的结果会使所有厂商从内部和外部获得聚集经济效益[①]。

---

① 　高汝熹、罗明义：《城市圈域经济论》，云南大学出版社 1998 年版，第 162—163 页。

现代城市是一个人口相对集中、基础设施齐全、交通四通八达、经济基础较好、市场消费潜力巨大，并拥有科学技术先进、商业贸易发达、金融投资大、信息传递灵及社会生活丰富多彩等有利条件，从而使城市成为现代生产和消费的高度聚集区，成为商品流通的集散地和枢纽点，成为经济发展的"增长极"。和中、小城市相比，大城市拥有更高的聚集经济效益。很显然，以大城市为核心的都市圈，体现的是高度聚集的经济特征。

（二）都市圈的经济是一种高能级经济

都市圈经济的高聚集性，使其成为一种高能级经济，对周围地区有强大的经济吸引力和辐射力。首先，都市圈经济是一个强大的经济场，对周围地区有强大的吸引力。其通过高聚集经济和其他优势，将周围地区的资金、人才、信息、能量等吸引到都市圈内，使都市圈经济势能不断提高，从而强化都市圈的经济实力。其次，都市圈作为一个强大的经济场，对周围地区有强大的辐射力。其通过向外扩散商品、转让技术、扩散产业，从而一方面为中心城市的高端服务业发展腾出空间，另一方面带动周围地区发展，缩小外围地区与中心城市的"经济落差"。最后，通过都市圈经济吸引和经济辐射的双重作用，促使都市圈内合理产业结构和空间布局结构的形成，从而提高都市圈运行的综合经济效率。

（三）都市圈的经济是一种城乡一体化经济

都市圈的经济不同于城乡分割的"二元经济"，而是城乡一体化的经济。首先，在都市圈内，城乡经济分工明确。中心城市的经济体现的是"高端性"，着眼于区域竞争甚至国际竞争；而外围地区的经济体现的是基础性和支撑性，是中心城市经济的外延。其次，在都市圈内，城乡经济互补发展。中心城市的经济需要外围地区支撑，外围地区的经济需要中心城市的带动。二者互有所需，互补发展。第三，都市圈的经济聚集和扩散有序。在市场机制作用下，各种生产要素有其最优空间区位。生产要素聚集区的选择过程，就是都市圈经济的聚集和扩散过程。这个过程目标明确，聚散有序。第四，在都市圈内，城乡经济联系密切。发达的交通通信网络，为城乡经济融合提供了最大的便利条件。

**三、都市圈的空间发展特征**

（一）都市圈的空间扩散模式

都市圈在其运行过程中，通过中心城市的吸引和辐射，以及都市圈内外物质和能量的交换而形成一定的地域空间结构。按照中心地理论，都市圈最理想的地域空间形态应该是六边形。但是，由于自然地理因素、区位条件、基础设施结构、创新因素以及经济社会发展等多方面的影响，以及都市圈空间扩散模式选择的差异，导致都市圈形成了不同的空间形态。兹将都市圈空间扩散常见的几种模式介绍如下：

1. 近域蔓延

城市扩张以都市圈内中心城市为核心，逐渐向周围地区延伸、推进，从而不断扩大都市圈半径。近域蔓延是都市圈空间扩散的基本模式。世界上许多都市圈都采用了近域蔓延的扩散模式。以英国伦敦为例，1841 年，伦敦的居住人口主要分布在距市中心 12 公里的范围内，市中心人口密度 4 万人/平方公里，而城市边缘区仅为 20 人/平方公里。以后随着都市圈的近域蔓延扩散，居住人口也不断向外扩散。到 1941 年，市区半径扩大到 30 公里，市中心人口密度也下降到 1 万人/平方公里，而城市边缘区人口密度已达到 1000 人/平方公里①。

2. 轴向扩散

都市圈内中心城市沿一定方向向外扩散，或者受到了交通主干线的诱发，或者受到了地形条件的限制。世界上有许多都市圈是按照这种模式扩散的，比如日本大阪—京都都市圈就是沿着交通要道而形成的。

3. 等级扩散

都市圈内中心城市按照城市等级体系梯度扩散，表现为副都心、新城或者卫星城的快速发展，从而形成多中心的地域空间结构。比如北京城市总体规划确定的三个重点新城亦庄、通州、顺义就是等级扩散的体现。

（二）都市圈的空间结构特征

在都市圈内，中心城市一般具有较高的首位度。随着生产要素的进一步集中，中心城市会产生聚集不经济（如环境问题、地价上涨问题、劳动力成本上升等），导致竞争力下降，并把一部分经济活动和人口分散到周围地区，区域、城市的空间演化过程遂表现为大范围的集聚与小范围的扩散。在与中心城市临近的地域，功能不断调整，并逐渐走向专门化。特别是生产性服务业，进一步向中心城市集中，而在中心城市的周围地域，制造业发展特别迅速，往往占据主导地位。于是在一定地域范围内形成了中心城市以服务业为主，周围地区以工业为主，并有便捷交通线路相连、结

①　高汝熹、罗明义：《城市圈域经济论》，云南大学出版社 1998 年版，第 176 页。

构上相互依赖又各具特色的都市圈。以中心城市为核心，其周围地域根据其影响程度的强弱及功能组织的不同而往往可以被划分为都心、都市区、都市圈、大都市圈等若干圈层。

（三）都市圈的地域形态特征

对应于都市圈空间扩散的三种模式，都市圈会形成三种较为典型的地域形态：

1. 圈层形态

中心城市处于都市圈的中心位置，外围地区呈圈层状环绕中心城市。这种模式的典型代表是伦敦大都市圈。

2. 指状形态

都市圈内有清晰的发展轴线，主要城市沿发展轴线布局。这种模式的典型代表是巴黎大都市圈。由于受地形条件的限制，巴黎采用东南向西北，沿塞纳河平行的工业发展轴、城市发展轴两条轴线发展模式。

3. 网络形态

城市等级扩散加交通网络布局，就形成了网络状形态。这种模式的典型代表是东京大都市圈。东京大都市圈通过规划，试图建立都心、副都心、发展轴、绿化带等构成的网络状地域空间形态。

**四、都市圈的阶段发展特征**

研究都市圈阶段发展规律的著名学者有 P. Hall（1984）、Klaassen（1981）、富田和晓（1975）等人。他们的研究成果大同小异：第一都是以人口的布局变化描述都市圈的阶段发展特征；第二将都市圈的阶段发展特征纳入城市化、郊区化、逆城市化的历史发展进程之中；第三分别用中心城市、郊区和都市圈整体考量都市圈的人口发展特征。

综合有关学者的研究成果，可以将都市圈的阶段发展特征概括如下：

第一阶段：绝对集中的城市化阶段。具体表现为中心城市人口增加、郊区人口减少，整个都市圈域人口增加。

第二阶段：相对集中的城市化阶段。具体表现为中心城市人口大幅度增加，郊区人口增加，整个都市圈域人口大幅度增加。

第三阶段：相对分散的郊区化阶段。具体表现为中心城市人口增加，郊区人口大幅度增加，整个都市圈域人口大幅度增加。

第四阶段：绝对分散的郊区化阶段。具体表现为中心城市人口减少，郊区人口增加，整个都市圈域人口增加。

第五阶段：绝对分散的逆城市化阶段。具体表现为中心城市人口减少，郊区人口增加，整个都市圈域人口减少。

第六阶段：相对分散的逆城市化阶段。具体表现为中心城市人口大幅度减少，郊区人口减少，整个都市圈域人口大幅度减少。

第七阶段：相对集中的再城市化阶段。具体表现为中心城市人口减少，郊区人口大幅度减少，整个都市圈域人口大幅度减少。

第八阶段：绝对集中的再城市化阶段。具体表现为中心城市人口增加，郊区人口减少，整个都市圈域人口减少。

当整个都市圈域的人口转为增加时，就进入了新一轮的城市化。

表 2 - 2                        都市圈的阶段发展特征

| 发展阶段 | 变动特征 | 人口变化 | | |
|---|---|---|---|---|
| | | 中心城市 | 郊区 | 整个都市圈域 |
| Ⅰ | 绝对集中的城市化 | + | − | + |
| Ⅱ | 相对集中的城市化 | + + | + | + + |
| Ⅲ | 相对分散的郊区化 | + | + + | + + |
| Ⅳ | 绝对分散的郊区化 | − | + | + |
| Ⅴ | 绝对分散的逆城市化 | − | + | − |
| Ⅵ | 相对分散的逆城市化 | − − | − | − − |
| Ⅶ | 相对集中的再城市化 | − | − − | − − |
| Ⅷ | 绝对集中的再城市化 | + | − | − |

注：＋表示人口增加，＋＋表示人口大幅度增加，—表示人口减少，——表示人口大幅度减少。

# 第三章 中国都市圈形成和发展的实证研究

中国是否已经进入了都市圈形成和发展的时代？中国是否有真正意义上的都市圈？中国有多少都市圈？对这些问题，学术界有不同的看法。有的提出了严格的界定标准，如高汝熹、罗明义[①]提出了中心城市选择的两个条件，即中心城市市区非农业人口规模必须在 50 万以上，非农业人口比重必须在 70% 以上。另外，还提出了以国内生产总值作为中心城市经济势能量级与城市圈域半径划分的基本标准，并引入了中心城市资金利税率、基础设施指数、服务设施指数三个修正指标。在此基础上，确定中国形成了 18 个大城市经济圈。问题是中国的市区设置过分宽泛，统计意义上的市区和非农业人口与聚集而形成的本质上的城市市区与非农业人口的意义相去甚远，不能成为科学意义上的界定标准。还有的提出了较为宽泛的界定标准，导致中国到底有多少都市圈谁也说不清楚。笔者另辟蹊径，从三个方面对中国都市圈形成和发展进行了实证研究：一是中心城市的郊区化现象研究，只有中心城市出现郊区化现象，才能说具备了都市圈形成的可能；二是中心城市边缘区经济发展研究，只有边缘区经济发展快于中心市，才能说具备了都市圈形成的本质特征；三是城乡联系研究，只有城乡联系密切，具备城乡联系的载体和工具，才能说具备了都市圈的形成条件。

## 第一节 中心城市郊区化现象研究

### 一、城市郊区化的判别标准

城市郊区化是城市化发展的一个阶段，是聚集为主的城市化发展到扩

---

① 高汝熹、罗明义著：《城市圈域经济论》，云南大学出版社 1998 年版，第 294—308 页。

散为主的城市化，其特征是中心市①的人口增长低于郊区的人口增长，或者中心市的人口绝对减少。前者为相对分散的郊区化，后者为绝对分散的郊区化。

城市郊区化是城市化的重要组成部分，它不是对城市化的否定，而是对城市化的自我完善和调节。尽管城市郊区化有许多判别特征，但最常用、最简单的判别指标是人口的数量变化。

**二、中国的城市郊区化现象研究**

（一）指标选取

城市人口有居住地、就业地和户籍地之分。研究城市郊区化一般采用按居住地统计的人口指标。中国的城市人口年度统计一般为户籍人口统计，只有在人口普查年份才会有居住地人口统计，这给我们采用最新人口统计数据研究城市郊区化带来了一定的难度。这里，采用1990年第四次人口普查和2000年第五次人口普查资料，以县、县级市、区为基本分析单元，并参考一些城市的抽样调查人口数据进行研究。

（二）数据分析

1. 北京

北京的中心市包括东城区、西城区、崇文区、宣武区。研究表明，北京中心市的人口出现了负增长，近郊区的人口大幅度增长，说明北京市已出现了绝对分散的城市郊区化。

表3-1　　　　北京中心市的人口变动分析（1990—2000年）

|  | 1990 年普查人口（万人） | 2000 年普查人口（万人） | 变化幅度（万人,%） |
|---|---|---|---|
| 中心市合计 | 233.7 | 211.5 | -22.2（-9.5%） |
| 东城区 | 60.6 | 53.6 | -7.0（-11.6%） |
| 西城区 | 75.6 | 70.7 | -4.9（-6.5%） |
| 崇文区 | 41.8 | 34.6 | -7.2（-17.2%） |
| 宣武区 | 55.7 | 52.6 | -3.1（-5.6%） |
| 近郊区合计 | 398.9 | 638.8 | +239.9（60.1%） |
| 朝阳区 | 144.8 | 229 | +84.2（58.1%） |
| 海淀区 | 144.3 | 224 | +79.7（55.2%） |
| 丰台区 | 78.9 | 136.9 | +58（73.5%） |
| 石景山区 | 30.9 | 48.9 | +18（58.3%） |

① 这里的中心市特指改革开放以前的老城区。

## 2. 天津

天津的中心市包括和平区、河东区、河西区。研究表明，天津中心市的人口增长大大低于近郊区，说明天津已出现了相对分散的城市郊区化。

表 3 - 2　　　　天津中心市的人口变动分析（1990—2000 年）

| | 1990 年普查人口（万人） | 2000 年普查人口（万人） | 变化幅度（万人，%） |
|---|---|---|---|
| 中心市合计 | 177.5 | 180.9 | +3.4（1.9%） |
| 和平区 | 49.1 | 31.0 | −18.1（−36.9%） |
| 河东区 | 62.4 | 72.0 | +9.6（15.4%） |
| 河西区 | 66.0 | 77.9 | +11.9（18.0%） |
| 近郊区合计 | 316.2 | 375.9 | +59.7（18.9%） |
| 南开区 | 70.7 | 86.0 | +15.3（21.6%） |
| 河北区 | 61.0 | 63.4 | +2.4（3.9%） |
| 红桥区 | 57.4 | 52.7 | −4.7（−8.2%） |
| 北辰区 | 31.5 | 44.5 | +13.0（41.3%） |
| 东丽区 | 29.6 | 44.2 | +14.6（49.3） |
| 津南区 | 36.0 | 41.7 | +5.7（15.8%） |
| 西青区 | 30.0 | 43.4 | +13.4（+44.7%） |

## 3. 上海

上海的中心市包括黄浦区①、南市区、卢湾区、静安区。研究表明，上海的中心市人口大幅度减少，近郊区则大幅度增加，说明上海已出现了绝对分散的城市郊区化。

表 3 - 3　　　　上海中心市的人口变动分析（1990—2000 年）

| | 1990 年普查人口（万人） | 2000 年普查人口（万人） | 变化幅度（万人，%） |
|---|---|---|---|
| 中心市合计 | 252.2 | 120.9 | −131.3（−52.1%） |
| 黄浦区 | 73.3 | 18.9 | −54.4（−74.2%） |
| 南市区 | 82.6 | 38.6 | −44（−53.3%） |
| 卢湾区 | 47.6 | 32.9 | −14.7（−30.9%） |
| 静安区 | 48.7 | 30.5 | −18.2（−37.4%） |

---

① 国务院 2000 年 6 月 13 日批准撤销黄浦区和南市区，设立上海市新的黄浦区。

|  | 1990 年普查人口（万人） | 2000 年普查人口（万人） | 变化幅度（万人，%） |
|---|---|---|---|
| 近郊区合计 | 487.5 | 572.3 | +84.8（17.4%） |
| 徐汇区 | 77.7 | 106.5 | 28.8（37.1%） |
| 长宁区 | 58.5 | 70.2 | 11.7（20%） |
| 普陀区 | 79.6 | 105.2 | 25.6（32.2%） |
| 闸北区 | 71.3 | 79.9 | 8.6（12.1%） |
| 虹口区 | 88.0 | 86.1 | −1.9（−2.2%） |
| 杨浦区 | 112.4 | 124.4 | 12（10.7%） |

### 4. 重庆

重庆的中心市为渝中区。研究表明，重庆的中心市人口增长，无论是绝对数量还是增长幅度，都大大低于近郊区，说明重庆市已经进入相对分散的城市郊区化阶段。

表 3-4　　　　重庆中心市的人口变动分析（1990—2000 年）

|  | 1990 年普查人口（万人） | 2000 年普查人口（万人） | 变化幅度（万人，%） |
|---|---|---|---|
| 中心市合计 | 50.5 | 66.5 | +16（31.7%） |
| 渝中区 | 50.5 | 66.5 | +16（31.7%） |
| 近郊区合计 | 232.6 | 376.5 | +143.9（61.9%） |
| 大渡口区 | 11.5 | 24.7 | +13.2（114.8%） |
| 江北区 | 34.4 | 61.0 | +26.6（77.3%） |
| 沙坪坝区 | 62.2 | 78.9 | +16.7（26.8%） |
| 九龙坡区 | 51.6 | 87.9 | +36.3（70.3%） |
| 南岸区 | 33.7 | 59.3 | +25.6（76%） |
| 北碚区 | 39.2 | 64.7 | +25.5（65.1%） |

### 5. 河北

河北省中心市人口超过 50 万的城市有石家庄、唐山、廊坊、保定、邯郸五个。研究表明，河北省的城市均处于向心集聚的城市化阶段，尚未出现城市郊区化现象。

表3－5　　　　河北省主要城市的人口变动分析（1990—2000年）

| | | 1990年普查人口（万人） | 2000年普查人口（万人） | 变化幅度（万人，%） |
|---|---|---|---|---|
| 石家庄 | 中心市（长安、桥东、桥西、新华） | 102.2 | 143.2 | +41（40.1%） |
| | 郊区（郊区、鹿泉、栾城、正定） | 146.6 | 180.5 | +33.9（23.1%） |
| 唐山 | 中心市（路南、路北、古冶、开平） | 138.9 | 154.6 | +15.7（11.3%） |
| | 郊区（新区、丰润、丰南） | 131.1 | 143.1 | +12（9.2%） |
| 廊坊 | 中心市（安次、广阳） | 59.7 | 71.5 | +11.8（19.8%） |
| | 郊区（香河、永清） | 63.7 | 68.2 | +4.5（7.1%） |
| 保定 | 中心市（北市、南市、新市） | 60.5 | 90.2 | +29.7（49.1%） |
| | 郊区（清苑、满城） | 103.7 | 99.7 | -4（-3.9%） |
| 邯郸 | 中心市（丛台、邯山、复兴） | 67.4 | 82.2 | +14.8（22.0%） |
| | 郊区（邯郸县、峰峰矿区） | 82.4 | 90 | +7.6（9.2%） |

## 6. 山西

山西省中心市人口超过50万的城市有太原、大同两个。研究发现，太原中心市的人口趋于绝对减少，郊区则大幅度增加，说明太原已经进入绝对分散的城市郊区化阶段；大同中心市的人口增长低于郊区，说明大同已经进入相对分散的城市郊区化阶段。

表3－6　　　　山西省主要城市的人口变动分析（1990—2000年）

| | | 1990年普查人口（万人） | 2000年普查人口（万人） | 变化幅度（万人，%） |
|---|---|---|---|---|
| 太原 | 中心市（杏花岭、迎泽、万柏林） | 155.1 | 154.9 | -0.2（-01%） |
| | 郊区（小店、尖草坪、晋源） | 56.8 | 100.9 | +44.1（77.6%） |
| 大同 | 中心市（城区、矿区） | 89.5 | 99.7 | +10.2（11.4%） |
| | 郊区（南郊、新荣） | 38.2 | 52.7 | +14.5（38%） |

## 7. 内蒙古

内蒙古自治区中心市人口超过50万的有呼和浩特市和包头市。研究表明，内蒙古的城市均处于向心集聚的城市化阶段，尚未出现城市郊区化现象。

表 3 – 7　　　内蒙古自治区主要城市的人口变动分析（1990—2000 年）

| | | 1990 年普查人口（万人） | 2000 年普查人口（万人） | 变化幅度（万人，%） |
|---|---|---|---|---|
| 呼和浩特 | 中心市（回民区、新城区、玉泉区） | 62.6 | 91.5 | +28.9（46.2%） |
| | 郊区（郊区） | 32.2 | 49.3 | +17.1（53.1%） |
| 包头 | 中心市（昆都仑区、东河区、青山区） | 95 | 131.8 | +36.8（38.7%） |
| | 郊区（石拐区、白云矿区、九原区） | 29.8 | 35.3 | +5.5（18.5%） |

8. 辽宁

辽宁省中心市人口超过 50 万的城市有沈阳、大连、阜新、鞍山、锦州五个城市。研究表明，沈阳和大连郊区人口增长快于中心市，已经进入了分散的城市郊区化阶段；阜新、鞍山、锦州三个城市的中心市人口增长快于郊区，阜新和锦州的郊区人口甚至出现负增长，说明这三个城市还处于向心集聚的城市化阶段。

表 3 – 8　　　辽宁省主要城市的人口变动分析（1990—2000 年）

| | | 1990 年普查人口（万人） | 2000 年普查人口（万人） | 变化幅度（万人，%） |
|---|---|---|---|---|
| 沈阳 | 中心市（沈河、和平、大东、皇姑、铁西） | 305.5 | 335.6 | +30.1（9.9%） |
| | 郊区（苏家屯、东陵、新城子、于洪） | 161.5 | 194.6 | +33.1（20.5%） |
| 大连 | 中心市（西岗、中山、沙河口） | 115.8 | 136.1 | +20.3（17.5%） |
| | 郊区（甘井子、旅顺口、金州） | 132.6 | 188.4 | +55.8（42.1%） |
| 阜新 | 中心市（海州、细河、太平） | 58.7 | 64.8 | +6.1（10.4%） |
| | 郊区（清河门、新邱） | 15.6 | 13.7 | −1.9（−12.2%） |
| 鞍山 | 中心市（铁东、铁西、立山） | 110.1 | 119.1 | +9（8.2%） |
| | 郊区（千山） | 34.2 | 36.6 | +2.4（7%） |
| 锦州 | 中心市（古塔、凌河） | 47.4 | 62.4 | +15（31.6%） |
| | 郊区（太和） | 23.6 | 23.4 | −0.2（−0.8%） |

9. 吉林

吉林省中心市人口超过 50 万的城市有长春、吉林两个城市。研究表明，长春市的郊区人口增长快于中心市，已经进入了分散的城市郊区化阶段；吉林市的郊区人口增长慢于中心市，甚至出现了负增长，表明吉林市仍然处于向心集聚的城市化阶段。

表 3 - 9　　　　吉林省主要城市的人口变动分析（1990—2000 年）

| | | 1990 年普查人口（万人） | 2000 年普查人口（万人） | 变化幅度（万人，%） |
|---|---|---|---|---|
| 长春 | 中心市（朝阳、南关、宽城、二道） | 193.8 | 224.8 | +31（16%） |
| | 郊区（双阳、绿园） | 25.5 | 97.7 | +72.2（283.1%） |
| 吉林 | 中心市（船营、龙潭、昌邑） | 101.2 | 167.5 | +66.3（65.5%） |
| | 郊区（丰满） | 30.9 | 27.8 | -3.1（-10%） |

## 10. 黑龙江

黑龙江省中心市人口超过 50 万的城市有哈尔滨、齐齐哈尔两个城市。研究表明，哈尔滨和齐齐哈尔都没有出现城市郊区化现象。

表 3 - 10　　　黑龙江省主要城市的人口变动分析（1990—2000 年）

| | | 1990 年普查人口（万人） | 2000 年普查人口（万人） | 变化幅度（万人，%） |
|---|---|---|---|---|
| 哈尔滨 | 中心市（道里、道外、南岗） | 180 | 210.9 | +30.9（17.2%） |
| | 郊区（香坊、动力、平房、太平） | 119 | 137.2 | +18.2（15.3%） |
| 齐齐哈尔 | 中心市（龙沙、建华） | 49.8 | 57.9 | +8.1（16.3%） |
| | 郊区（铁锋、昂昂溪、富拉尔基、碾子山、梅里斯） | 92.7 | 96.2 | +3.5（3.8%） |

## 11. 山东

山东省中心市人口超过 50 万的城市有济南、青岛，研究表明，济南的中心市出现了人口负增长，说明济南已经处于绝对分散的城市郊区化阶段；青岛的中心市人口增长大于郊区，没有出现城市郊区化现象。

表 3 - 11　　　山东省主要城市的人口变动分析（1990—2000 年）

| | | 1990 年普查人口（万人） | 2000 年普查人口（万人） | 变化幅度（万人，%） |
|---|---|---|---|---|
| 济南 | 中心市（市中、历下、槐荫、天桥、历城） | 151.4 | 143.3 | -8.1（-5.4%） |
| | 郊区（郊区） | 88.9 | 156.7 | +67.8（76.3%） |
| 青岛 | 中心市（市南、市北） | 51.5 | 95.2 | +43.7（84.9%） |
| | 郊区（四方、李沧、黄岛、崂山、城阳） | 158.6 | 176.9 | +18.3（11.5%） |

### 12. 江苏

江苏省中心市人口超过 50 万的城市有南京、苏州、无锡、徐州。研究表明，中心市人口增长超过郊区的城市有南京、苏州，低于郊区的城市有无锡、徐州，其中徐州中心市人口负增长，说明无锡进入相对分散的城市郊区化阶段，徐州进入绝对分散的城市郊区化阶段，南京、苏州还没有完成向心集聚的城市化。

表 3-12　　　　江苏省主要城市的人口变动分析（1990—2000 年）

| | | 1990 年普查人口（万人） | 2000 年普查人口（万人） | 变化幅度（万人，%） |
|---|---|---|---|---|
| 南京 | 中心市（玄武、白下、鼓楼） | 91 | 149.3 | +58.3（64.1%） |
| | 郊区（浦口、大厂、栖霞、雨花台、秦淮、建邺、下关） | 176.7 | 212.9 | +36.2（20.5%） |
| 苏州 | 中心市（沧浪、平江、金阊） | 67.3 | 111.9 | +44.6（66.3%） |
| | 郊区（虎丘、吴中、相城） | 133.1 | 135.4 | +2.3（1.7%） |
| 无锡 | 中心市（崇安、南长、北塘） | 56.9 | 58.1 | +1.2（2.1%） |
| | 郊区（滨湖、惠山、锡山） | 153.9 | 202.5 | +48.6（31.6%） |
| 徐州 | 中心市（鼓楼、云龙） | 54.4 | 51.9 | -2.5（-4.6%） |
| | 郊区（九里、贾汪、泉山） | 40.5 | 116 | +75.5（186.4%） |

### 13. 浙江

浙江省中心市人口超过 50 万的城市有杭州、宁波、温州。研究表明，杭州中心市的人口增长数量低于郊区，但幅度高于郊区，说明杭州正在进入相对分散的城市郊区化阶段；宁波市中心市的人口增长，无论是绝对数量还是增长幅度，都低于郊区，说明宁波市已经进入相对分散的城市郊区化阶段；温州市中心市的人口增长，绝对数量低于郊区，但增长幅度高于郊区，说明温州市出现了相对分散的城市郊区化的先兆，但目前仍然处于向心集聚的城市化阶段。

表 3-13　　　　浙江省主要城市的人口变动分析（1990—2000 年）

| | | 1990 年普查人口（万人） | 2000 年普查人口（万人） | 变化幅度（万人，%） |
|---|---|---|---|---|
| 杭州 | 中心市（上城、下城） | 40.8 | 74.7 | +33.9（83.1%） |
| | 郊区（江干、拱墅、西湖、滨江） | 106.8 | 170.3 | +63.5（59.5%） |

续表

|  |  | 1990 年普查人口（万人） | 2000 年普查人口（万人） | 变化幅度（万人,%） |
|---|---|---|---|---|
| 宁波 | 中心市（海曙、江东、江北） | 61.9 | 91.4 | +29.5（47.7%） |
|  | 郊区（北仑、镇海、鄞州） | 70.1 | 150.9 | +80.8(115.3%) |
| 温州 | 中心市（鹿城） | 48.2 | 87.5 | +39.3（81.5%） |
|  | 郊区（龙湾、瓯海） | 62.8 | 104.1 | +41.3（65.8%） |

### 14. 福建

福建省中心市人口超过 50 万的城市有福州、厦门。研究表明，福州和厦门中心市的人口增长，无论是绝对数量还是增长幅度，都低于郊区，说明福州和厦门已经进入相对分散的城市郊区化阶段。

表 3 – 14　　　　福建省主要城市的人口变动分析（1990—2000 年）

|  |  | 1990 年普查人口（万人） | 2000 年普查人口（万人） | 变化幅度（万人,%） |
|---|---|---|---|---|
| 福州 | 中心市（鼓楼、台江） | 71.1 | 92.8 | +21.7（30.5%） |
|  | 郊区（仓山、马尾、晋安） | 69.1 | 119.7 | +50.6（73.2%） |
| 厦门 | 中心市（鼓浪屿、思明、开元） | 36.6 | 68.3 | +31.7（86.6%） |
|  | 郊区（杏林、集美、湖里） | 29.5 | 78.9 | +49.4(167.5%) |

### 15. 安徽

安徽省中心市人口超过 50 万的城市有合肥、蚌埠。研究表明，合肥中心市的人口增长低于郊区，说明合肥市已经进入相对分散的城市郊区化阶段；蚌埠市的郊区人口出现负增长，说明蚌埠市仍然处于强烈的向心集聚的城市化阶段。

表 3 – 15　　　　安徽省主要城市的人口变动分析（1990—2000 年）

|  |  | 1990 年普查人口（万人） | 2000 年普查人口（万人） | 变化幅度（万人,%） |
|---|---|---|---|---|
| 合肥 | 中心市（中市区、东市区、西市区） | 69.6 | 87.9 | +18.3（26.3%） |
|  | 郊区（郊区） | 41.5 | 78 | +36.5（88%） |
| 蚌埠 | 中心市（中市区、东市区、西市区） | 36.7 | 58.6 | +21.9（59.7%） |
|  | 郊区（郊区） | 33.7 | 22.3 | −11.4( −33.8%) |

### 16. 江西

江西省中心市人口超过50万的城市只有南昌。研究表明，中心市的人口增长超过了郊区，说明南昌市仍然处于向心聚集的城市化阶段。

表3-16　　　江西省南昌市的人口变动分析（1990—2000年）

| | | 1990年普查人口（万人） | 2000年普查人口（万人） | 变化幅度（万人，%） |
|---|---|---|---|---|
| 南昌 | 中心市（东湖、西湖、青云谱） | 90.5 | 122.5 | +32（35.6%） |
| | 郊区（湾里、郊区） | 46.5 | 61.9 | +15.4（33.1%） |

### 17. 河南

河南省中心市人口超过50万的城市有郑州、开封、安阳。研究发现，安阳的中心市人口增长超过郊区，说明安阳仍然处于向心集聚的城市化阶段；郑州和开封的郊区人口增长超过了中心市，表明郑州和开封出现了相对分散的城市郊区化。

表3-17　　　河南省主要城市的人口变动分析（1990—2000年）

| | | 1990年普查人口（万人） | 2000年普查人口（万人） | 变化幅度（万人，%） |
|---|---|---|---|---|
| 郑州 | 中心市（中原、管城） | 68.7 | 92.7 | +24（34.9%） |
| | 郊区（二七、金水、邙山、上街） | 105.5 | 166.2 | +60.7（57.5%） |
| 开封 | 中心市（鼓楼、龙亭、顺河、南关） | 50.5 | 52.8 | +2.3（4.6%） |
| | 郊区（郊区） | 19.5 | 26.8 | +7.3（37.4%） |
| 安阳 | 中心市（北关、文峰、铁西） | 41 | 52 | +11（26.8%） |
| | 郊区（郊区） | 20.6 | 24.9 | +4.3（20.9%） |

### 18. 湖北

湖北省中心市人口超过50万的城市只有武汉市。研究发现，武汉中心市的人口增长，无论是绝对数量还是增长幅度，都大大低于郊区，说明武汉市已经进入相对分散的城市郊区化阶段。

表 3－18　　　湖北省武汉市的人口变动分析（1990—2000 年）

| | | 1990 年普查人口（万人） | 2000 年普查人口（万人） | 变化幅度（万人，%） |
|---|---|---|---|---|
| 武汉 | 中心市（江岸、硚口、武昌） | 194.4 | 238.5 | +44.1（22.7%） |
| | 郊区（江汉、洪山、东西湖、汉阳、汉南、青山） | 209.7 | 370.2 | +160.5（76.5%） |

19. 湖南

湖南省中心市人口超过 50 万的城市有长沙、衡阳。研究发现，长沙和衡阳中心市的人口数量增长超过了郊区，长沙郊区的人口增长幅度超过中心市，说明长沙正在步入分散的城市郊区化门槛；衡阳仍然处于向心集聚的城市化阶段，尚未进入城市郊区化阶段。

表 3－19　　　湖南省主要城市的人口变动分析（1990—2000 年）

| | | 1990 年普查人口（万人） | 2000 年普查人口（万人） | 变化幅度（万人，%） |
|---|---|---|---|---|
| 长沙 | 中心市（东区、南区、西区、北区） | 109 | 160.4 | +51.4（47.2%） |
| | 郊区（郊区） | 28.7 | 51.9 | +23.2（80.8%） |
| 衡阳 | 中心市（江东、城南、城北） | 48.9 | 60.7 | +11.8（24.1%） |
| | 郊区（郊区、南岳） | 22.3 | 27.2 | +4.9（22%） |

20. 广东

广东省中心市超过 50 万的城市有广州、深圳、汕头、湛江。研究发现，广州中心市的人口出现了负增长，而郊区的人口大幅度增长，说明广州已经进入绝对分散的城市郊区化阶段；深圳和湛江中心市的人口增长，无论是绝对数量还是增长速度，都低于郊区，说明深圳和湛江已经进入相对分散的城市郊区化阶段；汕头中心市的人口增长，绝对数量低于郊区，增长幅度高于郊区，说明汕头正在进入相对分散的城市郊区化的门槛，但还处于向心聚集的城市化阶段。

表 3－20    广东省主要城市的人口变动分析（1990—2000 年）

| | | 1990 年普查人口（万人） | 2000 年普查人口（万人） | 变化幅度（万人,%） |
|---|---|---|---|---|
| 广州 | 中心市（越秀、荔湾） | 99.6 | 81.6 | －18（－18.1%） |
| | 郊区（海珠、天河、东山、芳村、白云、黄浦） | 293.9 | 536.4 | +242.5(82.5%) |
| 深圳 | 中心市（福田） | 27.4 | 91 | +63.6(232.1%) |
| | 郊区（罗湖、南山、宝安、龙岗、盐田） | 139.3 | 609.9 | +470.6(337.8%) |
| 汕头 | 中心市（金园、达濠、龙湖、升平、河浦） | 65.4 | 110.5 | +45.1（69%） |
| | 郊区（澄海、潮阳） | 272.3 | 349.5 | +77.1（28.4%） |
| 湛江 | 中心市（赤坎、霞山） | 45.5 | 53.4 | +7.9（17.4%） |
| | 郊区（坡头、麻章） | 64.5 | 81.7 | +17.2（26.7%） |

21. 广西

广西中心市人口超过 50 万的城市有南宁、柳州、桂林。研究发现，南宁、柳州、桂林属于三种类型：南宁中心市人口数量增长慢于郊区，幅度增长快于郊区，表示正在步入相对分散的城市郊区化门槛；柳州中心市的人口增长，无论是绝对数量还是增长幅度，都低于郊区，表示柳州已经进入相对分散的城市郊区化阶段；桂林中心市的人口增长，无论是绝对数量还是增长幅度，都高于郊区，表示桂林仍然处于向心聚集的城市化阶段。

表 3－21    广西壮族自治区主要城市的人口变动分析（1990—2000 年）

| | | 1990 年普查人口（万人） | 2000 年普查人口（万人） | 变化幅度（万人,%） |
|---|---|---|---|---|
| 南宁 | 中心市（新城、兴宁、永新） | 43.6 | 69.6 | +26（59.6%） |
| | 郊区（城北、江南、市郊） | 72.9 | 107.1 | +34.2（46.9%） |
| 柳州 | 中心市（城中、鱼峰、柳北） | 47.1 | 63.8 | +16.7（35.5%） |
| | 郊区（柳南、市郊） | 35.9 | 58.3 | +22.4（62.4%） |
| 桂林 | 中心市（秀峰、叠彩、象山、七星） | 39.4 | 57.1 | +17.7（44.9%） |
| | 郊区（雁山） | 16.7 | 23.3 | +6.6（39.5%） |

22. 云南

云南省中心市人口超过 50 万的城市只有昆明。研究发现，昆明中心市 1990—2000 年间总人口只增加了 2.7 万，增长幅度只有 3.7%；而同期郊区人口增加了 110 多万，增长幅度高达 126.9%，表示昆明市已经进入了相对分散的城市郊区化阶段。

表 3－22　　　　云南省昆明市的人口变动分析（1990—2000 年）

| | | 1990 年普查人口（万人） | 2000 年普查人口（万人） | 变化幅度（万人，%） |
|---|---|---|---|---|
| 昆明 | 中心市（盘龙、五华） | 73.1 | 75.8 | +2.7（3.7%） |
| | 郊区（官渡、西山） | 88.2 | 200.1 | +111.9（126.9%） |

23. 贵州

贵州省中心市人口超过 50 万的城市只有贵阳。研究发现，贵阳中心市的人口增长，无论是绝对数量还是增长幅度，都超过了郊区，表明贵阳市仍然处于向心聚集的城市化阶段，尚未出现城市郊区化现象。

表 3－23　　　　贵州省贵阳市的人口变动分析（1990—2000 年）

| | | 1990 年普查人口（万人） | 2000 年普查人口（万人） | 变化幅度（万人，%） |
|---|---|---|---|---|
| 贵阳 | 中心市（南明、云岩） | 71.8 | 113.2 | +41.4（57.7%） |
| | 郊区（花溪、乌当、白云） | 94.7 | 124.3 | +29.6（31.3%） |

24. 四川

四川省中心市人口超过 50 万的城市只有成都市。研究发现，1990—2000 年间，成都市中心市总人口只增加了 11.1 万，增长幅度只有 12.6%，而同期郊区人口净增加了 120 多万，增长幅度 60% 以上，表明成都市已经进入了相对分散的城市郊区化阶段。

表 3 – 24　　　　四川省成都市的人口变动分析（1990—2000 年）

| | | 1990 年普查人口（万人） | 2000 年普查人口（万人） | 变化幅度（万人,%） |
|---|---|---|---|---|
| 成都 | 中心市（青羊、锦江） | 88 | 99.1 | +11.1（12.6%） |
| | 郊区（金牛、武侯、成华、龙泉驿、青白江） | 207.4 | 334.2 | +126.8(61.1%) |

25. 陕西

陕西省中心市人口超过 50 万的城市只有西安市。研究发现，西安中心市的人口增长，无论是绝对数量还是增长幅度，都低于郊区，说明西安市已经进入了相对分散的城市郊区化阶段。

表 3 – 25　　　　陕西省西安市的人口变动分析（1990—2000 年）

| | | 1990 年普查人口（万人） | 2000 年普查人口（万人） | 变化幅度（万人,%） |
|---|---|---|---|---|
| 西安 | 中心市（莲湖、新城、碑林） | 150.6 | 185.7 | +35.1（23.3%） |
| | 郊区（灞桥、未央、雁塔、阎良） | 136.6 | 198.5 | +61.9（45.3%） |

26. 甘肃

甘肃省中心市人口超过 50 万的城市只有兰州市。研究发现，兰州中心市的人口增长，无论是绝对数量还是增长幅度，都超过郊区，说明兰州市仍然处于向心聚集的城市化阶段，尚未出现城市郊区化现象。

表 3 – 26　　　　甘肃省兰州市的人口变动分析（1990—2000 年）

| | | 1990 年普查人口（万人） | 2000 年普查人口（万人） | 变化幅度（万人,%） |
|---|---|---|---|---|
| 兰州 | 中心市（城关） | 67 | 93.7 | +26.7（39.9%） |
| | 郊区（西固、七里河、安宁、红古） | 94.8 | 115.1 | +20.3（21.4%） |

27. 新疆

新疆维吾尔自治区中心市人口超过 50 万的城市只有乌鲁木齐市。研究发现，1990—2000 年期间，乌鲁木齐中心市的人口增长，无论是绝对数量还是增长幅度，都高于郊区，说明乌鲁木齐市仍然处于向心聚集的城市化阶段，尚未出现城市郊区化现象。

表 3 - 27　　　新疆维吾尔自治区乌鲁木齐市的人口变动分析（1990—2000 年）

| | | 1990 年<br>普查人口<br>（万人） | 2000 年<br>普查人口<br>（万人） | 变化幅度<br>（万人，%） |
|---|---|---|---|---|
| 乌鲁<br>木齐 | 中心市（天山、沙依巴克） | 65.2 | 95.3 | +30.1（46.2%） |
| | 郊区（新市区、水磨沟、头屯河、<br>达坂城、东山） | 56.6 | 80 | +23.4（41.3%） |

28. 青海

青海省无中心市人口超过 50 万的城市。

29. 宁夏

宁夏回族自治区无中心市人口超过 50 万的城市。

30. 西藏

西藏自治区无中心市人口超过 50 万的城市。

31. 海南

海南省无中心市人口超过 50 万的城市。

32. 台湾

台湾省略。

（三）初步结果汇总

将上述分析结果初步汇总，可以得出 1990—2000 年间中国中心市人口超过 50 万的城市在城市化发展阶段上的谱系表（见表 3 - 28）。

表 3 - 28　　　1990—2000 年间中国中心市人口超过 50 万的
城市在城市化发展阶段上的谱系

| 城市化发展阶段 | 城市名录 |
|---|---|
| 向心聚集的城市化阶段<br>（22 个） | 石家庄、唐山、廊坊、保定、邯郸、包头、阜新、鞍山、锦州、吉林、哈尔滨、齐齐哈尔、青岛、南京、苏州、蚌埠、南昌、衡阳、桂林、贵阳、兰州、乌鲁木齐 |
| 进入城市郊区化门槛<br>（6 个） | 呼和浩特、杭州、温州、长沙、汕头、南宁 |
| 相对分散的城市郊区化<br>（20 个） | 天津、重庆、沈阳、大连、长春、无锡、宁波、福州、厦门、合肥、郑州、开封、武汉、深圳、昆明、成都、西安、柳州、湛江、大同 |

续表

| 城市化发展阶段 | 城市名录 |
|---|---|
| 绝对分散的城市郊区化<br>（6个） | 北京、上海、广州、济南、太原、徐州 |

#### （四）补充数据分析

上述分析数据采用的时间段是1990—2000年间，无法反映城市发展的最新情况。为了弥补这个缺陷，笔者对部分城市进行了数据补充，力求反映中国城市郊区化的最新情况。

1. 进入城市郊区化门槛的城市人口变化情况

1990—2000年间进入城市郊区化门槛的有呼和浩特、杭州、温州、长沙、汕头、南宁六个城市。分析结果显示：2000—2005年间，温州市进入了绝对分散的城市郊区化阶段，呼和浩特、杭州、长沙、南宁进入了相对分散的城市郊区化阶段，汕头还处于向心聚集的城市化阶段。

表3-29　　　　　　进入城市郊区化门槛的城市人口变动分析

| | | 2000年普查人口（万人） | 2005年统计人口（万人） | 变化幅度（万人，%） |
|---|---|---|---|---|
| 呼和浩特 | 中心市（回民区、新城区、玉泉区） | 91.5 | 95.5[①] | +4（4.4%） |
| | 郊区（郊区） | 49.3 | 59.1[①] | +9.8（19.9%） |
| 杭州 | 中心市（上城、下城） | 74.7 | 78.9 | +4.2（5.6%） |
| | 郊区（江干、拱墅、西湖、滨江） | 170.3 | 197.6 | +27.3（16%） |
| 温州 | 中心市（鹿城） | 87.5 | 82.6 | -4.9（-5.6%） |
| | 郊区（龙湾、瓯海） | 104.1 | 112.8 | +8.7（8.4%） |
| 长沙 | 中心市（东区、南区、西区、北区） | 160.4 | 163.8[②] | +3.4（2.1%） |
| | 郊区（郊区） | 51.9 | 70.2[②] | +18.3（35.3%） |
| 汕头 | 中心市（金园、达濠、龙湖、升平、河浦） | 110.5 | 141.1[③] | +30.6（27.7%） |
| | 郊区（澄海、潮阳） | 349.5 | 346.4[③] | -3.1（-0.9%） |
| 南宁 | 中心市（新城、兴宁、永新） | 69.6 | 80.5[④] | +10.9（15.7%） |
| | 郊区（城北、江南、市郊） | 107.1 | 145.5[④] | +38.4（35.9%） |

---

[①] 呼和浩特市为2004年统计数据。

[②] 长沙市为2003年统计数据。

[③] 汕头市为2005年1%人口抽样调查公布数据。

[④] 南宁市为2003年统计数据。

2. 向心聚集的城市人口变化情况

1990—2000 年间中心市人口超过 50 万以上的城市有石家庄、唐山、廊坊、保定、邯郸、包头、阜新、鞍山、锦州、吉林、哈尔滨、齐齐哈尔、青岛、南京、苏州、蚌埠、南昌、衡阳、桂林、贵阳、兰州、乌鲁木齐 22 个处于向心聚集的城市化阶段。分析结果显示：2000—2005 年间，进入绝对分散的城市郊区化阶段的城市有苏州、哈尔滨、吉林、贵阳 4个；进入相对分散的城市郊区化阶段的城市有南京、石家庄、齐齐哈尔、南昌、乌鲁木齐 5 个；进入相对分散的城市郊区化门槛的城市有青岛和包头 2 个；仍然处于集中的城市化阶段的城市有兰州、桂林、衡阳、蚌埠、唐山、保定、鞍山、锦州、廊坊、邯郸 10 个；阜新有绝对分散的城市郊区化的人口特征，但是与矿业城市经济发展处于低谷而导致人口外迁有关，不是真正意义上的城市郊区化，故笔者不予考虑。

表 3 - 30　　　　中心市 50 万人口以上向心聚集的城市人口变动分析

| | | 2000 年普查人口（万人） | 2005 年统计人口（万人） | 变化幅度（万人，%） |
|---|---|---|---|---|
| 石家庄 | 中心市（长安、桥东、桥西、新华） | 143.2 | 169.1 | ┆25.9（18.1%） |
| | 郊区（郊区、鹿泉、栾城、正定） | 180.5 | 228.9 | +48.4（26.8%） |
| 唐山 | 中心市（路南、路北、古冶、开平） | 154.6 | 158.8 | +4.2（2.7%） |
| | 郊区（新区、丰润、丰南） | 143.1 | 140.2 | -2.9（-2%） |
| 廊坊 | 中心市（安次、广阳） | 71.5 | 76 | +4.5（6.3%） |
| | 郊区（香河、永清） | 68.2 | 70.5 | +2.3（3.4%） |
| 保定 | 中心市（北市、南市、新市） | 90.2 | 101.2 | +11（12.2%） |
| | 郊区（清苑、满城） | 99.7 | 103 | +3.3（3.3%） |
| 邯郸 | 中心市（丛台、邯山、复兴） | 82.2 | 90 | +7.8（9.5%） |
| | 郊区（邯郸县、峰峰矿区） | 90 | 93 | +3（3.3%） |
| 包头 | 中心市（昆都仑区、东河区、青山区） | 131.8 | 147.7 | +15.9（12.1%） |
| | 郊区（石拐区、白云矿区、九原区） | 35.3 | 43.1 | +7.8（22.1%） |
| 阜新 | 中心市（海州、细河、太平） | 64.8 | 62.6 | -2.2（-3.4%） |
| | 郊区（清河门、新邱） | 13.7 | 15.4 | +1.7（12.4%） |
| 鞍山 | 中心市（铁东、铁西、立山） | 119.1 | 124.6 | +5.5（4.6%） |
| | 郊区（千山） | 36.6 | 33.2 | -3.4（-9.3%） |
| 锦州 | 中心市（古塔、凌河） | 62.4 | 69.7 | +7.3（11.7%） |
| | 郊区（太和） | 23.4 | 24 | +0.6（2.6%） |

续表

| | | 2000 年普查人口（万人） | 2005 年统计人口（万人） | 变化幅度（万人，%） |
|---|---|---|---|---|
| 吉林 | 中心市（船营、龙潭、昌邑） | 167.5 | 166 | −1.5（−0.9%） |
| | 郊区（丰满） | 27.8 | 29 | +1.2（4.3%） |
| 哈尔滨 | 中心市（道里、道外、南岗） | 210.9 | 204 | −6.9（−3.3%） |
| | 郊区（香坊、动力、平房、太平） | 137.2 | 138.9 | +1.7（1.2%） |
| 齐齐哈尔 | 中心市（龙沙、建华） | 57.9 | 58 | +0.1（0.2%） |
| | 郊区（铁锋、昂昂溪、富拉尔基、碾子山、梅里斯） | 96.2 | 100.4 | +4.2（4.4%） |
| 青岛 | 中心市（市南、市北） | 95.2 | 101.1① | +5.9（6.2%） |
| | 郊区（四方、李沧、黄岛、崂山、城阳） | 176.9 | 183.4① | +6.5（3.7%） |
| 南京 | 中心市（玄武、白下、鼓楼） | 149.3 | 158② | +8.7（5.8%） |
| | 郊区（浦口、大厂、栖霞、雨花台、秦淮、建邺、下关） | 212.9 | 227② | +14.1（6.6%） |
| 苏州 | 中心市（沧浪、平江、金阊） | 111.9 | 109③ | −2.9（−2.6%） |
| | 郊区（虎丘、吴中、相城） | 135.4 | 136.2③ | +0.8（0.6%） |
| 蚌埠 | 中心市（中市区、东市区、西市区） | 58.6 | 66.7④ | +8.1（13.8%） |
| | 郊区（郊区） | 22.3 | 22.9④ | +0.6（2.7%） |
| 南昌 | 中心市（东湖、西湖、青云谱） | 122.5 | 124.5⑤ | +2（1.6%） |
| | 郊区（湾里、郊区） | 61.9 | 90.2⑤ | +28.3（45.7%） |
| 衡阳 | 中心市（江东、城南、城北） | 60.7 | 71⑥ | +10.3（17%） |
| | 郊区（郊区、南岳） | 27.2 | 27⑥ | −0.2（−0.7%） |
| 桂林 | 中心市（秀峰、叠彩、象山、七星） | 57.1 | 65.5⑦ | +8.4（14.7%） |
| | 郊区（雁山） | 23.3 | 23.5⑦ | +0.2（0.9%） |
| 贵阳 | 中心市（南明、云岩） | 113.2 | 109.3⑧ | −3.9（−3.4%） |
| | 郊区（花溪、乌当、白云） | 124.3 | 128.3⑧ | +4（3.2%） |

① 青岛市为 2003 年数据。
② 南京市为 2004 年数据。
③ 苏州市为 2004 年数据。
④ 蚌埠市为 2004 年数据。
⑤ 南昌市为 2003 年数据。
⑥ 衡阳市为 2003 年数据。
⑦ 桂林市为 2004 年数据。
⑧ 贵阳市为 2003 年数据。

续表

| | | 2000 年普查人口（万人） | 2005 年统计人口（万人） | 变化幅度（万人，%） |
|---|---|---|---|---|
| 兰州 | 中心市（城关） | 93.7 | 116.3[①] | +22.6（24.1%） |
| | 郊区（西固、七里河、安宁、红古） | 115.1 | 124.6[①] | +9.5（8.3%） |
| 乌鲁木齐 | 中心市（天山、沙依巴克） | 95.3 | 112.5[②] | +17.2（18%） |
| | 郊区（新市区、水磨沟、头屯河、达坂城、东山） | 80 | 105[②] | +25（31.3%） |

（五）基本结论

根据上述分析数据，可以得出 1990 年以来中国中心市人口超过 50 万的城市在城市化发展阶段上的谱系表（见表 3 - 31）。

表 3 - 31　1990 年以来中国中心市人口超过 50 万的城市在城市化发展阶段上的谱系

| 城市化发展阶段 | 城市名录 |
|---|---|
| 向心聚集的城市化阶段（11 个） | 唐山、廊坊、保定、邯郸、鞍山、锦州、蚌埠、衡阳、桂林、汕头、兰州 |
| 进入城市郊区化门槛（2 个） | 青岛、包头 |
| 相对分散的城市郊区化（28 个） | 天津、重庆、沈阳、大连、苏州、长春、无锡、贵阳、宁波、吉林、哈尔滨、福州、厦门、合肥、郑州、开封、武汉、深圳、昆明、成都、西安、柳州、湛江、呼和浩特、杭州、长沙、南宁、大同 |
| 绝对分散的城市郊区化（12 个） | 北京、上海、广州、南京、济南、石家庄、太原、南昌、温州、齐齐哈尔、徐州、乌鲁木齐 |

都市圈形成的先决条件是中心城市有城市郊区化现象。上述分析结果表明，中国有 42 个城市进入或即将进入城市郊区化阶段，它们是北京、上海、广州、南京、济南、石家庄、太原、南昌、温州、齐齐哈尔、徐州、乌鲁木齐、天津、重庆、沈阳、大连、苏州、长春、无锡、贵阳、宁波、吉林、哈尔滨、福州、厦门、合肥、郑州、开封、武汉、深圳、昆明、成都、西安、柳州、湛江、呼和浩特、杭州、长沙、南宁、大同、青

---

① 兰州市为 2004 年数据。
② 乌鲁木齐市为 2004 年数据。

岛、包头。这些城市具备形成都市圈的可能条件，但是否能够形成都市圈，还要考虑城市边缘区的经济增长和城郊联系。

# 第二节　中心城市边缘区经济发展研究

## 一、基本判别

只有当城市边缘区的经济增长份额提高大于中心市，才能体现边缘区比中心市有更快的经济增长，才能体现城郊一体化发展的态势，才能被称为真正的都市圈。所以，本节研究的目的，就是考量有城市郊区化现象的42个城市的边缘区经济增长状况，以便进一步筛选出有可能形成都市圈的城市。

## 二、实证研究

以42个城市为研究对象，以 GDP 增长份额变化为考量指标，以2001—2005 年为考量期限，具体研究结果见表 3 – 32。

表 3 – 32　　有城市郊区化现象的 42 个城市经济增长份额变化（2001—2005 年）

| 城市名称 | GDP 份额变化( +／ – %) | 备注 |
|---|---|---|
| 北京 | 中心市 （ – 1.2%） | 东城、西城、崇文、宣武 |
| | 内边缘区 （ – 0.2%） | 朝阳、海淀、丰台、石景山 |
| | 外边缘区 （ + 2.2%） | 昌平、顺义、通州、大兴、房山 |
| | 外围地区 （ – 0.9%） | 延庆、密云、怀柔、平谷、门头沟 |
| 天津 | 中心市 （ + 2.5%） | 和平、河东、河西 |
| | 内边缘区 （ + 2.4%） | 南开、河北、红桥、北辰、东丽、津南、西青 |
| | 外边缘区 （ + 3.2%） | 武清、塘沽、大港、汉沽 |
| | 外围地区 （ – 8.1%） | 宝坻、宁河、静海、蓟县 |
| 上海① | 中心市 （ – 5.0%） | 黄浦、南市、卢湾、静安 |
| | 内边缘区 （ – 3.3%） | 徐汇、长宁、普陀、闸北、虹口、杨浦 |
| | 外边缘区 （ + 1.4%） | 嘉定、宝山、闵行、浦东新区 |
| | 外围地区 （ + 6.8%） | 金山、松江、青浦、南汇、奉贤、崇明 |
| 重庆 | 中心市 （ – 0.7%） | 渝中 |
| | 内边缘区 （ + 0.4%） | 大渡口、江北、南岸、沙坪坝、九龙坡 |
| | 外边缘区 （ + 0.3%） | 北碚、渝北、巴南 |

① 因资料收集困难，上海采用财政收入代替地区生产总值，时间段 2000—2005 年。

续表

| 城市名称 | GDP 份额变化（＋／－％） | 备注 |
|---|---|---|
| 广州① | 中心市 （＋3.9％） | 越秀、荔湾 |
| | 内边缘区 （＋21.1％） | 海珠、天河、白云、黄埔 |
| | 外边缘区 （－25％） | 花都、番禺、南沙、萝岗 |
| 南京② | 中心市 （－14.3％） | 玄武、白下、鼓楼 |
| | 内边缘区 （＋12.9％） | 栖霞、雨花台、秦淮、建邺、下关 |
| | 外边缘区 （＋1.4％） | 浦口、江宁、六合 |
| 沈阳 | 中心市 （＋14.5％） | 沈河、和平、大东、皇姑、铁西 |
| | 内边缘区 （－9.5％） | 东陵、于洪 |
| | 外边缘区 （－0.3％） | 苏家屯、新城子、 |
| | 外围地区 （－4.6％） | 辽中、新民 |
| 大连 | 中心市 （＋3.1％） | 西岗、中山、沙河口 |
| | 内边缘区 （＋0.3％） | 甘井子 |
| | 外边缘区 （－7.1％） | 旅顺口、金州 |
| | 外围地区 （＋3.7％） | 瓦房店、普兰店、长海 |
| 长春 | 中心市 （－6.1％） | 朝阳、南关、宽城、二道 |
| | 边缘区 （＋6.1％） | 双阳、绿园 |
| 吉林 | 中心市 （＋0.6％） | 船营、龙潭、昌邑 |
| | 边缘区 （－0.6％） | 丰满 |
| 哈尔滨 | 中心市 （－1％） | 道里、道外、南岗 |
| | 边缘区 （＋1％） | 香坊、动力、平房、太平 |
| 齐齐哈尔 | 中心市 （＋1.2％） | 龙沙、建华 |
| | 边缘区 （－1.2％） | 铁锋、昂昂溪、富拉尔基、碾子山、梅里斯 |
| 呼和浩特 | 中心市 （＋3.5％） | 回民区、新城区、玉泉区 |
| | 边缘区 （－3.5％） | 郊区 |
| 包头 | 中心市 （－0.3％） | 昆都仑区、东河区、青山区 |
| | 边缘区 （＋0.3％） | 石拐区、白云矿区、九原区 |
| 太原③ | 中心市 （＋29.4％） | 杏花岭、迎泽、万柏林 |
| | 边缘区 （＋7.0％） | 小店、尖草坪、晋源 |
| | 外围地区 （－36.4％） | 清徐、阳曲、古交 |
| 大同 | 中心市 （－4.7％） | 城区、矿区 |
| | 边缘区 （＋4.7％） | 南郊、新荣 |
| 石家庄 | 中心市 （＋0.3％） | 长安、桥东、桥西、新华 |
| | 边缘区 （－0.3％） | 郊区、鹿泉、栾城、正定 |

① 广州市时间段为 2000—2004 年。

② 南京市时间段为 2002—2005 年。

③ 太原市时间段为 2000—2005 年。

续表

| 城市名称 | GDP 份额变化( + / - % ) | 备注 |
|---|---|---|
| 郑州 | 中心市 （ - 5.7% ) | 中原、管城 |
| | 边缘区 （ + 5.7% ) | 二七、金水、邙山、上街 |
| 开封 | 中心市 （ + 3.5% ) | 鼓楼、龙亭、顺河、南关 |
| | 边缘区 （ - 3.5% ) | 郊区 |
| 济南 | 中心市 （ + 25% ) | 市中、历下、槐荫、天桥、历城 |
| | 边缘区 （ - 25% ) | 郊区 |
| 青岛① | 中心市 （ + 15.6% ) | 市南、市北 |
| | 边缘区 （ - 15.6% ) | 四方、李沧、黄岛、崂山、城阳 |
| 苏州 | 中心市 （ + 1.1% ) | 沧浪、平江、金阊 |
| | 边缘区 （ - 1.1% ) | 虎丘、吴中、相城 |
| 无锡 | 中心市 （ + 16.8% ) | 崇安、南长、北塘 |
| | 边缘区 （ - 16.8% ) | 滨湖、惠山、锡山 |
| 徐州 | 中心市 （ + 8.1% ) | 鼓楼、云龙 |
| | 边缘区 （ - 8.1% ) | 九里、贾汪、泉山 |
| 杭州 | 中心市 （ + 0.1% ) | 上城、下城 |
| | 内边缘区 （ - 0.3% ) | 江干、拱墅、西湖、滨江 |
| | 外边缘区 （ + 0.2% ) | 萧山、余杭 |
| 宁波 | 中心市 （ + 11.2% ) | 海曙、江东、江北 |
| | 边缘区 （ - 11.2% ) | 北仑、镇海、鄞州 |
| 温州 | 中心市 （ - 4.2% ) | 鹿城 |
| | 边缘区 （ + 4.2% ) | 龙湾、瓯海 |
| 福州② | 中心市 （ - 0.5% ) | 鼓楼、台江 |
| | 边缘区 （ + 0.5% ) | 仓山、马尾、晋安 |
| 厦门 | 中心市 （ - 4.6% ) | 思明、湖里 |
| | 边缘区 （ + 4.6% ) | 集美、海沧、同安、翔安 |
| 深圳 | 中心市 （ - 5.8% ) | 福田 |
| | 边缘区 （ + 5.8% ) | 罗湖、南山、宝安、龙岗、盐田 |
| 湛江③ | 中心市 （ + 5% ) | 赤坎、霞山 |
| | 边缘区 （ - 5% ) | 坡头、麻章 |
| 南宁 | 中心市 （ + 13.3% ) | 新城、兴宁、永新 |
| | 边缘区 （ - 13.3% ) | 城北、江南、市郊 |
| 柳州 | 中心市 （ + 5.2% ) | 城中、鱼峰、柳北 |
| | 边缘区 （ - 5.2% ) | 柳南、市郊 |

① 青岛市时间段为 2003—2005 年。

② 福州市为一般预算财政收入，时间段为 2002—2004 年。

③ 湛江市时间段为 2001—2004 年。

续表

| 城市名称 | GDP 份额变化（+/－%） | 备注 |
|---|---|---|
| 合肥 | 中心市（－10%） | 中市区、东市区、西市区 |
| | 边缘区（＋10%） | 郊区 |
| 南昌① | 中心市（＋3.8%） | 东湖、西湖、青云谱 |
| | 边缘区（－3.8%） | 湾里、郊区 |
| 武汉 | 中心市（＋14.2%） | 江岸、硚口、武昌 |
| | 内边缘区（＋20.9%） | 江汉、洪山、东西湖、汉阳、汉南、青山 |
| | 外边缘区（－35.1%） | 新洲、蔡甸、黄陂、江夏 |
| 长沙② | 中心市（＋15.1） | 芙蓉、天心、岳麓、开福、雨花 |
| | 边缘区（－15.1%） | 长沙县、望城县 |
| 昆明③ | 中心市（＋5.4%） | 盘龙、五华 |
| | 边缘区（＋2%） | 官渡、西山 |
| | 外围地区（－7.4%） | 呈贡、晋宁、富民、宜良、嵩明、安宁 |
| 成都 | 中心市（＋1.7%） | 青羊、锦江 |
| | 内边缘区（－1.1%） | 金牛、武侯、成华 |
| | 外边缘区（－0.6%） | 新都、龙泉驿、青白江 |
| 贵阳 | 中心市（－3%） | 南明、云岩 |
| | 边缘区（＋3%） | 花溪、乌当、白云 |
| 西安④ | 中心市（＋7.4%） | 莲湖、新城、碑林 |
| | 内边缘区（－3.7%） | 灞桥、未央、雁塔、长安 |
| | 外边缘区（－3.7%） | 秦都、渭城、临潼、阎良 |
| 乌鲁木齐 | 中心市（－6.6%） | 天山、沙依巴克 |
| | 边缘区（＋6.6%） | 新市区、水磨沟、头屯河、达坂城、东山 |

### 三、基本结论

综合上述研究，可以发现近年来中国有 19 个城市的边缘区经济增长快于中心市，具体结果详见表 3－33。

表 3－33　　中国 19 个城市的中心市、边缘区近年来经济增长状况

| 序号 | 城市名称 | 经济增长状况 |
|---|---|---|
| 1 | 北京 | 中心市（－－），内边缘区（－），外边缘区（＋），外围地区（－） |

---

① 南昌市因缺乏 GDP 数据，以地方财政收入代替，时间段为 2001—2005 年。
② 长沙市时间段为 2003—2005 年。
③ 昆明市时间段为 2000—2004 年。
④ 西安市因缺乏 GDP 数据，以一般预算财政收入代替，时间段为 2001—2004 年。

| 序号 | 城市名称 | 经济增长状况 |
|------|----------|--------------|
| 2 | 天津 | 中心市（＋），内边缘区（＋），外边缘区（＋＋），外围地区（－） |
| 3 | 上海 | 中心市（－－），内边缘区（－），外边缘区（＋），外围地区（＋＋） |
| 4 | 重庆 | 中心市（－），内边缘区（＋），外边缘区（＋） |
| 5 | 包头 | 中心市（－），边缘区（＋） |
| 6 | 大同 | 中心市（－），边缘区（＋） |
| 7 | 长春 | 中心市（－），边缘区（＋） |
| 8 | 哈尔滨 | 中心市（－），边缘区（＋） |
| 9 | 郑州 | 中心市（－），边缘区（＋） |
| 10 | 南京 | 中心市（－－），内边缘区（＋＋），外边缘区（＋） |
| 11 | 温州 | 中心市（－），边缘区（＋） |
| 12 | 福州 | 中心市（－），边缘区（＋） |
| 13 | 厦门 | 中心市（－），边缘区（＋） |
| 14 | 广州 | 中心市（＋），内边缘区（＋＋），外边缘区（－－） |
| 15 | 深圳 | 中心市（－），边缘区（＋） |
| 16 | 合肥 | 中心市（－），边缘区（＋） |
| 17 | 武汉 | 中心市（＋），内边缘区（＋＋），外边缘区（－－） |
| 18 | 贵阳 | 中心市（－），边缘区（＋） |
| 19 | 乌鲁木齐 | 中心市（－），边缘区（＋） |

# 第三节　城乡联系程度研究

## 一、基本判别

城乡联系密切是都市圈形成的基础。反映城乡联系程度的指标有人流、物流、信息流、资金流等，遗憾的是该类指标一般不容易取得。为此，笔者选取了若干替代指标，如人均汽车保有量、轨道交通和高速公路发展状况、城市功能（城市单位、旅游区、度假区、开发区等）扩散情况，来考量城乡联系的密切程度。

## 二、实证研究

以有城市郊区化现象的 42 个城市为研究对象，以人均汽车保有量、轨道交通和高速公路发展状况、城市功能（城市单位、旅游区、度假区、开发区等）扩散情况等为考量指标，通过综合评判，确定城乡联系的密切程度。具体详见表 3 – 34。

表 3 – 34　　　有城市郊区化现象的 42 个城市城乡联系程度考量

| 城市名称 | 城乡联系状况 | 城乡联系密切程度 |
|---|---|---|
| 北京 | 中心市至外边缘区有发达的高速公路网，通州、昌平、顺义（即将）有快速轨道交通，外边缘区房地产发展迅速，百人汽车保有量 20 辆 | 中心市至外边缘区联系密切 |
| 天津 | 中心市至外边缘区有高速公路连通，至内边缘区部分有快速轨道交通，百人汽车保有量 12 辆 | 中心市至外边缘区联系密切 |
| 上海 | 中心市至外边缘区有发达的高速公路网，部分边缘区有快速轨道交通，百人汽车保有量 16 辆 | 中心市至外边缘区联系密切 |
| 重庆 | 中心市至内边缘区有高速公路网连通，并有规划快速轨道交通，重要开发区分布在内边缘区，百人汽车保有量 4 辆 | 中心市至内边缘区联系比较密切 |
| 广州 | 中心市至内边缘区有发达的高速公路网连通，并有快速轨道交通，百人汽车保有量 11 辆 | 中心市至内边缘区联系密切 |
| 南京 | 中心市至外边缘区有发达的高速公路网连通，有规划快速轨道交通（部分线路已经运营），百人汽车保有量 5 辆 | 中心市至外边缘区联系比较密切 |
| 沈阳 | 中心市至内边缘区交通便捷，有绕城高速公路和规划快速轨道交通，百人汽车保有量 5 辆 | 中心市至内边缘区联系比较密切 |
| 大连 | 中心市至内边缘区交通便捷，至外边缘区部分有高速公路，有规划快速轨道交通，百人汽车保有量 6 辆 | 中心市至内边缘区联系比较密切 |
| 长春 | 中心市至边缘区交通便捷，有规划快速轨道交通（部分线路已经运营），百人汽车保有量 6 辆 | 中心市至内边缘区联系比较密切 |
| 吉林 | 中心市与边缘区联系比较方便，无高速公路和快速轨道交通 | 中心市与边缘区联系一般 |
| 哈尔滨 | 中心市与边缘区交通联系比较便捷，有绕城高速公路和规划快速轨道交通，百人汽车保有量 5 辆 | 中心市与边缘区联系比较密切 |
| 齐齐哈尔 | 中心市与边缘区联系比较方便，无高速公路和快速轨道交通 | 中心市与边缘区联系一般 |
| 呼和浩特 | 中心市与边缘区联系比较方便，有过境高速公路，无规划快速轨道交通，百人汽车保有量 6 辆 | 中心市与边缘区联系一般 |

| 城市名称 | 城乡联系状况 | 城乡联系密切程度 |
|---|---|---|
| 包头 | 中心市与边缘区联系不太方便，有过境高速公路，无规划快速轨道交通 | 中心市与边缘区联系不便 |
| 太原 | 中心市与边缘区交通联系比较便捷，有绕城高速公路和规划快速轨道交通，百人汽车保有量9辆 | 中心市与边缘区联系比较密切 |
| 大同 | 中心市与边缘区交通联系比较便捷，有过境高速公路，无规划快速轨道交通 | 中心市与边缘区联系一般 |
| 石家庄 | 中心市至边缘区有发达的高速公路网，有规划快速轨道交通，百人汽车保有量2辆 | 中心市与边缘区联系一般 |
| 郑州 | 中心市与边缘区交通联系比较便捷，有绕城高速公路和规划快速轨道交通，百人汽车保有量8辆 | 中心市与边缘区联系比较密切 |
| 开封 | 中心市与边缘区交通联系比较便捷，有过境高速公路，无规划快速轨道交通 | 中心市与边缘区联系一般 |
| 济南 | 中心市与边缘区交通联系比较便捷，有绕城高速公路和规划快速轨道交通，百人汽车保有量5辆 | 中心市与边缘区联系比较密切 |
| 青岛 | 中心市至边缘区交通便捷，有发达的高速公路网和规划快速轨道交通，百人汽车保有量5辆 | 中心市与边缘区联系比较密切 |
| 苏州 | 中心市至边缘区交通便捷，有发达的高速公路网和规划快速轨道交通，百人汽车保有量7辆 | 中心市与边缘区联系比较密切 |
| 无锡 | 中心市与边缘区交通联系比较便捷，有过境高速公路和规划快速轨道交通，百人汽车保有量6辆 | 中心市与边缘区联系比较密切 |
| 徐州 | 中心市至边缘区交通便捷，有发达的高速公路网和规划快速轨道交通，百人汽车保有量4辆 | 中心市与边缘区联系比较密切 |
| 杭州 | 中心市至外边缘区交通便捷，有发达的高速公路网和规划快速轨道交通，百人汽车保有量8辆 | 中心市与边缘区联系比较密切 |
| 宁波 | 中心市与边缘区交通联系比较便捷，有过境高速公路和规划快速轨道交通，百人汽车保有量6辆 | 中心市与边缘区联系比较密切 |
| 温州 | 中心市与边缘区交通联系比较便捷，有绕城高速公路和规划快速轨道交通，百人汽车保有量4辆 | 中心市与边缘区联系比较密切 |
| 福州 | 中心市与边缘区交通联系比较便捷，有过境高速公路和规划快速轨道交通，百人汽车保有量3辆 | 中心市与边缘区联系比较密切 |

续表

| 城市名称 | 城乡联系状况 | 城乡联系密切程度 |
|---|---|---|
| 厦门 | 中心市与边缘区交通联系比较便捷，有过境高速公路和规划快速轨道交通，百人汽车保有量12辆 | 中心市与边缘区联系比较密切 |
| 深圳 | 中心市至边缘区有发达的高速公路网，有规划快速轨道交通，百人汽车保有量11辆 | 中心市与边缘区联系比较密切 |
| 湛江 | 中心市与边缘区交通联系比较便捷，有过境高速公路，无规划快速轨道交通，百人汽车保有量4辆 | 中心市与边缘区联系一般 |
| 南宁 | 中心市与边缘区交通联系比较便捷，有绕城高速公路和规划快速轨道交通，百人汽车保有量2辆 | 中心市与边缘区联系比较密切 |
| 柳州 | 中心市与边缘区交通联系比较便捷，有绕城高速公路，无规划快速轨道交通，百人汽车保有量4辆 | 中心市与边缘区联系一般 |
| 合肥 | 中心市与边缘区交通联系比较便捷，有绕城高速公路和规划快速轨道交通，百人汽车保有量3辆 | 中心市与边缘区联系比较密切 |
| 南昌 | 中心市与边缘区交通联系比较便捷，有过境高速公路和规划快速轨道交通，百人汽车保有量3辆 | 中心市与边缘区联系比较密切 |
| 武汉 | 中心市至外边缘区交通便捷，有发达的高速公路网和规划快速轨道交通，百人汽车保有量5辆 | 中心市与边缘区联系比较密切 |
| 长沙 | 中心市与边缘区交通联系比较便捷，有绕城高速公路和规划快速轨道交通，百人汽车保有量3辆 | 中心市与边缘区联系比较密切 |
| 昆明 | 中心市至外边缘区交通联系比较便捷，有过境高速公路和规划快速轨道交通，百人汽车保有量6辆 | 中心市与边缘区联系比较密切 |
| 成都 | 中心市至外边缘区交通联系便捷，有绕城高速公路和规划快速轨道交通，百人汽车保有量5辆 | 中心市与边缘区联系比较密切 |
| 贵阳 | 中心市与边缘区交通联系比较便捷，有绕城高速公路和规划快速轨道交通，百人汽车保有量7辆 | 中心市与边缘区联系比较密切 |
| 西安 | 中心市至外边缘区交通联系便捷，有绕城高速公路和规划快速轨道交通，百人汽车保有量7辆 | 中心市与边缘区联系比较密切 |
| 乌鲁木齐 | 中心市与边缘区交通联系比较便捷，有过境高速公路和规划快速轨道交通，百人汽车保有量4辆 | 中心市与边缘区联系比较密切 |

# 第四节　都市圈形成条件分析

## 一、基本判别

都市圈的形成需要具备一定的条件：一是中心市要有一定的发展规模，一般要求城市人口50万以上；二是中心市出现人口郊区化现象，一般有绝对郊区化和相对郊区化两种形态；三是城市边缘区经济增长要快于中心市，在城市地区经济份额中，边缘区要有上升态势；四是中心市与边缘区交通联系密切，可以有效地承载中心市的人口和经济扩散，一般要求具备多种联系方式，特别是高速公路和快速轨道交通，并要有一定数量的汽车保有量作为通勤和货物运输的工具。以上四个条件中，一、二为必要条件，如不具备，则不可能形成都市圈；如果以上四个条件都能够满足，则说明都市圈的发展已经成熟；如果第三、四个条件具备其一，则说明都市圈的发展基本成熟；如果第三、四个条件都不能满足，则说明都市圈的形成条件尚不成熟。

## 二、基本分析

将中心市人口50万以上、出现人口郊区化现象的42个城市的有关分析指标进行汇总，可以得出如下基本结论：（1）都市圈发育成熟的城市有4个，即北京、天津、上海、广州。（2）都市圈发育基本成熟的城市有13个，即重庆、南京、长春、哈尔滨、郑州、武汉、温州、福州、厦门、深圳、合肥、贵阳、乌鲁木齐。（3）都市圈发育尚不成熟的城市有25个，即沈阳、大连、吉林、齐齐哈尔、呼和浩特、包头、大同、太原、石家庄、开封、济南、青岛、苏州、无锡、徐州、杭州、宁波、湛江、南宁、柳州、南昌、长沙、昆明、成都、西安。从发展趋势看，重庆等13个城市有望在未来10年左右形成成熟的都市圈；沈阳等25个城市有望在未来15年左右形成成熟的都市圈。

具体分析结果参见表3-35。

表3-35　　有城市郊区化现象的42个城市都市圈形成条件分析

| 城市名称 | 人口郊区化现象 | 城市边缘区经济发展状况 | 城乡联系状况 | 都市圈形成条件 |
|---|---|---|---|---|
| 北京 | 绝对分散 | 快于中心市 | 密切 | 成熟 |
| 天津 | 相对分散 | 快于中心市 | 密切 | 成熟 |

续表

| 城市名称 | 人口郊区化现象 | 城市边缘区经济发展状况 | 城乡联系状况 | 都市圈形成条件 |
|---|---|---|---|---|
| 上海 | 绝对分散 | 快于中心市 | 密切 | 成熟 |
| 重庆 | 相对分散 | 快于中心市 | 比较密切 | 基本成熟 |
| 广州 | 绝对分散 | 快于中心市 | 密切 | 成熟 |
| 南京 | 绝对分散 | 快于中心市 | 比较密切 | 基本成熟 |
| 沈阳 | 相对分散 | 慢于中心市 | 比较密切 | 不成熟 |
| 大连 | 相对分散 | 慢于中心市 | 比较密切 | 不成熟 |
| 长春 | 相对分散 | 快于中心市 | 比较密切 | 基本成熟 |
| 吉林 | 相对分散 | 慢于中心市 | 一般 | 不成熟 |
| 哈尔滨 | 相对分散 | 快于中心市 | 比较密切 | 基本成熟 |
| 齐齐哈尔 | 绝对分散 | 慢于中心市 | 一般 | 不成熟 |
| 呼和浩特 | 相对分散 | 慢于中心市 | 一般 | 不成熟 |
| 包头 | 门槛 | 快于中心市 | 不便 | 不成熟 |
| 太原 | 绝对分散 | 慢于中心市 | 比较密切 | 不成熟 |
| 大同 | 相对分散 | 快于中心市 | 一般 | 不成熟 |
| 石家庄 | 绝对分散 | 慢于中心市 | 一般 | 不成熟 |
| 郑州 | 相对分散 | 快于中心市 | 比较密切 | 基本成熟 |
| 开封 | 相对分散 | 慢于中心市 | 一般 | 不成熟 |
| 济南 | 绝对分散 | 慢于中心市 | 比较密切 | 不成熟 |
| 青岛 | 门槛 | 慢于中心市 | 比较密切 | 不成熟 |
| 苏州 | 相对分散 | 慢于中心市 | 比较密切 | 不成熟 |
| 无锡 | 相对分散 | 慢于中心市 | 比较密切 | 不成熟 |
| 徐州 | 绝对分散 | 慢于中心市 | 比较密切 | 不成熟 |
| 杭州 | 相对分散 | 慢于中心市 | 比较密切 | 不成熟 |
| 宁波 | 相对分散 | 慢于中心市 | 比较密切 | 不成熟 |
| 温州 | 相对分散 | 快于中心市 | 比较密切 | 基本成熟 |
| 福州 | 绝对分散 | 快于中心市 | 比较密切 | 基本成熟 |
| 厦门 | 相对分散 | 快于中心市 | 比较密切 | 基本成熟 |
| 深圳 | 相对分散 | 快于中心市 | 比较密切 | 基本成熟 |
| 湛江 | 相对分散 | 慢于中心市 | 一般 | 不成熟 |
| 南宁 | 相对分散 | 慢于中心市 | 比较密切 | 不成熟 |
| 柳州 | 相对分散 | 慢于中心市 | 一般 | 不成熟 |

续表

| 城市名称 | 人口郊区化现象 | 城市边缘区经济发展状况 | 城乡联系状况 | 都市圈形成条件 |
|---|---|---|---|---|
| 合肥 | 相对分散 | 快于中心市 | 比较密切 | 基本成熟 |
| 南昌 | 绝对分散 | 慢于中心市 | 比较密切 | 不成熟 |
| 武汉 | 相对分散 | 快于中心市 | 比较密切 | 基本成熟 |
| 长沙 | 相对分散 | 慢于中心市 | 比较密切 | 不成熟 |
| 昆明 | 相对分散 | 慢于中心市 | 比较密切 | 不成熟 |
| 成都 | 相对分散 | 慢于中心市 | 比较密切 | 不成熟 |
| 贵阳 | 相对分散 | 快于中心市 | 比较密切 | 基本成熟 |
| 西安 | 相对分散 | 慢于中心市 | 比较密切 | 不成熟 |
| 乌鲁木齐 | 绝对分散 | 快于中心市 | 比较密切 | 基本成熟 |

说明：由于中心市的实体地域与行政地域有时并不一致，数据采集可能存在失真，所以对一些城市的分析结果可能存在偏差，特此说明。

### 三、规划导引

根据都市圈的发育程度，可以对中国的都市圈（已经形成或者正在发育完善）的发展规划进行分类指导：（1）都市圈发育成熟的四个城市（北京、上海、天津、广州），要面向发展国际化大都市进行规划，重在提高都市圈的国际竞争力；（2）都市圈发育基本成熟的 13 个城市，包括重庆、南京、长春、哈尔滨、郑州、武汉、温州、福州、厦门、深圳、合肥、贵阳、乌鲁木齐，它们共同的缺陷是交通等基础设施尚不完善，不能满足都市圈的发展需要，规划和建设的重点是加强都市圈范围内的基础设施建设；（3）都市圈发育尚不成熟的 25 个城市，包括沈阳、大连、吉林、齐齐哈尔、呼和浩特、包头、大同、太原、石家庄、开封、济南、青岛、苏州、无锡、徐州、杭州、宁波、湛江、南宁、柳州、南昌、长沙、昆明、成都、西安，规划和建设的重点，一是加强产业结构和产业布局调整，引导企事业单位向城市边缘区搬迁；二是加强城市边缘区的基础设施建设，为人口和产业郊迁提供坚实的基础设施支撑。

# 第四章 中国都市圈的战略地位及其作用

世界城市化进程表明，一国或地区城市化率超过50%（或者出现城市郊区化现象），则该国或地区就进入了都市圈发育和形成的时代；当城市化率超过70%，或者城市郊区化完成（郊区人口超过市区人口），则该国或地区就成为名副其实的"都市圈国家（或地区）"。2007年，中国的城市化率已经达到44.9%，正在进入都市圈形成的门槛。一些经济发达地区的大城市已经率先形成都市圈。可以预见，随着中国经济社会持续、健康、快速发展，越来越多的都市圈会展现在世人的面前。都市圈在中国经济社会发展中的战略地位和作用必将进一步显现。

## 第一节 世界都市圈的发展态势

### 一、世界城市化与大城市发展

城市化是一个变传统落后的乡村社会为现代先进社会的自然历史过程。1800年，世界城市人口占总人口的比重为3%，可以视为世界城市化的起步时期。从1800年到1900年的100年间，世界城市人口从2930万增加到2.24亿人，占世界人口的比重达到13.6%。100年间城市人口增加了1.95亿元，年均增加0.11个百分点；从1900年到1950年的50年间，世界城市总人口从2.24亿人增加到7.06亿人，城市人口占世界人口的比重达到了28.6%，年均增加0.3个百分点；从1950年以后，世界城市化进入加速发展阶段。从1950年到2004年的54年间，城市总人口增加了25.46亿人，城市人口占世界人口的比重上升到51%，年均增长0.41个百分点。从1800年到2004年，世界城市化呈现出日益加速的态势（见表4-1）。

表 4 - 1　　　　　　世界城市人口的变化（1800—2004 年）

| 年份 | 总人口（百万） | 城市人口（百万） | 占世界人口比例（%） |
|---|---|---|---|
| 1800 | 906 | 29.3 | 3.0 |
| 1850 | 1171 | 80.8 | 6.4 |
| 1900 | 1608 | 224.4 | 13.6 |
| 1950 | 2400 | 706.4 | 28.6 |
| 1960 | 2995 | 994.0 | 33.0 |
| 1970 | 3628 | 1399.0 | 38.6 |
| 1980 | 4428 | 1749.1 | 39.5 |
| 1994 | 5601 | 2531.1 | 45.2 |
| 2004 | 6378 | 3252.8 | 51.0 |

来源：1994 年以前数据来源于高汝熹、罗明义：《城市圈域经济论》，云南大学出版社 1998 年版，第 185 页表 5 - 1。2004 年数据来源于"城市'大跃进'凸显环境困局"，中国网，2006 年 3 月 24 日。

综观世界城市化进程，可以发现有三个明显的特点：

一是发展中国家构成了世界城市化的主体。发达国家的城市化率已经达到 70% 以上，增长缓慢；而发展中国家的城市化加速发展，已经成为世界城市化的主体。从 1975 年到 2000 年，北美的城市化率提高了 2.6 个百分点，欧盟的城市化率提高了 5.5 个百分点，亚太提高了 10.7 个百分点，东中欧提高了 12.8 个百分点，阿拉伯世界提高了 13.2 个百分点，拉丁美洲和加勒比提高了 10.6 个百分点，苏联提高了 14.7 个百分点，非洲撒哈拉提高了 12.4 个百分点（见表 4 - 2）。

表 4 - 2　　　　　　　1975—2000 年世界的城市化

| | 总人口（百万） | 城市化率（%） | | 城市化率变化 | 人均 GNP（美元） |
|---|---|---|---|---|---|
| | 2000 | 1975 | 2000 | 1975—2000 | 1998 |
| 北美 | 306.1 | 74.7 | 77.3 | 2.6 | 24680 |
| 欧盟 | 375.7 | 69.8 | 75.3 | 5.5 | 21916 |
| 亚太 | 3485.6 | 40.4 | 51.1 | 10.7 | 8618 |
| 东中欧 | 96.8 | 52.7 | 65.5 | 12.8 | 3295 |
| 阿拉伯世界 | 233.8 | 50.2 | 63.4 | 13.2 | 2698 |
| 拉丁美洲和加勒比 | 521.6 | 53.9 | 67.8 | 10.6 | 2672 |
| 苏联 | 265.2 | 47.9 | 62.6 | 14.7 | 1320 |
| 非洲撒哈拉 | 629.4 | 20.4 | 32.8 | 12.4 | 1087 |

来源：〔英〕保罗·贝尔琴、戴维·艾萨克、吉恩·陈：《全球视角中的城市经济》，吉林人民出版社 2003 年版，第 32 页表 1.10。

　　二是大城市化的趋势日益明显。在城市化加速发展的今天，大城市在一个国家或地区日益取得支配地位。1950 年全世界只有一座 1000 万人口以上的大城市，其人口仅占世界城市人口的 1.7%；而到了 1990 年，世界 1000 万人口以上的大城市增加到 12 座，其人口达到 1.61 亿人，占世界城市人口的 7.1%，比 1950 年增加了 5.4 个百分点。预计到 2015 年，世界 1000 万人口以上的大城市将增加到 4.5 亿人，占世界城市人口的比重将上升到 10.9%。1950 年，世界 500—1000 万人口规模的城市只有 7 座，其人口达到 4200 万，占世界同期城市人口的 5.7%；而到了 1990 年，该类城市数增加到 21 座，人口增加到 1.54 亿人，占世界同期城市人口数的 6.8%。预计到 2015 年，该类城市数将增加到 44 座，比 1990 年翻一番，其人口数将达到 2.82 亿人，占世界同期城市人口数的 7.2%。1950 年，世界城市人口在 100—500 万人口规模的城市有 75 座，到 1990 年增加到 249 座，城市人口数从 1.4 亿人增加到 4.74 亿人，其人口占世界同期城市人口的比重从 19.0% 增加到 20.8%；预计到 2015 年，这一类城市数目将增加到 472 座，人口增加到 9.41 亿人，占同期世界城市人口数的 22.7%。与大城市迅速发展相比较，中小城市发展缓慢，甚至略有下降。从 1950 年到 1990 年，50—100 万人口的城市数目从 105 座增加到 295 座，预计到 2015 年将增加到 422 座；但人口仅从 1950 年的 7300 万人增加到 1990 年的 2.03 亿人，预计到 2015 年将增加到 2.93 亿人，其占世界同期城市人口的比重从 1950 年的 9.0% 降到 1990 年的 7.1%，到 2015 年略有回升到 9.5%。特别是 50 万人口以下的城市，城市人口虽然从绝对数量上看 1990 年达到 12.84 亿人，比 1950 年的 4.7 亿人增加了 1.7 倍；预计到 2015 年将增加到 21.78 亿人，比 1990 年增加 0.7 倍；但这类城市的人口数量在同期世界城市人口中的比重不断降低，1950 年是 63.7%，1990 年下降到 56.4%，预计到 2015 年将进一步下降到 52.6%。可见，未来 10 年内大城市率先发展的态势仍将持续下去。另外，从地区比较来看，发达地区的大城市发展比较平缓，而欠发达地区的大城市迅猛发展，从而为都市圈的形成创造了较为有利的条件。

表 4-3                           世界大城市发展比较

| 项目 | 1000 万人口以上 | | | 500—1000 万人口 | | | 100—500 万人口 | | |
| --- | --- | --- | --- | --- | --- | --- | --- | --- | --- |
| | 数量（个） | 人口（万人） | 比重（%） | 数量（个） | 人口（万人） | 比重（%） | 数量（个） | 人口（万人） | 比重（%） |
| 全世界 | | | | | | | | | |
| 1950 | 1 | 1200 | 1.7 | 7 | 4200 | 5.7 | 75 | 14000 | 19.0 |
| 1970 | 3 | 4400 | 3.2 | 18 | 13000 | 9.6 | 144 | 26500 | 19.6 |
| 1990 | 12 | 16100 | 7.1 | 21 | 15400 | 6.8 | 249 | 47400 | 20.8 |
| 2015 | 27 | 45000 | 10.9 | 444 | 28200 | 7.2 | 472 | 94100 | 22.7 |
| 发达地区 | | | | | | | | | |
| 1950 | 1 | 1200 | 2.8 | 5 | 3200 | 9.0 | 43 | 8400 | 19.1 |
| 1970 | 2 | 3300 | 4.8 | 8 | 6100 | 5.2 | 73 | 13600 | 20.1 |
| 1990 | 4 | 6300 | 7.5 | 6 | 4400 | 5.7 | 98 | 19100 | 22.7 |
| 2015 | 4 | 7100 | 7.2 | 8 | 5600 | 4.5 | 120 | 24000 | 24.2 |
| 欠发达地区 | | | | | | | | | |
| 1950 | 0 | 0 | 0.0 | 2 | 1000 | 3.5 | 32 | 5600 | 19.0 |
| 1970 | 1 | 1100 | 1.7 | 10 | 6900 | 10.2 | 71 | 12900 | 19.0 |
| 1990 | 8 | 9800 | 6.9 | 15 | 11000 | 7.7 | 151 | 28300 | 20.4 |
| 2015 | 23 | 37800 | 12.0 | 36 | 22600 | 7.2 | 352 | 70100 | 22.9 |

来源：联合国《全球城市展望（1994 年修订版）》，转引自高汝熹、罗明义：《城市圈域经济论》，云南大学出版社 1998 年版，第 188 页表 5-3。

三是都市圈化是发展中国家的新潮流。20 世纪 50 年代以来，在城市化高速发展背景下，随着大城市的率先发展，都市圈和城市带的形成构成了一道亮丽的风景线。如果把中心城市人口 100 万以上、都市圈域人口 300 万以上看作大都市圈，则目前全世界形成了大约 500 个大都市圈。根据有关资料：1970 年全世界有 800 万人口以上的大都市圈 10 个，其中发达国家 5 个，新兴工业化国家 3 个，发展中国家 2 个；到 1980 年，全世界 800 万人口以上的大都市圈发展到 20 个，其中发达国家 6 个，新兴工业化国家 5 个，发展中国家 9 个；到 2000 年，全世界 800 万人口以上的大都市圈进一步发展到 28 个，其中发达国家 6 个，新兴工业化国家 7 个，发展中国家 15 个（见表 4-4）。总体来看，有以下几个特点：一是大都市圈的人口规模越来越大。1950 年，世界上最大的都市圈——纽约都市圈有人口 1230 万，排名第 15 位的柏林都市圈有人口 330 万；1960 年，世界上最大的都市圈——纽约都市圈有人口 1420 万，排名第 15 位的里约热内卢都市圈有人口 490 万；1970 年，世界上最大的都市圈——东京都市圈有人口

世界城市化进程及特
大城市分布

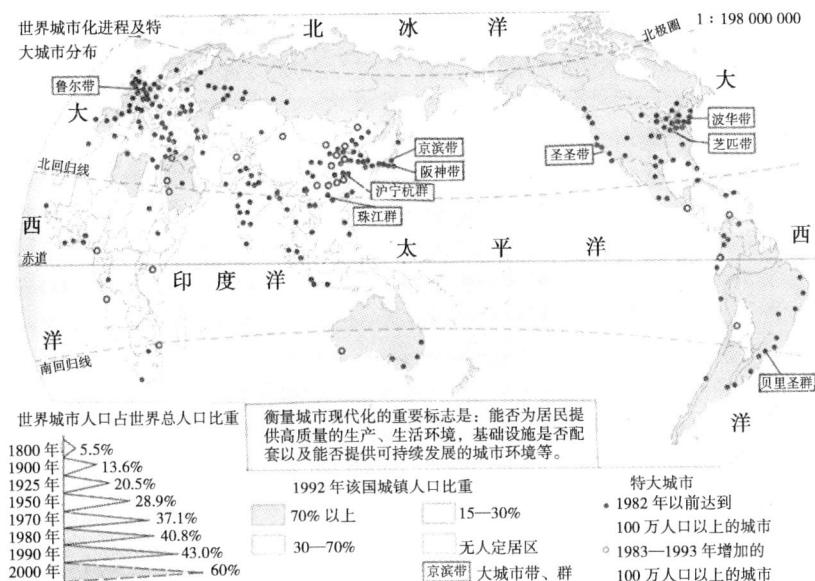

图4－1　世界城市化进程及特大城市分布

来源：http//www. teachers. net. cn。

1650 万，排名第 15 位的芝加哥都市圈有人口 670 万；1980 年，排名世界
首位的东京都市圈有人口 2190 万，排名第 15 位的孟买都市圈有人口 810
万；1994 年，排名世界首位的东京都市圈有人口 2650 万，排名第 15 位的
里约热内卢都市圈有人口 980 万；2000 年，排名世界首位的东京都市圈有
人口 2790 万，排名第 15 位的德里都市圈有人口 1170 万①。二是发展中国
家的大都市圈数量越来越多。1970 年，全世界 10 个 800 万人口以上的大
都市圈中，发展中国家只有 2 席；1980 年，全世界 20 个 800 万人口以上
的大都市圈中，发展中国家增加到 9 席，几乎占有一半；2000 年，全世界
28 个 800 万人口以上的大都市圈中，发展中国家进一步增加到 15 席，超
过一半。三是发展中国家的大都市带崭露头角。20 世纪 80 年代以前，大
都市带还只是发达国家和新兴工业化国家的专利；20 世纪 80 年代以来，
发展中国家的大都市带崭露头角，比如中国的珠三角、长三角、京津唐三
大都市带，印度的德里—坎普尔大都市带、班加罗尔—马德拉斯大都市

---

① 高汝熹、罗明义：《城市圈域经济论》，云南大学出版社 1998 年版，第 190—195 页。

带、孟买—艾哈迈达巴德大都市带，埃及的开罗—亚历山大大都市带等。

表 4 - 4　　　　　1970—2000 年世界上 800 万人口以上的大都市圈

|  | 1970 年 | 1980 年 | 2000 年 |
|---|---|---|---|
| 发达国家 | 纽约 | 东京 | 东京 |
|  | 伦敦 | 纽约 | 纽约 |
|  | 东京 | 洛杉矶 | 洛杉矶 |
|  | 洛杉矶 | 莫斯科 | 莫斯科 |
|  | 巴黎 | 大阪 | 大阪 |
|  |  | 巴黎 | 巴黎 |
| 新兴工业化国家 | 墨西哥城 | 墨西哥城 | 墨西哥城 |
|  | 布宜诺斯艾利斯 | 圣保罗 | 圣保罗 |
|  | 圣保罗 | 布宜诺斯艾利斯 | 布宜诺斯艾利斯 |
|  |  | 首尔（汉城） | 首尔（汉城） |
|  |  | 里约热内卢 | 里约热内卢 |
|  |  |  | 伊斯坦布尔 |
|  |  |  | 利马 |
| 发展中国家 | 上海 | 上海 | 上海 |
|  | 北京 | 加尔各答 | 加尔各答 |
|  |  | 孟买 | 孟买 |
|  |  | 北京 | 北京 |
|  |  | 天津 | 雅加达 |
|  |  | 雅加达 | 德里 |
|  |  | 开罗 | 拉各斯 |
|  |  | 德里 | 天津 |
|  |  | 马尼拉 | 大哈卡 |
|  |  |  | 开罗 |
|  |  |  | 马尼拉 |
|  |  |  | 卡拉奇 |
|  |  |  | 曼谷 |
|  |  |  | 德黑兰 |
|  |  |  | 班加罗尔 |

来源：引自［英］保罗·贝尔琴、戴维·艾萨克、吉恩·陈《全球视角中的城市经济》，吉林人民出版社 2003 年版，第 40 页表 2.1。

## 二、世界都市圈发育和形成的时代背景

根据发达国家走过的城市化历程，20 世纪 50 年代以前为向心聚集的城市化阶段，20 世纪 50—70 年代为城市郊区化阶段，20 世纪 70—80 年代

中期为逆城市化阶段，20 世纪 80 年代中期以来为再城市化阶段。

英国、美国等先发的资本主义国家很早就实现了城市化。如英国 1801 年城市人口比重为 26%，到 1890 年就达到了 72%；美国 1860 年城市人口比重为 19.8%，1920 年城市人口数超过农村人口数，1960 年城市人口比重达到了 69.9%。美国尽管在 20 世纪 20 年代就出现了城市郊区化现象，但城市郊区化的高潮却出现在第二次世界大战结束以后，尤其是 20 世纪 50 年代。与此相对应，都市圈也产生于 20 世纪 20 年代，该时期美国有都市圈（都市区）58 个，都市圈域人口占总人口的比例达到 33.9%；1940 年，都市圈发展到 140 个，都市圈域人口占总人口的比例达到 47.6%[1]，至此美国进入了"都市圈国家时代"。其他后发的资本主义国家，如奥地利、瑞典、意大利、芬兰、加拿大、日本等在 20 世纪 50—70 年代也进入了"都市圈国家时代"；新兴工业化国家和地区，如韩国、巴西、阿根廷、台湾等，在 20 世纪 80—90 年代进入了"都市圈国家（或地区）时代"；经济发展比较快的发展中国家，如中国、马来西亚、菲律宾、泰国、印尼、印度、埃及等，从 20 世纪 90 年代以来也开始大量出现都市圈。综合各国情况发现，一国或地区城市化率超过 50%（或者出现城市郊区化现象），则该国或地区就进入了都市圈发育和形成的时代；当城市化率超过 70%，或者城市郊区化完成（郊区人口超过市区人口），则该国或地区就成为名副其实的"都市圈国家（或地区）"。

都市圈的发育起步于城市郊区化，在城市化率 50%—70% 期间处于发展壮大期，在城市化率超过 70% 时进入稳定发展期。都市圈的形成与经济发展水平的提高、生产要素的自由流动、私人汽车的普及、道路交通网络的完善、政府的规划和政策引导等息息相关。

**三、世界都市圈的发展趋势**

发达的资本主义国家和新兴工业化国家，都市圈的发展已经进入稳定期，变化不大。而发展中国家作为后来者，城市化加速发展。当城市化率超过 50% 时，就进入了城市郊区化大发展时代，也就是都市圈大发展时代。那些经济发展比较快的发展中国家，是世界未来都市圈形成的主要场所。中国自改革开放以来，实现了连续近 30 年的高速经济增长，目前城市化率达到 44.9%，在发达的大城市已经出现了城市郊区化现象，并出现

---

① 王旭：《美国城市史》，中国社会科学出版社 2000 年版。

了若干都市圈。可以说，中国已经进入了都市圈形成和发展的伟大时代！

# 第二节　中国都市圈发育和形成的时代背景

### 一、社会主义市场经济体制的确立

中国的改革开放经历了从高度集中的计划经济体制到有计划的商品经济体制再到社会主义市场经济体制的转变。这个转变过程是渐进的，主要表现在：（1）政府职能的转变。由政府大包大揽，承担无限职能转变为简政放权，承担有限职能，给出了市场作用的空间。（2）所有制结构的转变。由国有经济一统天下转变为以公有制为基础，多种经济成分并存，实现了经济的多元化。（3）生产要素市场的发展。继基本消费品的生产和消费实现了市场调节之后，生产要素的市场配置稳步推进，逐步形成了劳动力市场、土地市场、资本市场。（4）居民生活方式选择的自由。居民的教育、就业、居住等权利逐步掌握在居民自己的手中，展示了生活方式的多元化。（5）加入 WTO，表现出中国的市场经济体制日趋完善，并逐步与国际接轨。中国社会主义市场经济体制的确立和完善，得益于两件大事：一是中国共产党第十四届中央委员会第三次全体会议 1993 年 11 月 14 日通过的"中共中央关于建立社会主义市场经济体制若干问题的决定"；二是 2001 年 11 月 10 日，中国经过 15 年的艰苦努力，在卡塔尔的多哈举行的世界贸易组织（WTO）第四届部长级会议上，终于通过了中国加入世贸组织的法律文件。中国正式成为世贸组织的一员。

社会主义市场经济体制的确立和完善对中国都市圈的发育和形成的促进作用是显而易见的：一是城市的集聚与扩散受市场规律的支配，具有可持续性；二是居民生活方式的选择具有自主性，体现了城市发展"以人为本"的精神；三是政府的规划和政策引导更多地遵循自然规律和市场经济规律，避免了滥用公权对城市发展进行简单粗暴的行政干预。可以说，社会主义市场经济体制的确立和完善给中国都市圈的发育和形成提供了有利的制度环境。

### 二、城市化加速发展

1978 年中国的城市化率只有 17.92%，到 1995 年发展到 29.04%，17年提高了 11.12 个百分点，平均每年提高 0.65 个百分点。1995 年以后，中国进入了城市化加速发展阶段，到 2007 年城市化率提高到 44.9%，12年提高了 15.86 个百分点，平均每年提高 1.32 个百分点，标志着中国的城市化发展已经进入了快车道。预计到 2010 年有望达到 50%，根据国际经验，中国即将进入都市圈大发展时代。

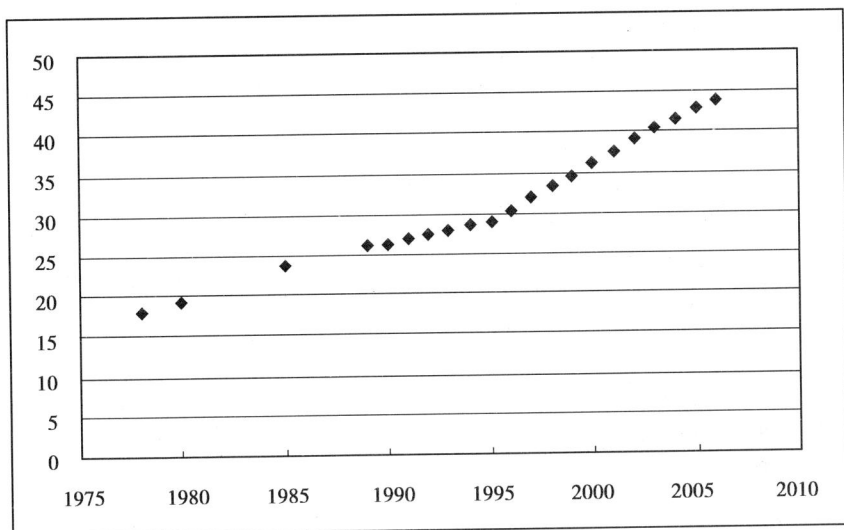

**图 4 - 2 中国的城市化率（%）**

### 三、经济社会全面发展

1978 年，中国的人均 GDP 只有 379 元，城镇居民家庭人均可支配收入只有 343 元，城镇居民家庭恩格尔系数 57.5%，具有典型的低收入国家经济社会发展特征。改革开放以来，中国经济社会全面发展，人均 GDP1992 年突破 2000 元，2004 年突破 10000 元大关；城镇居民家庭人均可支配收入 1990 年突破 1500 元，1997 年突破 5000 元，2005 年突破 10000 元；城镇居民家庭恩格尔系数 1994 年跌破 50%，2000 年跌破 40%，2006 年进一步降低到 35.8%。中国的经济实力明显增强，居民家庭的收入明显提高，社会发展已经进入了多样化需求时代。

私人拥有汽车是城市居民家庭步入现代化生活方式的一个显著标志。1978 年，中国民用汽车拥有量只有 135.84 万辆，平均百人拥有 0.14 辆，其中私人汽车所占比例不到 8%；1995 年中国民用汽车拥有量突破 1000 万辆大关，达到 1040 万辆，平均百人拥有 0.86 辆，私人汽车比例达到 24%；到 2006 年，中国民用汽车拥有量达到 4985 万辆，平均百人拥有 3.79 辆，私人汽车所占比例达到了 59%。可见，私人汽车已经构成民用汽车的主体。汽车进入家庭已经成为现实。中国的一些发达地区，汽车进

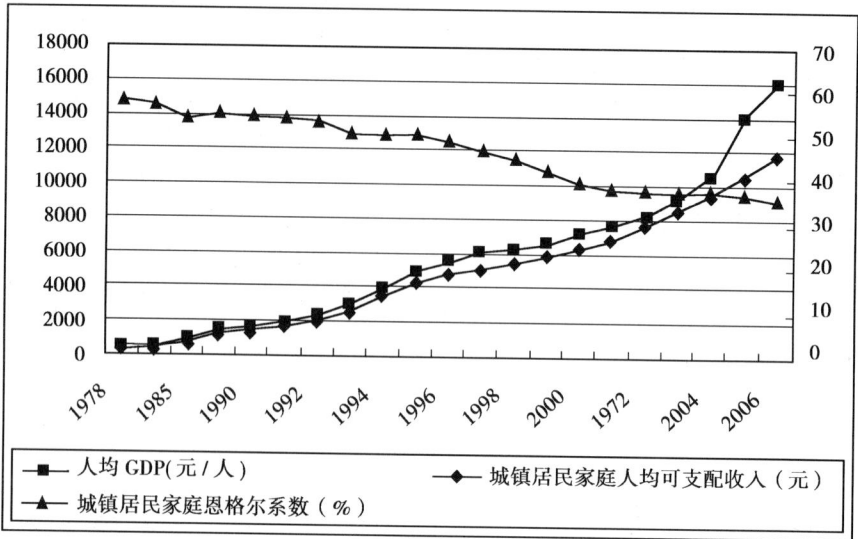

图 4-3　中国的经济发展状况

入家庭已经相当普及。这对都市圈的形成将发挥十分重要的作用。

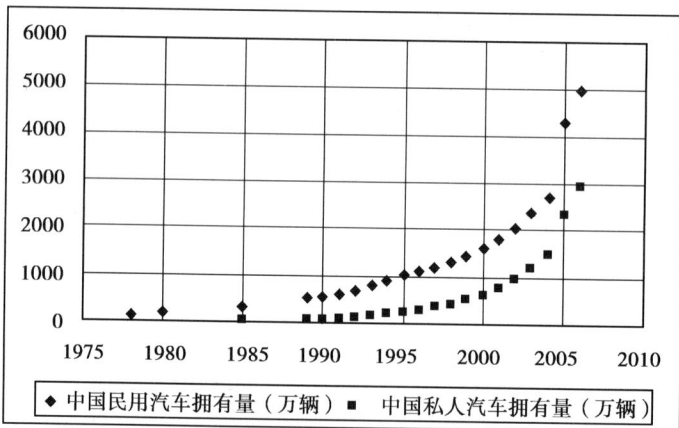

图 4-4　中国的民用汽车和私人汽车拥有量

### 四、道路交通建设全面提速

高速公路在世界的发展已有半个世纪了，在中国内地只有 20 年的历史。1988 年 10 月 31 日，上海—嘉定 18.5 公里的高速公路建成通车，标志着中国内地高速公路通车里程实现了零的突破。1990 年 9 月 1 日，375 公里长的沈阳—大连高速公路全线建成通车。1993 年全长 143 公里

的京津塘高速公路建成通车。到 1996 年年底，中国内地已建成高速公路
3422 公里。1998 年以来，国家实施积极的财政政策，高速公路得到快
速发展，年均通车里程超过了 4000 公里。到 1999 年年底，中国内地高
速公路通车里程已达 11605 公里。2003 年年底，达到 2.98 万公里；
2004 年年底，达到 3.4 万公里；2005 年年底，达到 4.1 万公里；2006
年年底，超过 4.5 万公里。根据《国家高速公路网规划》，2010 年前，
中国内地高速公路通车里程要达到 8.5 万公里，2020 年前形成中国高速
公路网。高速公路的迅速发展极大地推动了城市区域化和区域城市化进
程，有利于都市圈的形成和发展。

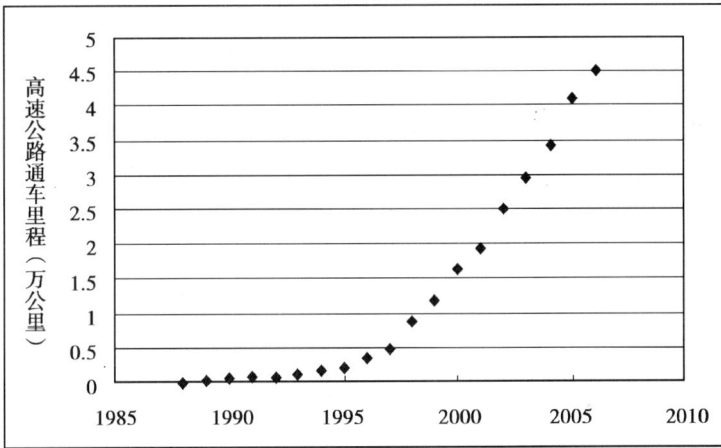

**图 4 - 5　中国内地高速公路通车里程变化**

来源：中国旅行网（http：//www.66China.com.cn）。

城市快速轨道交通建设也是推动都市圈形成和发展的重要因素。和城
市干线公路相比，地铁和轻轨不仅运量大，而且环保、节能、安全，因此
许多城市都把发展地铁和轻轨摆在非常突出的地位，以体现公交优先的发
展思路。截止 2006 年底，中国有地铁运营的城市有北京、天津、上海、
广州，正在动工兴建地铁的城市有深圳和南京，国家批准立项兴建地铁的
城市有重庆、成都、青岛，有地铁和轻轨建设规划的城市有沈阳、大连、
长春、哈尔滨、太原、石家庄、郑州、苏州、无锡、徐州、杭州、宁波、
济南、温州、福州、厦门、合肥、南昌、武汉、长沙、南宁、昆明、贵
阳、西安、乌鲁木齐等。可以肯定，地铁和轻轨建设必将促进都市圈的形

图 4 - 6　中国国家高速公路网布局图

成和发展壮大。

表 4 - 5　　　　　　中国城市快速轨道交通建设现状和规划

| | 城市名录 | 历史 | 2006 年底现状 | 规划 |
|---|---|---|---|---|
| 已经运营的城市 | 北京 | 1969 年建成通车,轨道长度 23.6 公里 | 轨道长度 114 公里 | 轨道长度 2008 年 300 公里, 2020 年超过 1000 公里 |
| | 天津 | 1984 年建成通车,轨道长度 7.4 公里 | 轨道长度 26.2 公里 | 轨道长度 2010 年 153 公里 |
| | 上海 | 1995 年建成通车,轨道长度 21 公里 | 轨道长度 82 公里 | 轨道长度 2010 年 400 公里 |
| | 广州 | 1999 年建成通车,轨道长度 18.48 公里 | 轨道长度 36.6 公里 | 轨道长度 2010 年 255 公里 |
| 正在动工兴建的城市 | 深圳 | | | 在建轨道长度 21.8 公里 |
| | 南京 | | | 在建轨道长度 21.72 公里 |

续表

| 城市名录 | 历史 | 2006 年底现状 | 规划 |
|---|---|---|---|
| 重庆 | | | 轨道长度 2010 年 82 公里 |
| 成都 | | | 轨道长度 2010 年 16 公里 |
| 青岛 | | | 轨道长度 2010 年 16 公里，规划长度 114 公里 |
| 沈阳 | | | 轨道长度 2010 年 22 公里，规划长度 182.5 公里 |
| 杭州 | | | 轨道长度 2010 年 82.2 公里，规划长度 278 公里 |
| 有建设规划的城市 | 大连、长春、哈尔滨、太原、石家庄、郑州、苏州、无锡、徐州、宁波、济南、温州、福州、厦门、合肥、南昌、武汉、长沙、南宁、昆明、贵阳、西安、乌鲁木齐 | | |

表格左侧第一至第五行标注为"已经批准立项的城市"。

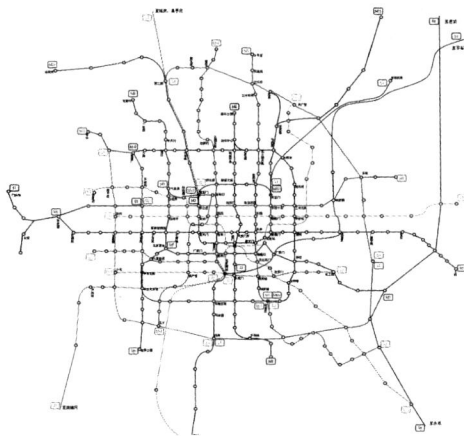

**图 4－7　北京市快速轨道交通建设和规划示意图**

来源：http://www.mjhy.cn，2005－04－11。

**图 4 - 8　天津市快速轨道交通建设和规划示意图**

来源：http：//www.sina.com.cn，2006 - 02 - 21。

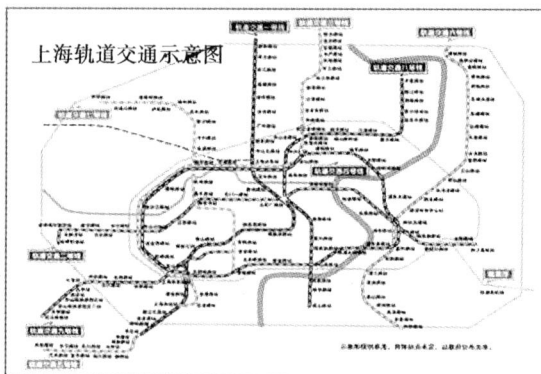

**图 4 - 9　上海市快速轨道交通建设和规划示意图**

来源：http：//www.ccmetro.com，2006 - 07 - 08。

**图 4 - 10　广州市轨道交通近期建设规划示意图**

来源：http；//www.gzdaily.dayoo.com，2007 - 01 - 28。

## 第三节 中国都市圈的战略地位

### 一、中国形成都市圈的条件基本具备

首先，中国具备形成都市圈的制度条件。中国的经济体制改革是渐进的，市场配置资源的基础作用不断得到加强，城市的集聚与扩散很大程度上受市场经济规律的支配，同时政府在规划、土地、信贷、政策等方面的引导也对城市郊区的开发发挥了重要作用。

其次，中国具备形成都市圈的中心市条件。截至 2006 年年底，中国内地有 4 个中央直辖市、27 个省会城市、15 个副省级城市、283 个地级市、377 个县级市①。城市市区非农业人口超过 50 万的城市有 123 个，建成区面积超过 50 平方公里的城市有 146 个②，其中达到中心市 50 万人口以上条件的城市有 42 个。未来，还将有若干城市达到都市圈中心市的条件。

再次，中国具备形成都市圈的城郊联系方式。大城市，特别是那些经济发达的特大城市，已经具备现代化的城郊联系方式，比如快速轨道交通、高速公路网等，私家车的比例也很高，互联网的普及更不在话下，这些因素有力地促进了城市郊区化发展，为都市圈的形成和发展创造了有利条件。

### 二、四大都市圈在中国国民经济发展中占据着突出的地位

据笔者研究，中国目前形成了北京、天津、上海和广州四大都市圈。2005 年，北京、天津、上海、广州四大都市圈面积 27087 平方公里，总人口 4898 万，GDP 总量 23272 亿元，分别占全国土地面积的 0.28%、总人口的 3.75% 和 GDP 总量的 12.76%；四大都市圈人均 GDP4.75 万元，地均 GDP0.86 亿元/Km²，分别是全国平均水平的 3.42 倍和 43 倍。可见，四大都市圈以较少的土地，承载了较多的人口以及规模庞大的经济产出，体现出了集约发展和显著的聚集经济效益，对中国国民经济发展贡献突出。

---

① 来源：行政区划网站（http://www.xzqh.org）。

② 来源：《中国城市统计年鉴 2005 年》，中国统计出版社 2006 年版，第 17—24 页，第 97—104 页。

表 4 – 6　　　　　　　　四大都市圈在中国国民经济中的地位

|  | 面积<br>（Km²） | 总人口<br>（万人） | GDP 总量<br>（亿元） | 人均 GDP<br>（万元/人） | 地均 GDP<br>（亿元/Km²） | 人口密度<br>（人/ Km²） |
|---|---|---|---|---|---|---|
| 北京都市圈 | 7708 | 1373 | 5840 | 4.25 | 0.76 | 1781 |
| 天津都市圈 | 5605 | 798 | 3172 | 3.97 | 0.57 | 1424 |
| 上海都市圈 | 6340 | 1778 | 9144 | 5.14 | 1.44 | 2804 |
| 广州都市圈 | 7434 | 949 | 5116 | 5.39 | 0.69 | 1277 |
| 四大都市圈合计 | 27087 | 4898 | 23272 | 4.75 | 0.86 | 1808 |
| 全国 | 9600000 | 130756 | 182321 | 1.39 | 0.02 | 136 |

注：表中数据是作者根据四大城市 2005 年国民经济和社会发展统计公报有关数据整理的。

估计未来 10—15 年，随着结构调整和功能整合，四大都市圈在中国经济社会发展中的地位还将进一步上升。

### 三、四大都市圈相对于全国平均水平有更快的经济和人口增长

从 2001—2005 年，四大都市圈的 GDP 增长了 94.8%（除上海都市圈外，其他三大都市圈均高于全国平均水平），同期全国的 GDP 平均增长了 90.1%，四大都市圈比全国有更快的经济增长。

表 4 – 7　　　　　　　四大都市圈的经济增长（2001—2005 年）

|  | 2001 年 GDP<br>（亿元） | 2005 年 GDP<br>（亿元） | 2001—2005 年<br>GDP 增长（%） |
|---|---|---|---|
| 北京都市圈 | 2782 | 5840 | 109.9 |
| 天津都市圈 | 1560 | 3172 | 103.3 |
| 上海都市圈 | 4951 | 9144 | 84.7 |
| 广州都市圈 | 2652 | 5116 | 92.9 |
| 四大都市圈合计 | 11945 | 23272 | 94.8 |
| 全国 | 95933 | 182321 | 90.1 |

注：表中数据是作者根据四大城市 2001 年、2005 年国民经济和社会发展统计公报有关数据整理的。

从 2000—2005 年，四大都市圈的总人口增长了 7%（除广州都市圈为负增长外，其他三大都市圈均高于全国平均水平），同期全国总人口只增长了 3.3%，四大都市圈比全国有更快的人口增长。

表 4 - 8　　　　　　四大都市圈的人口增长（2000—2005 年）

| | 2000 年人口（万人） | 2005 年人口（万人） | 2000—2005 年人口增长（%） |
|---|---|---|---|
| 北京都市圈 | 1191 | 1373 | 15.3 |
| 天津都市圈 | 750 | 798 | 6.4 |
| 上海都市圈 | 1641 | 1778 | 8.3 |
| 广州都市圈 | 994 | 949 | -4.5 |
| 四大都市圈合计 | 4576 | 4898 | 7.0 |
| 全国 | 126583 | 130756 | 3.3 |

注：2000 年为普查人口数，2005 年为 1% 抽样调查人口数。

鉴于四大都市圈有巨大的聚集和扩散效应，并考虑到经济全球化的影响以及中国广阔的国土和众多的人口，预计未来 10—15 年，四大都市圈对经济和人口的聚集效应还将进一步强化。

**四、新的都市圈将不断涌现**

根据笔者研究，中国目前发育成熟的都市圈有北京、天津、上海、广州。随着城市化发展，越来越多的城市将进入城市郊区化发展阶段，从而为新的都市圈的形成创造有利条件。可以说，尽管中国目前仍然处于城市化加速发展阶段，向心聚集是主流趋势，但是城市化水平较高的城市，正在发育和形成都市圈。中国已经进入了都市圈发育和形成的新时代，都市圈经济将主导城市经济的发展方向，并将逐步占据国民经济的主体。

# 第四节　中国都市圈的战略作用与趋势

**一、中国都市圈的形成和发展在城市化发展史上具有划时代的意义**

中国是四大文明古国之一，有着悠久的城市发展历史。但是，由于长期的封建专制制度的束缚，商品经济发展十分缓慢，城市化进程停滞不前。1840 年鸦片战争以后，随着西方帝国主义列强的入侵和被迫开放通商口岸，沿海地区一些港口城市发展十分迅速，但被烙上了深深的殖民地、半殖民地烙印，与中国经济社会发展的整体状况极不协调。新中国成立以后，城市发展的主导权回到了人民政府手中。但是，由于对城市化认识的肤浅，以及忌讳城乡差别的扩大，中国走了一条"工业化与城市化相分离"的城市化道路，导致工业化与城市化"两败俱伤"，城市化发展进程十分缓慢。实践已经证明：没有工业化的城市化失去了推动城市化的动力源泉，没有城市化的工业化遍地开花，发展成本高昂。

改革开放以后，特别是确立社会主义市场经济体制以来，中国的城市化才步入了健康发展的轨道，城市化战略上升为国家战略，各地都把城市发展作为重要事情来抓。然而，在有关城市化道路选择上，社会上有不同的见解。一部分人看到了大城市发展的种种弊端，主张优先发展小城市和小城镇，认为这就是中国特色；另一部分人根据世界城市化发展趋势，并看到了小城市和小城镇发展带来的分散化弊端，主张优先发展大城市。国家在城市化政策制定上多年来摇摆不定，没有一个明确的政策取向。后来在"十五"期间，国家提出了大、中、小城市和小城镇协调发展的新城市化战略。但是，有关城市化道路的争议并没有因此而停止。

实践已经证明：中国的大城市鉴于其巨大的聚集经济效益，普遍获得了超常规的发展。没有大城市的率先发展，就不会有中、小城市和小城镇的大发展。正因为如此，一些人担心大城市发展过快，造成资源环境危机、优质耕地被占用、城乡差距扩大、城市交通拥堵、外来人口众多而带来的治安隐患等，力图在"可持续发展的名义下"控制大城市的发展。

大城市发展是否已经走到了尽头？实践是最好的回答。当大城市发展遇到规模不经济的问题时，一种崭新的大城市地域形态——都市圈横空出世，它不是对大城市发展的自我否定，而是大城市根据实际发展情况进行的自我完善。都市圈的出现，较好地解决了大城市出现的集聚与扩散、功能与结构、城市与区域、发展与可持续发展等方面的矛盾，代表了中国城市化发展的大方向，在中国城市化发展史上具有里程碑式的意义。

时至今日，社会上对都市圈的认识仍然没有达到应有的高度，仍然没有把都市圈化看作中国城市化进程中的必经阶段。一些地方把都市圈当作"时髦的口号"，只关注土地的城市化，不关心人口的城市化；一些地方在规划、土地、交通、工业项目布局、行政管理等方面并没有为都市圈的形成开方便之门。凡此种种说明，社会上需要转变观念，充分认识到都市圈的战略作用。

**二、四大都市圈是中国区域经济发展的火车头**

北京和天津地处京津冀地区，上海地处长江三角洲，广州地处珠江三角洲。京津冀地区、长江三角洲、珠江三角洲是中国公认的三大经济发达地区，北京和天津、上海、广州分别是三大经济发达地区的龙头，对带动三大区域经济发展，并辐射引领全国经济发展有重要作用。毫无疑问，四大都市圈是中国区域经济发展的火车头，其战略作用不容忽视。

### 三、都市圈是中国参与全球竞争的主力军

在经济全球化发展的今天，国家之间的经济竞争首先表现在全球城市（Global City）之间的竞争，而支撑全球城市发展的正是大小和规模不等的都市圈。都市圈以其独特的功能结构，不仅有效地规避了大城市发展带来的种种弊端，而且将大、中、小城市与小城镇有机地联系在一起，形成了功能互补、结构完善的高度城市化地区，是中国参与全球竞争的主力军。

### 四、中国进入了都市圈大发展的新时代

目前中国已经成型的都市圈有4个，即北京、天津、上海、广州；未来10年左右有可能成型的都市圈有13个，即重庆、南京、武汉、深圳、长春、哈尔滨、郑州、温州、福州、厦门、合肥、贵阳、乌鲁木齐；未来15年左右有可能成型的都市圈有25个，即沈阳、大连、济南、青岛、杭州、苏州、无锡、宁波、成都、西安、昆明、太原、南昌、长沙、石家庄、南宁、呼和浩特、包头、吉林、齐齐哈尔、大同、开封、徐州、湛江、柳州。此外，还将有更多的都市圈在21世纪前半叶成型。可以说，中国进入了都市圈大发展的新时代。

伴随着新的都市圈形成，老的都市圈的发展规模也将不断扩大，特别是在经济发达的京津冀地区、长江三角洲地区和珠江三角洲地区，都市圈之间将不断重叠，功能结构将不断重组，预示着中国都市连绵区时代的到来。

与此同时，中、西部地区和东北地区的都市圈不断发展壮大，将有力地推进西部大开发、中部崛起和振兴东北老工业基地的步伐，预示着中国经济社会全面发展、区域经济和谐协调时代的来临。

# 第五章　中国开展都市圈战略规划的意义

都市圈在中国是新生事物。随着中国的城市化加速发展，都市圈的重要性逐渐被人们所认知。在中国现有区域规划体系中，都市圈战略规划的地位并没有被确立。在中国尽早开展都市圈战略规划不仅有必要性，而且有可能性。

## 第一节　中国的区域规划体系

中国是一个国土辽阔、人口众多的大国，开展不同层次和不同类型的空间规划、引导国土开发和空间建设的有序进行是十分必要的。目前，中国涉及空间开发活动的规划有国土规划、城乡规划、土地利用规划和国民经济社会发展规划，他们之间既有联系，也有区别。

### 一、被虚置的国土规划

中国开展国土规划工作已经有 20 多年的历史了。20 世纪 80 年代初，中国借鉴日本、德国、法国等发达国家在国土资源开发整治方面的成功经验，在全国推广国土规划和国土整治工作。

1981 年，中国政府做出决定，责成当时的国家建委，开展土地利用、土地开发、综合开发、地区开发、整治环境、大河流开发等工作，并强调要搞立法，搞规划。中国政府认为国土整治是个大问题，很多国家都有专门的部门管这件事，中国也应该把国土好好管起来，把国土规划工作认真抓起来。这是中国首次明确把国土整治、国土规划作为一项完整的工作提出来。从当时看，国土整治包括的内容主要是：四个开发（土地、地区、大河流、综合），一个利用（土地），一个整治（环境），二个要搞（规划、立法）。明确国土整治包括对国土资源的调查、开发、利用、治理、保护等五个方面的工作。国土规划的任务就是要使国民经济的发展同人口、资源、环境协调起来。国土规划要突出战略性、综合性、地域性和前瞻性特点。国土工作主要是抓组织、协调、规划、立法和监督。当时批准在国家建委设立国土局全面负责国土整治工作。

经过研究论证，一致认为，国土整治工作的中心任务是首先搞好国土规划。1982年开始开展京津唐地区国土资源调查研究和吉林松花湖、湖北宜昌两个地区的国土规划试点。1982年中国国家行政机构改革，国家建委国土局划归国家计划委员会领导。从1982—1984年间，国家计委组织开展了20多个区域性的国土规划试点。这些试点为全面开展国土规划工作提供了经验。自1985年起，根据国务院的决定，国家计委开始组织编制《全国国土总体规划纲要》，到1989年基本完成。与此同时，各省、自治区、直辖市也相继开展了本行政区的国土规划编制工作。到1993年，全国已有26个省（自治区、直辖市）和计划单列市编制完成了国土规划。许多省、区、市编制了省、市重点地区和县级国土规划。由于没有法律依据作保障，这些编制好的国土规划缺乏权威性和约束力，只能被束之高阁，作为资料保存，未能发挥规划应有的作用。

从1995—1998年，国土规划逐渐淡出人们的视野。1998年中国政府再次进行机构改革，成立了国土资源部，国务院"三定方案"明确将国土规划划为国土资源部的一项重要职能。

自从国土规划的职能划归国土资源部后，国土资源部对国土规划工作非常重视，多次研究如何做好这项工作。为了落实我国政府对国土规划工作的指示精神和履行国务院赋予国土资源部国土规划的职能，2001年8月，国土资源部决定在深圳市和天津市进行国土规划试点，目的是通过编制两市的国土规划，积累经验，以探索市场经济体制下国土规划工作的新路子，这标志着中国新一轮国土规划工作正式启动。2003年6月，国土资源部又决定在新疆、辽宁开展国土规划试点。2004年9月，广东省正式呈文申请国土规划试点，2004年12月国土资源部回函同意广东省作为试点[①]。

与20世纪80年代初相似，本轮国土规划也存在权威性不够、缺乏法律地位支持的尴尬。究竟命运如何，还有待进一步观察。

---

① 曹清华、杜海娥："我国国土规划的回顾与前瞻"，《国土资源》2005年第11期。

综观 20 世纪 80 年代以来中国所进行的国土规划工作，发现国土规划的重要性远远没有被社会各界广泛认同，更没有被纳入制度保障的范畴。当国家领导人认识到国土规划的重要性时，国土规划工作就轰轰烈烈地开展起来了，当国家领导人无暇顾及国土规划工作时，国土规划就偃旗息鼓了。实际上，国土规划处于一种被虚置的地位。缺乏国土规划的约束和指导，其他有关空间的区域规划的科学性就大打折扣了。

### 二、建设部系统的城市规划体系

1949 年新中国成立以后，国家就高度重视城市规划工作。1949 年 10 月，由政务院财经委员会（中财委）主管全国基本建设和城市建设工作，自此各城市相继成立城市建设管理机构。1951 年 2 月，中共中央提出了"在城市建设计划中，应贯彻为生产、为工人服务的观点"，"力争在增加生产的基础上逐步改善工人生活"的城市规划和建设的方针。1952 年 9 月，中财委召开了第一次全国城市建设座谈会，提出城市建设要根据国家的长期计划，加强规划设计工作，加强统一领导，克服盲目性。会议决定，从中央到地方建立健全城市建设管理机构，在 39 个重点城市成立建设委员会，领导城市规划和建设工作，要求主任委员由市委书记或市长担任，委员由工业、交通、水利、文教、卫生、军事等部门负责人参加。会议提出首先要制定城市总体规划，在总体规划指导下有条不紊地建设城市。

"一五"时期是新中国城市规划发展史上的初创时期。为了配合 156 项重点工程的建设，国家根据工业的合理布局，有重点地建设城市。在城市建设中坚持以城市规划为指导，以国民经济为依据，全面组织城市的生产和生活。这一时期城市规划对城市的各项建设，从重大工业项目的选址，处理工业项目与城市的关系、基础设施的配套建设，乃至于原有城市的改扩建、工厂生活区的建设标准等方面都发挥了极其重要的指导作用。1953 年 9 月，中共中央指出："重要工业城市规划工作必须加紧进行，对工业建设比重较大的城市更应组织力量，加强城市规划设计工作，争取尽可能迅速地拟定城市总体规划草案，报中央审查。"这期间全国 150 多个城市先后编制了深度不同的城市规划。从 1954 年至 1957 年，国家先后审查批准了太原、西安、兰州、洛阳、包头、成都、大同、湛江、石家庄、郑州、哈尔滨、吉林、沈阳、抚顺、邯郸等重点工业项目较集中的 15 个城市的总体规划和部分详细规划。这些规划的标准使城市规划成为指导各城市建设的重要文件，使城市的各项建设能够按照规划、有计划、有步骤地进行。

1958 年，中国出现了"大跃进"的失误。在整个经济发展高指标、浮夸风的形势下，城市发展也出现了不少问题。由于工业建设的盲目冒进，许多城市不切实际地扩大城市规模，过早改建旧城，急于改变城市面貌，不顾财力大小，大建楼、堂、馆、所，造成很大浪费。1960 年 11 月的全国计划工作会议上草率宣布了"三年不搞城市规划"。1966 年开始的"文革"十年，各地城市规划机构被撤销，规划队伍被解散，城市规划陷入停顿状态。

1978 年 3 月，国务院召开了第三次城市工作会议，制定了《关于加强城市建设工作的意见》；同年 4 月，经中共中央批准下发全国。会议强调了城市在国民经济发展中的重要作用，强调要"认真抓好城市规划工作"。要求全国各城市，包括新建的城镇都要根据国民经济发展计划和各地区具体条件，认真编制和修订城市总体规划、近期规划和详细规划。1984 年 1 月，国务院颁布了我国第一部城市规划法规《城市规划条例》，有力地推动了全国各地城市规划、建设、管理的立法工作，使城市规划和管理开始走向法制化、制度化的轨道。1987 年，国务院发布了《关于加强城市建设工作的通知》，《通知》强调"经过批准的城市规划具有法律效力，要严格实施。规划管理权必须集中在城市政府，不能下放。"1989 年 12 月 26 日，全国人大常委会通过了《中华人民共和国城市规划法》，并于 1990 年 4 月 1 日起开始施行[1]。1994 年 8 月 31 日，建设部第十四次常务会议通过《城镇体系规划编制审批办法》，并于 1994 年 9 月 1 日起施行[2]。

至此，中国的城市规划形成了较为完整的体系，包括城镇体系规划、城市总体规划、城市分区规划、控制性详细规划和修建性详细规划。

（一）城镇体系规划

城市与区域是有机联系的整体。城市问题产生的根源，有时并不在城市内部，而在城市外部。城市发展的动力，很大程度上也在城市的外部。在城市规划区范围内封闭地搞城市规划，其战略性、前瞻性、综合性和地

---

① 中国城市规划学会、全国市长培训中心编著：《城市规划读本》，中国建筑工业出版社 2003 年版，第 92—103 页。

② 来自中华人民共和国建设部网站（http：//www.cin.gov.cn）。

域性往往得不到体现。为了弥补城市规划的缺陷，建设部出台了《城镇体系规划编制审批办法》（见专栏 5 - 1）。

全国城镇体系规划的重点是确定国家城市发展方针，组织全国城镇空间结构以分类指导各省（自治区）的城镇体系规划。

省域（或自治区）城镇体系规划的重点是明确适合当地特点的城市化发展模式，确定发展重点，安排和协调省域（或自治区）基础设施建设，对重点城市发展的职能、方向和规模提出指导性规划。

市域（包括直辖市、市和有中心城市依托的地区、自治州、盟域）城镇体系规划的主要任务是在省域（或自治区）城镇体系规划的指导下，制订市域城市发展战略，协调市域各区县发展和建设规划布局，确定重点发展的小城镇，进行重大基础设施的规划布局。市域城镇体系规划属于市城市总体规划的内容之一。

县域（包括县、自治县、旗域）城镇体系规划重点是对全县建制镇和重点乡镇的发展做出整体规划，并对建制镇发展提出具体指导。县域城镇体系规划属于县城所在地城市总体规划的内容之一。

按流域或跨行政区域进行的城镇体系规划，应按所确定的主题组织区域内的城镇布局及其协调发展。

自1998年建设部发出《关于加强省域城镇体系规划的通知》以来，各地积极开展所在地的城镇体系规划，目前规划编制工作基本完成。历时6年多时间、由建设部组织编制的《全国城镇体系规划（2006—2020年)》于2007年1月定稿[①]，规划展示了中国21世纪前20年城镇化发展的宏伟蓝图。但是，规划本身也暴露了不少问题：一是全国城镇体系规划编制完成于各省（自治区）城镇体系规划编制完成之后，没有体现出对地方城镇体系规划编制的指导作用；二是规划本身缺乏强有力的实施手段，对指导地方空间开发活动约束力不够；三是按行政区组织编制的城镇体系规划，不利于按经济区组织区域经济社会活动。凡此种种，都需要进一步完善城镇体系规划编制办法及实施机制创新。

（二）城市总体规划

1984年国务院发布《城市规划条例》，1989年全国人大通过《中华人

---

① 来源："城镇化全国蓝图浮现，未来城市发展的空间锁定"，新华网（http://www.news.cn），2007 年 3 月 6 日。

民共和国城市规划法》，2007 年 10 月 28 日全国人大通过《中华人民共和国城乡规划法》立法并于 2008 年 1 月 1 日生效，标志着中国的城乡规划工作进入了新的发展阶段。

城市规划编制分为两个阶段：纲要编制和规划编制。纲要的内容一般包括：论证城市国民经济和社会发展条件，原则确定规划期内城市发展目标。论证城市在区域发展中的地位，原则确定市（县）域城镇体系的结构与布局。原则确定城市性质、规模、城市用地发展方向和总体布局，选择城市发展用地，提出城市规划区范围的初步意见。研究分析确定城市能源、交通、供水等城市基础设施开发建设的重大原则问题，以及实施城市规划的重要措施。纲要由当地政府会同上级城市规划行政主管部门组织专家进行评审，经批准后作为城市总体规划编制的依据。总体规划编制单位根据审定的纲要编制城市总体规划。

（三）城市分区规划

中国的城市分区规划产生于 20 世纪 70 年代末至 80 年代初，主要原因是在大、中城市和特大城市的总体规划中，由于城市布局结构的特征和城市规模比较大，在 1：25000 的地形图上编制的城市规划，其深度难以满足下一阶段详细规划的要求。因此，在城市总体规划的基础上进行了适当的深化，这一深化工作被称为城市分区规划。

城市分区规划的任务是在城市总体规划的基础上，在城市的一定区域范围内，对城市土地利用、人口分布、建设总量控制、城市公共设施、基础设施的配置做出进一步规划安排，为编制详细规划和进行规划管理提供直接依据。城市分区规划的编制年限与城市总体规划一致，编制的成果由城市人民政府审批。

（四）控制性详细规划

控制性详细规划是以总体规划或分区规划为依据，确定建设地区的土地使用性质和使用强度的控制指标、道路和工程管线控制性位置以及空间环境控制的规划要求。

控制性详细规划的内容包括：划分可直接用于建设开发的地块，划定不同使用性质用地的界限，规定各地块上适宜建设、不适宜建设或者有条件地允许建设的建筑类型；具体规定各地块的建筑高度、建筑密度、容积率、绿地率等控制指标，规定交通出入口方位、停车泊位、建筑后退红线距离、建筑间距、绿线等要求；提出各地块的建筑体量、体形、色彩等要求；确定各级支路的红线位置、控制点坐标和标高；根据规划容量和有关的专业规划，确定工程管线的走向、管径和工程设施的用地界限，对工程项目的建设进行控制；制定相应的土地使用与建筑管理规定，以文本和图册的形式表达。

（五）修建性详细规划

修建性详细规划是控制性详细规划的具体化，它是以城市总体规划、分区规划或者控制性详细规划为依据，制订用以指导各项建筑和工程设施的设计和施工的规划设计。对于当前或近期要进行开发建设的地区，应当编制修建性详细规划。修建性详细规划的重点是"修建"，可以理解为在近期要开发建设的用地范围内，把所要建设的房屋、道路、绿地、基础设施等做出具体的布置。

**三、国土资源部系统的土地利用规划体系**

要明晰国土资源部系统的土地利用规划体系，首先要追溯国土资源部机构的演变历程。

1949 年新中国成立以后，中国内地实行的是社会主义土地公有制，城镇土地国有，农村土地集体所有。宪法明确规定"任何组织或者个人不得侵占、买卖、出租或者以其他形式非法转让土地[①]"。城镇土地无偿、无限期划拨给用地单位，集体土地转为建设用地只有国家征用一条途径。涉及土地管理的部门有城建系统、农业系统、林业系统、水利系统等政府部门。事实上，形成了政府多部门管理土地的格局。改革开放以后，各地广泛招商引资，大力发展乡镇企业，土地需求量剧增，滥占耕地和滥用土地的现象十分严重。为此，中共中央、国务院于 1986 年 3 月 21 日发布了《关于加强土地管理、制止乱占耕地的通知》。通知提出：为了加强对全国土地的统一管理，决定成立国家土地管理局，作为国务院的直属机构。国家土地管理局负责全国土地、城乡地政的统一管理工作，主要职责是：贯彻执行国家关于土地的法律、法规和政策；主管全国土地的调查、登记和统计工作，组织有关部门编制土地利用总体规划；管理全国的土地征用和划拨工作，负责需要国务院批准的征、拨用地的审查、报批；调查研究，解决土地管理中的重大问题；对各地、各部门的土地利用情况进行检查、监督，并做好协调工作；会同有关部门解决土地纠纷，查处违法占地案

---

① 来源："中国土地制度改革"，新华网（http://www.news.cn），2007 年 3 月 16 日。

件。在国家统一管理的前提下，各有关部门要认真做好本部门用地的规划、利用、保护和建设。所有土地的权属变更，都必须报土地管理部门审查，统一办理批准手续。县以上地方各级人民政府都要根据统一管理土地的原则，建立健全土地管理机构。机构设置，由各省、自治区、直辖市自行确定。乡镇一级，可由县人民政府委派土地管理人员①。

1986 年成立的国家土地管理局是由原城乡建设环境保护部和农牧渔业部的有关土地管理业务部门连同人员为基础组建的。《国务院机构改革方案》（1993 年）② 对国家土地管理局的职能进行了微调，具体为：加强全国土地、城乡地政统一管理工作，从侧重土地资源管理转为资源和资产并重管理，优化配置、合理利用土地资源，切实保护耕地，充分发挥土地资产的效益，并促其保值增值；加强土地宏观调控，保证土地供需基本平衡，积极培育和完善土地市场，加强土地市场管理，使土地管理真正起到国家宏观调控经济、调控市场的作用。下放和转移的职能主要有——全国土地资源利用现状调查、地籍调查和有关制定全国及省、市、县、乡土地利用总体规划的技术性工作及政策、法律、地价、信息等咨询服务工作。

1998 年国务院再次进行机构改革③，方案决定，由地质矿产部、国家土地管理局、国家海洋局和国家测绘局共同组建国土资源部。新组建的国土资源部的主要职能是：土地资源 、矿产资源、海洋资源等自然资源的规划、管理、保护与合理利用。国土资源部划入的职能是：原国家土地管理局的行政管理职能；原地质矿产部的行政管理职能；原国家海洋局的海洋资源行政管理职能；原全国矿产资源委员会及其办事机构的行政管理职能；原国家计划委员会制订国土规划和与土地利用总体规划有关的职能；原冶金工业部、煤炭工业部、化学工业部、中国核工业总公司、中国有色金属工业总公司等部门和单位行使的矿产资源行政管理职能。划出的职能有：地下水资源行政管理职能，交给水利部；地籍测绘行政管理职能，交给国家测绘局。转变的职能有：国家基础性、公益性、战略性地质和矿产勘查任务，交给直属事业单位承担；土地、矿产、海洋资源基础信息和资

---

① 来源：北大法宝（http://www.ChinaLawInfo.com）。
② 来源："1993 年机构改革"，新华网（http://www.news.cn），2003 年 3 月 6 日。
③ 来源："1998 年国务院机构改革方案"，人民网（http://www.people.com.cn），2003 年 3 月 6 日。

源利用情况、变化趋势的动态数据收集、技术处理及预测分析等职能交给直属事业单位承担；实行政企分开，国土资源部不从事土地、矿产、海洋资源的经营活动，与所属企业脱钩，不再管理企业及企业生产经营开发活动。强化的职能是：在保护生态环境的前提下，加强自然资源的保护与管理，尤其是要加强耕地保护和土地管理，保障人民生活和国家现代化建设当前和长远的需要。

国土资源部的重要职责之一是：组织编制和实施国土规划、土地利用总体规划和其他专项规划；参与报国务院审批的城市总体规划的审核，指导、审核地方土地利用总体规划；组织矿产资源、海洋资源的调查评价，编制矿产资源和海洋资源保护与合理利用规划、地质勘察规划、地质灾害防治和地质遗迹保护规划。

伴随着土地管理机构变革，中国于 1986 年 6 月 25 日第六届全国人民代表大会常务委员会第十六次会议通过了《中华人民共和国土地管理法》，2004 年 8 月 28 日中华人民共和国第十届全国人民代表大会常务委员会第十一次会议通过了对《中华人民共和国土地管理法》的修改①（详见专栏5 - 3）。到目前为止，在国家土地管理部门的组织下，中国一共进行了三次土地利用规划工作（包括目前正在进行的第三次土地利用规划修编工作）。

土地利用总体规划是在一定区域内，根据国家社会经济可持续发展的要求和当地自然、经济、社会条件，对土地的开发、利用、治理、保护在空间上、时间上所作的总体安排。从 20 世纪 80 年代第一次土地利用总体规划开始至今，中国基本上建立起了包括国家、省（自治区、直辖市）、市（地区、自治州）、县（旗）、乡（镇）五级规划序列，在规划内容和深度上各级规划基本一致，不同点主要是图纸比例不同。

中国第一次土地利用总体规划的期限为 1985—2000 年。限于当时的条件，采用了上下同步编制的方法。这种方法虽然加快了编制进度，却使全国土地利用总体规划的目标和要求在地方土地利用总体规划中难以落实。

中国第二次土地利用总体规划的期限为 1995—2010 年。采用了自上而下的方法，逐级进行。上级土地利用总体规划是下级土地利用总体规划

---

① 来源：中华人民共和国建设部网站（http://www.cin.gov.cn）。

的编制依据。下级土地利用总体规划要落实上级土地利用总体规划的要求。

中国第三次土地利用总体规划的期限为2006—2020年。这次规划采用了上下结合的方法，先行试点，强化前期研究，提出科学合理的规划控制指标和土地资源合理配置的战略思路。国土资源部提出了几项新的修编原则：（1）严格保护耕地特别是基本农田的原则。要求任何地方规划修编中不能因单纯考虑当地建设的需要而降低保护耕地的要求，决不能借修编规划放松耕地保护。（2）对于建设项目违法占用耕地和基本农田，未经处理的，不得通过规划修编予以核减。（3）对于违反生态退耕政策，耕作条件良好已经退耕的基本农田和绿色通道建设范围过大占用的基本农田，仍要按基本农田保护，并限期恢复耕作条件。在农业结构调整中造成基本农田耕作层破坏的，要限期复耕或补划。（4）现有基本农田中坡度在25度以上需要退耕的，按照国家批准的生态退耕规划逐步退耕，对25度以下的基本农田，生态退耕必须严格控制①。

从中国土地利用规划的发展历程来看，有以下几个方面的特点：（1）规划编制越来越规范，指标控制越来越严格，体现了中国要实行世界上最严格的土地管理制度的决心。（2）规划控制指标不再是简单地拍脑袋，而要经过前期研究论证。（3）土地利用规划与国民经济社会发展规划、城市总体规划相互衔接的要求越来越高。（4）土地利用规划体系越来越完善，除了总体规划外，还有专项规划，包括基本农田保护规划、土地开发规划、土地复垦规划、土地整理规划等。同时，从土地利用规划执行来看，也暴露了不少问题：（1）土地利用规划的法律地位问题。尽管国家土地管理法明确规定各级政府要组织编制土地利用规划，但土地利用规划的约束力仍然不够强，"规划跟着项目走"的现象十分普遍，需要对土地利用规划进行专门的立法。（2）土地利用规划如何与快速城市化发展的要求相适应。中国已经进入了城市化加速发展期，经济建设与保护耕地的矛盾十分突出。在解决"吃饭"与"发展"的矛盾上如何取舍？另外，在城乡结合地区，土地利用呈现出复合形态，这是经济社会发展的客观要求，而土地利用规划对这种现象不能视而不见。（3）土地利用规划与国民经济社会发展

---

① 来源："我国开始进行第三次土地利用总体规划修编"，人民网（http：//www．people．com．cn），2005年7月13日。

规划、城市总体规划的衔接问题。这三个规划都是综合性规划，但价值趋向不同：土地利用规划重在耕地保护，国民经济社会发展规划重在发展思路，城市规划重在城市建设用地扩展。一般情况下，城市规划建设用地规模大，土地利用规划建设用地规模小，国民经济社会发展规划虚，难以落实到空间上、图纸上。实践中，要有"三规合一"的创新思路。

**四、国家发展和改革委员会系统的国民经济和社会发展规划体系**

国家发展和改革委员会的前身是国家计划委员会，成立于 1952 年，至今已有 55 年的历史。原国家计划委员会于 1998 年更名为国家发展计划委员会，又于 2003 年将原国务院体改办和国家经贸委部分职能并入，改组为国家发展和改革委员会。

拟订并组织实施国民经济和社会发展战略、中长期规划和年度计划是国家发展和改革委员会的重要职责。自 1953 年至今，中国各级政府共编制了十一次国民经济和社会发展五年计划（规划），由各级人民代表大会审议通过批准实施。可以说，中国已经形成了编制国民经济和社会发展五年计划（规划）的传统，并形成了较为完善的计划（规划）编制体系。

中国第一个五年计划时期为 1953—1957 年。基本任务是：集中主要力量进行以苏联帮助我国设计的 156 个建设项目为中心、由 694 个大中型建设项目组成的工业建设，建立我国的社会主义工业化的初步基础，发展部分集体所有制的农业生产合作社，以建立对农业和手工业社会主义改造的基础，基本上把资本主义工商业分别纳入各种形式的国家资本主义的轨道，以建立对私营工商业社会主义改造的基础。"一五"计划实施中存在的主要问题，一是农业生产跟不上工业生产的步伐，以工业总产值占工农业总产值 70% 和工业总产值中生产资料占 60% 作为实现国家工业化的重要标志之一，在某种程度上忽视了农业的发展。二是 1956 年出现全局性的冒进。三是社会主义改造过急过快，为以后相当长时间留下后遗症。

中国第二个五年计划时期为 1958—1962 年。基本任务是：（1）继续进行以重工业为中心的工业建设，推进国民经济的技术改造，建立我国社会主义工业化的巩固基础；（2）继续完成社会主义改造，巩固和扩大集体所有制和全民所有制；（3）在发展基本建设和继续完成社会主义改造的基础上，进一步发展工业、农业和手工业的生产，相应发展运输业和商业；（4）努力培养建设人才，加强科学研究工作，以适应社会主义经济文化发展的需要；（5）在工农业生产发展的基础上，增强国防力量，提高人民的物质生活和文化生活的水平。"二五"计划实施中存在的主要问题是发展目标定得太高，不切实际，造成国民经济主要比例关系严重失调。

中国第三个五年计划时期为 1966—1970 年。"三五"计划的基本任务是：（1）大力发展农业，按不同的标准基本上解决人民的吃穿用问题；（2）适当加强国防建设努力突破简短技术；（3）与支援农业和加强国防相适应，加强基础工业，继续提高产品质量，增加产品品种，增加产量，使我国国民经济建设进一步建立在自力更生的基础上，相应发展交通运输业、商业、文化、教育、科学研究事业，使国民经济有重点、按比例地发展。后来调整为：必须立足于战争，从准备大打、早打出发，积极备战，把国防建设放在第一位，加快"三线"建设。尽管"三五"时期绝大部分经济指标完成了计划，但盲目追求高速度、高积累为以后的国民经济大发展设置了障碍。

中国第四个五年计划时期为 1971—1975 年。"四五"计划初期确立的发展目标较高，后来调低了发展目标，最后基本上完成了发展目标。

中国第五个五年计划时期为 1976—1980 年。"五五"计划提出后三年（1978—1980）建立独立的比较完整的工业体系和国民经济体系。1978 年又调高了发展目标，1979 年十一届三中全会后提出"调整、改革、整顿、提高"的方针，并从这一年开始对国民经济进行调整。

中国第六个五年计划时期为 1981—1985 年。"六五"计划的基本任务是：（1）工农业生产总值，计划年均增长 4%，在执行中争取达到 5%。（2）争取消费品供应的数量和质量同社会购买力的增长和消费结构的变化大体适应，保持市场物价的基本稳定。（3）大力降低物质消耗特别是能源消耗，使生产资料的生产同消费资料的生产大体协调。（4）有计划有重点地对现有企业进行技术改造，广泛地开展以节能为主要目标的技术革新活动，同时集中必要的资金，加强能源、交通等重点建设，作好"七五"发展的衔接。（5）组织全国的科技力量，进行科技攻关和科技成果的推广应用；努力发展教育、科学和文化事业，促进社会主义精神文明和物质文明的建设。（6）加强国防建设和国防工业建设，增强防御力量。（7）通过发展生产，提高经济效益，适当集中资金，使国家财政收入由下降转为上升，使经济建设和文化建设的开支逐步有所增加，保证财政收支和信贷收支的基本平衡。（8）大力发展经济贸易，有效利用外资，积极引进国内需要的先进技术，促进国内经济技术的发展。（9）严格控制人口增长，妥善安排城镇劳动力的就业，在生产发展和劳动生产率提高的基础上，使城乡人民的物质和文化生活继续得到改善。（10）加强环境保护，制止环境污染的进一步发展。"六五"计划的许多指标都超额完成了任务，但是投资过热，货币发行过多，对经济稳定增长产生了不利影响。

中国第七个五年计划时期为1986—1990年。"七五"期间国民经济和社会发展的主要任务是：（1）进一步为经济体制改革创造良好的经济环境和社会环境，努力保证社会总需求和总供给的基本平衡，使改革更加顺利地开展，力争在五年或更长一些时间内，基本上奠定有中国特色的新型社会主义经济体制的基础。（2）保持经济持续稳定增长，在控制固定资产投资总额的前提下，大力加强重点建设、技术改造和智力开发，在物质技术和人才方面为九十年代经济和社会的继续发展准备必要的后续能力。（3）在发展生产和提高经济效益的基础上，继续改善人民生活。

中国第八个五年计划时期为1991—1995年。"八五"计划期间，中国经济实现了快速增长，人民生活水平显著提高，提前五年完成了到2000年实现国民生产总值比1980年翻两番的战略目标。

中国第九个五年计划时期为1996—2000年。"九五"国民经济和社会发展的主要奋斗目标是：全面完成现代化建设的第二步战略部署，2000年，在中国人口将比1980年增长3亿左右的情况下，实现人均国民生产总值比1980年翻两番；基本消除贫困现象，人民生活达到小康水平；加快现代企业制度建设，初步建立社会主义市场经济体制。

中国第十个五年计划时期为2001—2005年。"十五"期间宏观调控的主要预期目标分别是：（1）经济增长速度预期为年均7%左右，到2005年按2000年价格计算的国内生产总值达到12.5万亿元左右，人均国内生产总值达到9400元。五年城镇新增就业和转移农业劳动力各达到4000万人，城镇登记失业率控制在5%左右。价格总水平基本稳定。国际收支基本平衡。（2）产业结构优化升级，国际竞争力增强。2005年第一、二、三产业增加值占国内生产总值的比重分别为13%、51%和36%，国民经济和社会信息化水平显著提高。基础设施进一步完善。地区间发展差距扩大的趋势得到有效控制。城镇化水平有所提高。（3）2005年全社会研究与开发经费占国内生产总值的比例提高到1.5%以上，科技创新能力增强，技术进步加快。各级各类教育加快发展，基本普及九年义务教育的成果进一步巩固，初中毛入学率达到90%以上，高中阶段教育和高等教育毛入学率力争达到 60％左右和 15％左右。（4）人口自然增长率控制在 9‰以内，2005 年全国总人口控制在 13.3 亿人以内。生态恶化趋势得到遏制，森林覆盖率提高到 18.2％，城市建成区绿化覆盖率提高到 35％。城乡环境质量改善，主要污染物排放总量比 2000 年减少 10％。资源节约和保护取得明显成效。（5）居民生活质量有较大提高，基本公共服务比较完善。城镇居民人均可支配收入和农村居民人均纯收入年均增长 5％左右。2005 年城镇居民人均住宅建筑面积增加到 22 平方米，全国有线电视入户率达到 40％。城市医疗卫生服务水平和农村医疗服务设施继续改善，人民健康水平进一步提高。城乡文化、体育设施增加，覆盖面扩大，文化生活更加丰富。社会风气和社会秩序好转。

中国第十一个五年计划时期为 2006—2010 年。"十一五"期间经济社会发展的主要目标是：在优化结构、提高效益和降低消耗的基础上，实现 2010 年人均国内生产总值比 2000 年翻一番；资源利用效率显著提高，单位国内生产总值能源消耗比"十五"期末降低 20％左右，生态环境恶化趋势基本遏制，耕地减少过多状况得到有效控制；形成一批拥有自主知识产权和知名品牌、国际竞争力较强的优势企业；社会主义市场经济体制比较完善，开放型经济达到新水平，国际收支基本平衡；普及和巩固九年义务教育，城镇就业岗位持续增加，社会保障体系比较健全，贫困人口继续减少；城乡居民收入水平和生活质量普遍提高，价格总水平基本稳定，居住、交通、教育、文化、卫生和环境等方面的条件有较大改善；民主法制建设和精神文明建设取得新进展，社会治安和安全生产状况进一步好转，构建和谐社会取得新进步。

回顾 50 多年来中国编制国民经济和社会发展计划（规划）的历程，可以将其划分为两个不同的阶段：1980 年之前的五个五年计划处于高度集中的中央计划经济体制下，除"一五"计划公开外，其他四个五年计划都未公开宣布①。计划受政治冲击比较大，只重视数量指标，而且经常修改计划指标，计划的科学性和严肃性都不强。1981 年至今的六个五年计划（规划）处于改革开放时代。和前五个五年计划相比，具有以下特点：（1）由重视经济的数量增长过渡到数量和质量并重，再到质量优先、兼顾

①　来源："中国过去半个多世纪十个'五年计划'经验教训总结"，中国新闻网（http://www.Chinanews.com），2006 年 3 月 20 日。

数量。（2）由单纯重视经济增长过渡到经济、社会、环境全面协调和可持续发展。（3）由全能性政府计划过渡到效能性政府和市场结合的规划。（4）由时间一维计划过渡到时空二维规划。

综观国家发展和改革委员会系统的国民经济和社会发展规划体系，可以发现由计划到规划的嬗变，由数量指标规划到时空结合的战略规划的嬗变。毫无疑问，国民经济和社会发展规划、城市规划、土地利用规划正在向相互结合的方向发展。

**五、"三规合一"是区域规划的方向**

所谓"三规合一"指的是国民经济社会发展规划、城市规划、土地利用规划这三个规划合成为一个区域规划。

国民经济社会发展规划是由国民经济、社会发展计划演变而来的，该项规划的制定是发展和改革委员会的职能，由当地人民代表大会审议通过批准实施，不需要上级政府的审批。正因为如此，该项规划没有自上而下分解规划指标的要求。一般地说，该项规划的战略性、前瞻性、全局性突出，原则性强，但是规划的"落地"问题始终是一个大问题，这也是"十一五"规划以来国家发展和改革委员会要求改进规划的方向之一。

城市规划是城市规划和建设部门的职责。中国对城市规划实行分级审批制度：直辖市的城市总体规划，由直辖市人民政府报国务院审批；省和自治区人民政府所在地城市、城市人口在一百万以上的城市及国务院指定的其他城市的总体规划，由省、自治区人民政府审查同意后，报国务院审批；上述两条规定以外的设市城市和县级人民政府所在地镇的总体规划，报省、自治区、直辖市人民政府审批，其中市管辖的县级人民政府所在地镇的总体规划，报市人民政府审批；以上规定以外的其他建制镇的总体规划，报县级人民政府审批；城市人民政府和县级人民政府在向上级人民政府报请审批城市总体规划前，须经同级人民代表大会或者其常务委员会审查同意；城市分区规划由城市人民政府审批；城市详细规划由城市人民政府审批。由此可见，城市规划体现了上下结合、地方人民代表大会审查同意、上级人民政府审批的特点。但是，该项规划对城乡统筹、区域发展涉及不够，这就是建设部力图将城市规划调整为城乡规划的原因。

土地利用规划是国土资源管理部门的职责。中国人多地少，粮食安全始终是国家关注的重大问题。中国自 20 世纪 80 年代中期开展土地利用规划以来，始终把耕地保护作为土地利用规划的核心内容。中国的土地利用规划，采取自上而下逐级分解规划指标、最后落实到具体的图板和地块上的办法，实现了上下平衡、地区平衡和部门平衡。规划图纸和规划指标是规划的重要内容。实践中，如何科学合理地安排规划指标，一直受到人们的广泛关注。有人质疑规划指标的科学性，为此国土资源部要求加强规划的前期研究，特别是经济社会发展研究。

从发展趋势看，国民经济社会发展规划正在致力于解决规划的"落地"问题，城市规划正在致力于解决城乡统筹规划问题，土地利用规划正在致力于解决规划的经济社会发展研究问题，这三个规划有相互取长补短、相互融合的态势。

实践中，落实这三个规划的载体在基层政府。这三个规划在编制的指导思想、理念、原则和对中国国情的认识上（或者说虚的方面）一般没有大的差异，所以在宏观层次上不会产生大的矛盾。但是，这三个规划的编制规范、编制期限、指标要求（或者说实的方面）各不相同，导致落实到具体的空间上这三个规划的矛盾层出不穷，基层政府无所适从。比如，某项目符合国民经济和社会发展规划，并已经取得发展和改革委员会的立项批准，但是不符合城市规划和土地利用规划的要求，该项目将不得上马；同样，假如某项目通过土地置换符合城市规划对节约用地的要求，但是不符合土地利用规划的要求，则该项目即使取得规划许可证，也无法取得土地供应证。由于部门分割和部门信息沟通不畅，以及规划扯皮的事情，导致行政办事效率低下，延误了经济发展进程。

政府在组织编制这三个规划的过程中耗费了大量的人力、物力、财力。与其让这三个规划相互扯皮，还不如编制一个统一的区域规划。但是，这遇到了现行行政管理体制的矛盾。在现行体制确定的职能分工下，发展和改革委员会过多地关注"空间"问题，会严重地侵犯城市规划和国土管理部门的职能；城市规划部门过多地关注城乡统筹规划问题，也会严重地侵蚀国土管理部门的职能；国土管理部门和城市规划部门在有关城乡结合部的空间规划价值取向上也矛盾重重。凡此种种说明，"三规"合一，首先要改革行政管理体制，合并规划的行政管理职能。此外，还有另外一种"三规"合一的思路，即不求规划编制过程的"三规"合一，但求规划内容上的"三规"衔接。

在国家大的行政管理体制改革无法取得突破性进展的情况下，近期首先在基层政府组织编制的规划中实行"三规合一"也不失为一种好的尝试办法。2003 年 10 月，国家发改委发展规划司启动了江苏苏州市、福建安溪县、广西钦州市、四川宜宾市、浙江宁波市、辽宁庄河市等六个规划体制改革试点①，试图走出一条"三规"合一的道路。

# 第二节　中国开展都市圈战略规划的意义

## 一、开展都市圈战略规划的必要性

### （一）在都市圈层次，目前缺乏科学而又合法的规划

在中国目前的区域规划体系中，国土规划是最为宏观的战略规划，它是其他各种规划的战略指导。国土规划侧重于宏观性、战略性、全局性和前瞻性，对指导都市圈层次的战略规划有指导意义，但是它并不能取代都市圈战略规划；国民经济、社会发展规划是严格按照行政区编制的规划，主要侧重于经济社会发展方面的战略安排，对空间布局方面的规划安排较为粗略。而都市圈往往是跨行政区的，对空间安排有较高的要求。所以国民经济、社会发展规划也不能取代都市圈战略规划；城市规划从规划体系上来说，包括城镇体系规划、城市总体规划、城市分区规划、控制性详细规划和修建性详细规划。从严格意义上来说，城镇体系规划属于区域规划，而且也是以行政区为单元进行的规划。城市总体规划是以城市规划区为单元进行的规划。城市规划区一般超越了城市建成区，有时尽管跨越了行政区，但是其地域范围远远小于都市圈范围。城市分区规划是对城市总体规划的细化，控制性详细规划和修建性详细规划则是更为翔实而且具备可操作性的规划。可见，城市规划也无法取代都市圈战略规划；土地利用规划是自上而下对各类用地进行空间秩序安排的规划，也是以行政区为单元进行规划和操作实施的。土地利用规划的侧重点是保护耕地，它与城市规划有明确的分工：城市规划区范围内的用地安排由城市规划决定，城市规划区范围外的用地安排由土地利用规划安排。由于土地利用规划的性质，决定了对城市边缘区这种"似城非城、似乡非乡"地区的土地利用安排只能走农区土地利用模式的道路。这说明，目前的土地利用规划不能适应都市圈健康持续发展的需要。可见，在都市圈层次，目前缺乏有权威

---

① "发改委酝酿市县规划改革，'三规融合'重大突破"，百灵网（http：//www. beelink. com），2004 年 8 月 8 日。

性、合法性的规划。已有的各类区域规划，不能取代都市圈规划。社会上正在进行的都市圈规划，第一，缺乏法律依据；第二，对都市圈的概念、内涵和范围界定缺乏科学研究和论证。

（二）城市边缘区存在的大量问题呼唤开展都市圈战略规划

当前，城市边缘区存在的大量问题与都市圈战略规划的缺失有关：

第一，在都市圈的土地利用方面，城市边缘区的土地利用秩序最为混乱。城市中心区的土地利用由城市规划管制，尽管存在这样或者那样的问题，但是并没有达到混乱的程度。纯粹的农村地区的土地利用由土地利用规划管制，尽管也有非法用地情况存在，但是土地利用秩序整体情况良好。而在城市边缘区，农用地和建设用地犬牙交错，国有土地与集体土地相互穿插，土地利用方式十分复杂，土地投机现象十分严重。造成这种现象的主要原因是，城市规划和土地利用规划对这一地区的功能定位不明，职责分工不清。如果由城市规划来管制这一地区，则由于该地区存在大片农业用地，不符合城市规划法和土地管理法确定的各自的职权范围，因而城市规划对该地区不可能行使有效的空间管制；在目前由土地利用规划对该地区实施管制的背景下，由于该地区"似城非城、似乡非乡"的土地利用特点，受规划目标、性质和规范要求的限制，土地利用规划也不可能对该地区的土地利用做出科学合理而又符合发展趋势的战略安排，导致该地区的空间管制处于一种十分尴尬的境地。比如，北京市朝阳区的蟹岛度假村是一个集种植、养殖、加工、餐饮、休闲、娱乐于一体的现代都市农业基地，占地3000多亩，其中90%的土地为有机生态农业种养区，10%的土地为度假村服务区。这种第一、第二、第三产业相结合的土地利用模式代表了城市边缘区农业用地结构的调整方向，但是却不符合土地利用规划对农用地的定义，也不可能得到土地利用规划的承认。再如，北京市第一道和第二道绿化隔离带是办好"绿色奥运"的要求，但是给土地利用规划带来了难题：绿化隔离带是城市用地中的绿化用地，还是农用地中的林业用地？在耕地上种树搞绿化隔离带建设算不算耕地减少？在绿化隔离带中保留3%—5%的产业用地发展绿色产业算不算建设用地？对这些问题，城市规划和土地利用规划有不同的解释。城市规划认可的，土地利用规划可能认为是非法的；土地利用规划认可的，城市规划可能认为是不合理的。正因为这些现象的存在，才导致城市边缘区的土地利用秩序十分混乱。目前的城市规划和土地利用规划对城市边缘区的土地利用都不可能做出科学合理而又符合现行法律规定的战略安排，开展都市圈战略规划是解决这些问题的关键。

第二，在都市圈的环境卫生方面，缺乏区域统筹是目前存在的一个主要问题。以北京市为例，北京市市政管委规定，城市中心区的四个区的垃圾清运由市统筹解决，其余 14 个区县的垃圾清运和处理由各自负责。2002 年朝阳区选址高安屯建立垃圾场，占地千余亩，日倾倒 500 辆车的垃圾，日堆积生活垃圾达 2000 吨，且逐年增高，长年累月的堆积已经使垃圾成山，有的垃圾山竟高达数十米。而这个垃圾场距通州区的北京物资学院、邓家窑民居、"天赐良园"小区等人口密集区仅数百米之遥；距离通州区的繁华中心也仅有一、两公里距离；距通州永顺新建村，民居村落仅隔一条数尺宽的小河沟，高安屯垃圾场又处于通州区上风上水的西北角，因此，周边地区的居民苦不堪言。高安屯只是北京市垃圾场一个小小的缩影，北京周边大大小小有 4000 余座垃圾山①。这种情况说明，在都市圈范围内，统筹垃圾收集和处理是十分必要的，实践呼唤开展都市圈统一规划。

第三，在道路交通方面，缺乏区域统筹也是目前存在的一个主要问题。以北京市为例，目前有二环、三环、四环、五环、六环等五条环路围绕中心城区，轨道交通的 1 号线、2 号线、13 号线、5 号线、10 号线以及正在建设中的 4 号线（八通线除外）都是围绕中心城区展开布局的，没有与郊区（县）确定的新城（过去叫卫星城）有机结合在一起，导致中心城区"一极独大"，新城（卫星城）发展缓慢，放射状、多中心的大都市空间结构难以形成。至今，北京城市总体规划确定的三个重点发展的新城都没有形成相对独立、比较完善，而且与中心城区联系便捷的交通网络。可见，都市圈发展需要一个统筹区域交通的规划。

第四，在都市圈的产业发展方面，城市边缘区的产业定位不准、产业布局分散、产业发展特色不突出等问题同样也十分明显。在都市圈的中心地区，也就是中心城区，过去一直是第二、第三产业的集中发展区。后来，随着中心城区功能的提升，第二产业向外扩散的趋势十分明显。在向外扩散的过程中，应该有一个明确的产业导向规划。遗憾的是，许多城市

① 来源："垃圾包围城市，根本出路：先分类，后焚烧"，人民网（http://www.people.com.cn），2006 年 11 月 6 日。

处于盲目扩散状态。以北京为例，20 世纪 70 年代以前在如今的三环以里地区形成了许多小规模的成片工业区。20 世纪 80 年代，出现了第一轮工业向外搬迁扩散高潮，主要安置在如今的四环沿线地区；20 世纪 90 年代，又出现了第二轮工业向外搬迁扩散高潮，主要安置在如今的五环沿线地区。与此同时，在全国发展开发区的高潮中，北京各个区县也设置了各自的区县级开发区，各个乡镇也设置了乡镇级工业小区，甚至村级政府也设置了村级工业大院。在城市边缘区，如此分散的工业布局导致工业发展整体水平较低，无法与城市中心区的第三产业发展形成互动格局，教训深刻。可见，从产业发展方面来说，需要打破行政区划界限，进行都市圈范围内统一的产业发展规划。

第五，在都市圈的居住区安排上，同样也需要有一个覆盖都市圈范围的居住区规划。以北京市为例，自 20 世纪 90 年代出现城市郊区化现象以来，城市中心区的人口逐渐外迁，大量外来人口向城市边缘区聚集，形成了城市中心区人口绝对下降，城市边缘区人口大幅度增长的人口空间分布格局。在人口郊区化的过程中，本来应该有一个统筹城乡人口发展的区域规划，以指导人口郊区化。遗憾的是，在住房市场商品化以后，政府并没有制定这样的规划。在开发商追求利润最大化的驱动下，房地产开发遍地开花，导致城市边缘区的人口分布十分分散，公建配套成本高昂。值得注意的是，昌平的山前平原地区，本来应该作为生态用地限制开发，但如今发展成为大的居住社区，严重威胁着北京城市的生态安全。这些情况说明，都市圈需要对人居空间做出统筹规划。

第六，在都市圈的公共服务供给上，也需要有一个覆盖都市圈范围的区域规划。以北京市为例，在城市边缘区，开发商开发的商品房速度惊人，人口郊区化的步伐也较快，但是政府提供的公共服务跟不上人口郊区化的步伐，看病难、就学难、乘车难、购物难、休闲娱乐难等问题十分突出。长期以来形成的服务业高度集中于中心城区，郊区服务业发展缓慢而且服务业服务的对象主要定位于当地农村人口的状况没有根本改观。这些情况说明，服务业发展极不平衡的状况需要都市圈战略规划做出城乡统筹安排。

（三）统筹城乡发展要求有都市圈战略规划

统筹城乡发展是新时期中央政府提出的发展理念。统筹城乡发展就是要缩小城乡差距、发挥城市对乡村的带动作用，而不是要绝对地消灭城乡差距。城市边缘区是城乡一体化发展最为迅速的地区，是统筹城乡发展的理想试验田。

从总体来看，中国目前仍然处于向心聚集的城市化阶段，各种资源和要素向中心城市聚集仍然是主流趋势。在这种背景下，统筹城乡发展、缩小城乡差距的任务十分艰巨，而且也十分困难。但是，在都市圈发育和形成的经济发达地区，由于城市郊区化给郊区发展带来了十分难得的机遇，统筹城乡发展的时机基本成熟。因此，在都市圈的城市边缘区，实现大、中、小城市和小城镇协调发展、缩小城乡差距的目的，具备现实可能性。

目前开展的城市规划，并没有完全覆盖都市圈的地域范围。依靠现有的城市规划，对都市圈范围内实现城乡统筹发展做出战略安排是不可能的。因此，以科学发展观为指导，落实中央提出的城乡统筹精神，给开展都市圈战略规划提供制度平台是十分必要的。

**二、开展都市圈战略规划的可能性**

（一）中央政府高度重视宏观调控，有可能为开展都市圈战略规划提供了制度和立法保障

中国是一个发展中的人口大国，土地辽阔，资源贫乏，经济社会发展的资源保障能力较差。中国是一个开放的社会主义市场经济体制国家，面临着复杂、多变的国际环境。如何审时度势，保持国家政治稳定、经济繁荣、社会和谐、民族团结，是中央政府的职责。为此，中央政府高度重视宏观调控，把财政、货币、土地、规划等作为重要手段，为保持国民经济又好又快地发展进行了不懈的努力。

都市圈战略规划是政府对高度城市化地区空间开发活动进行宏观调控的载体。随着城市化进程的推进和都市圈这种空间经济形态的出现，中国的区域经济呈现出更加复杂的发展格局。都市圈与统筹城乡发展、解决"三农"问题、化解资源与环境矛盾、实现可持续发展、增强国际竞争能力等重大民生与发展问题有着千丝万缕的联系，搞好都市圈战略规划是落实科学发展观，深化中央宏观调控政策的基石。

中央政府在进行宏观调控时，必然会进行相应的制度创新和政策调整，甚至进行立法。都市圈战略规划是政府宏观调控体系中的重要组成部分，有中央政府提供的制度和立法保障，开展都市圈战略规划工作的难度会大大降低。

（二）政府有关部门对完善区域规划体系的追求为开展都市圈战略规划提供了现实机遇

总结历史经验发现，中国的区域规划体系不完善，国民经济与社会发展规划太笼统，没有"落地生根"；土地利用规划太具体，缺乏规划的战略研究；城市规划层级体系不完善。在实践中，这三个规划都在寻求完善的途径。

国民经济与社会发展规划主要是解决规划的"落地生根"问题，以提高规划的可操作性。"十一五"规划编制以来，各地明显有这方面的趋势。国民经济与社会发展规划存在着上、下级规划协调和分工的问题。国家和省（区）级规划应该突出规划的战略性、前瞻性、宏观性和地域性，重在对总体的把握和对下级规划编制的指导。实际上，城市规划和土地利用规划就有这方面的职能，但与国民经济与社会发展规划不属于一个规划体系。

城市规划完善的途径，一是扩大规划编制的区域视野，形成城乡统筹规划；二是增加国民经济与社会发展规划方面的内容。实际上，土地利用规划与国民经济社会发展规划有这方面的职能，但它们不属于城市规划体系。

土地利用规划也力图完善自己的规划体系，即增加规划的前期研究，对有关土地利用的若干重大战略问题展开专题研究，以增加规划的科学性。实际上，国民经济社会发展规划与城市规划有这方面的内容，但它们也不属于土地利用规划体系。

国民经济社会发展规划、城市规划与土地利用规划三者之间有各自的理论基础、规划体系和分工，也有各自的缺陷。"三规融合"是这三个规划努力的方向。实际上，"三规融合"不是重复搞规划，区域规划才是"三规融合"的平台，这三个规划都是区域规划中的专项规划。

政府有关部门对完善区域规划体系的追求实际上就是要打造一个"三规融合"的共同平台——区域规划，都市圈战略规划是区域规划体系的重要组成部分，开展都市圈战略规划有极大的现实机遇。

（三）一些城市政府开展的规划实践为都市圈战略规划提供了宝贵的经验

自从都市圈的概念在社会上广泛传播以来，国内许多地方开展了都市圈战略规划，如《赣州市一小时城市经济圈规划》、《南京都市圈战略规划》、《苏锡常都市圈战略规划》、《徐州都市圈战略规划》、《京津冀都市圈规划》、《济南都市圈规划》、《哈尔滨都市圈城镇体系规划》、《长株潭城市群区域规划》、《太原都市圈及市域城镇体系规划》、《济宁都市圈规划》、《成都都市圈战略规划研究》等。

这些都市圈规划为我国有序地开展都市圈战略规划编制提供了宝贵的经验教训，同时也为我国尽快出台都市圈战略规划编制规范打下了良好的基础。

### 三、开展都市圈战略规划的理论和现实意义

（一）开展都市圈战略规划的理论意义

都市圈是城市化加速发展阶段出现的一种城市地域形态，是城市化发展阶段中的必然产物。国内外城市化实践证明，通过都市圈这种独特的城市功能与结构调整，城市实现了自我完善和新陈代谢，提高了城市可持续发展的能力。开展都市圈战略规划，不仅是对城市化理论认识的深化，更是对城市规划体系的完善。

（二）开展都市圈战略规划的现实意义

中国人口众多、地域辽阔，困扰着中国现代化进程的一个重要因素是人口和产业布局太分散，生产要素优化配置和交易的成本太高，乡镇企业"遍地开花"和小城镇"遍地发展"就是真实写照。因此，推进城市化进程，降低生产要素优化配置和交易的成本应该成为中国的国家战略。令人遗憾的是，社会上对中国的城市化战略的现实意义认识不够，当城市问题引起社会的高度关注时，反对城市化的声音就不绝于耳。目前，城乡矛盾突出、土地利用秩序混乱、城市生态环境危机、社会不和谐、大城市过分拥挤等问题的出现，社会上多归因于城市化超前，试图从新农村建设上找到答案。很显然，在这种背景下，开展都市圈战略规划有很强的现实指导意义。

第一，开展都市圈战略规划是解决大城市问题的有效途径。在大城市地区，生存空间狭小，人口拥挤、住房短缺、交通拥挤、环境污染、人居环境质量下降，要解决这些问题，抑制大城市发展不可取，寻求区域解决途径，开展都市圈战略规划是唯一途径。

第二，开展都市圈规划是城市与区域一体化发展的客观要求。众所周知，城市与区域是有机联系的统一体，城市是区域发展的核心，区域是城市发展的依托。在大城市地区，随着城市功能向区域扩散，在城市外围地区出现了与城市发展密切相关的"区域性功能区"，如高新技术产业园区、经济开发区、港口、机场，以及区域性游憩地等，它们正成为区域经济发

展、功能成长最活跃的区位。对这类地区，传统的城市规划无能为力，开展都市圈战略规划，整合城市与区域的关系是现实选择。

第三，开展都市圈战略规划是优化区域资源配置的有效手段。大城市发展需要各种资源，在城市规划区范围内无法保障供给。如果局限在城市规划区范围内配置资源，其弊端是显而易见的。相反，如果在区域范围内配置资源，则可以发挥各种资源的比较优势。都市圈战略规划的着眼点，既不是单一的城市，也不是泛泛而谈的区域，而是高度整合城市与区域关系的城市地区，它可以有效地解决优化区域资源配置的问题。

第四，开展都市圈战略规划是城市地区基础设施衔接的前提。在发达的城市化地区，由于行政分割而造成的基础设施建设问题比比皆是，其一是重复建设问题，如港口、机场等的重复建设；其二是不衔接问题，如公路等级标准不一，断头公路遍布，给排水管道、供汽管道、供水管道、电网等互不衔接。开展都市圈战略规划，可以对城市及其周围的城市化地区的基础设施进行统筹安排，有利于城市化地区的整体发展。

第五，开展都市圈战略规划，有利于解决城市地区的生态环境问题，实现城市地区的可持续发展。在大城市地区，城市存在着"点污染"，而城市外围地区而临着"面污染"。解决"点污染"，如果局限在城市空间内，以防止对城市周围地区的污染扩散，基本上没有成功的可能；如果向城市外围地区疏解城市功能，可能解决了"点污染"，但又会造成新的"面污染"。这说明，城市和区域都无法单独解决环境问题。环境污染具有跨区域性质，城市和区域必须共同行动起来，采取联合行动，才能解决城市地区的生态环境问题。而都市圈战略规划正是这样一种致力于城市地区可持续发展的规划，可以为有效地解决城市地区的生态环境问题创造有利条件。

# 第三节　中国开展都市圈战略规划的实践

## 一、中国开展都市圈战略规划工作的时代背景

### （一）国外引进阶段

1982 年，于洪俊在"城市的地域结构"[①] 一文中，翻译了日本学者木

---

① ［日］木内信藏著，于洪俊译："城市的地域结构"，《经济地理》1982 年 2 月第 6 期，第32—35 页。

内信藏的"三地带学说"，向国内介绍日本的都市圈概念及其理论。

1983 年，于洪俊、宁越敏在《城市地理概论》[①] 一书中首次用"巨大都市带"的译名向国内介绍戈特曼（Jean Gottmann）有关大都市带（英文原名：Megalopolis）的学术思想，开启了国内学者研究大都市带的先河。

2002 年，王德在《城市规划汇刊》上发表文章[②]，评介日本学者富田和晓的《大都市圈的结构演变》一书。

总体看，中国于 20 世纪 80 年代初期开始引进国外都市圈的概念及其理论，特别是近几年结合国内的都市圈规划，不断有国内学者介绍日本的都市圈发展及其规划思想演变。

（二）国内学者研究阶段

在引进、吸收、消化国外都市圈概念及其理论体系的基础上，国内学者针对中国的实际情况，从多个方面对都市圈及其相关概念进行了较为深入的研究。

1992 年，姚士谋等出版《中国城市群》[③] 一书，提出了"城市群"的概念及其相关的划分标准，对五个"超大型城市群"（沪宁杭、京津唐、珠江三角洲、辽宁中部和四川盆地）和八个近似城市群的城镇密集区（中原地区、湘中地区、关中地区、福厦城市地带、哈大齐城市地带、武汉地区、山东半岛和台湾西海岸）作了研究。2001 年，姚士谋等再版《中国城市群》[④]，对城市群进行了深化和跟踪研究。

1996 年，国家发展和改革委员会宏观研究院经济研究所王建通过"中国区域经济发展战略研究"课题，提出以九大都市圈，即京津冀都市圈、沈（阳）大（连）都市圈、吉（林）黑（龙江）都市圈、济（南）青（岛）都市圈、湘鄂赣都市圈、成（都）渝（重庆）都市圈、珠江三角洲都市圈、长江中下游都市圈、大上海都市圈为目标重振中国区域经济结构[⑤]。

①　于洪俊、宁越敏：《城市地理概论》，安徽科学技术出版社 1983 年版。
②　王德："评介富田和晓的《大都市圈的结构演变》一书"，《城市规划汇刊》2002 年版，第 2 页。
③　姚士谋等：《中国城市群》，中国科学技术大学出版社 1992 年版。
④　姚士谋等：《中国城市群》（第二版），中国科学技术大学出版社 2001 年版。
⑤　王建等："中国区域经济发展战略研究"，《管理世界》1996 年第 4 期。

2000 年，胡序威、周一星、顾朝林等[1]在周一星（1983[2]）提出都市连绵区概念的基础上，通过指标界定，系统研究了珠三角、长三角、京津唐、辽中南四大城镇密集区。

2004 年中国社会科学院城市发展与环境研究中心课题组承担的《中国城市密集区发展战略研究》（国家"十一五"规划研究课题）在分析了中国城镇密集区发展现状、趋势和存在问题的基础上，提出了对不同发展阶段、不同规模等级的城市密集区采取有区别的发展战略。

2005 年，以王建为首的课题组通过国家发改委"十一五"重点课题《中国空间结构问题研究》，提出到 2030 年中国在东、中部平原地带建设20 个都市圈，每个都市圈容纳城市人口 5000 万，圈域半径 120 公里，地域范围 4—5 万平方公里的设想[3]。

与上述研究成果相对应，国内一些研究人员把都市圈研究及其规划探讨作为学位论文，开展了较为系统的研究。比如，胡茂（2002）[4] 所作的硕士学位论文《成都都市圈的战略规划研究》；丰志勇（2003）[5] 所作的硕士学位论文《兰州都市圈城镇体系发展研究》；李颖（2003）[6] 所作的硕士学位论文《沈阳都市圈生成与发育的实证研究》；张春明（2003）[7]所作的硕士学位论文《大珠江三角洲都市经济圈联动发展战略的实证研究》；黄明华（2003）[8] 所作的博士学位论文《苏锡常都市圈空间关系研究》；陶希东（2004）[9] 所作的博士学位论文《跨省都市圈的行政区经济分析及其整合机制研究——以徐州都市圈为例》；胡建渊（2005）[10] 所作的博士学位论文《南京都市圈可持续发展研究》；吴瑞君（2005）[11] 所作

①　胡序威、周一星、顾朝林等：《中国沿海城镇密集地区空间集聚与扩散研究》，科学出版社 2000 年版。

②　周一星："关于明确我国城镇概念和城镇人口统计口径的建议"，《城市规划》1983 年第 3 期。

③　来源：焦点房地产网（house. focus. cn），2005 年 7 月 23 日。

④　胡茂：《成都都市圈的战略规划研究》，西南交通大学硕士学位论文，2002 年版。

⑤　丰志勇：《兰州都市圈城镇体系发展研究》，西北师范大学硕士学位论文，2003 年版。

⑥　李颖：《沈阳都市圈生成与发育的实证研究》，东北财经大学硕士学位论文，2003 年版。

⑦　张春明：《大珠江三角洲都市经济圈联动发展战略的实证研究》，暨南大学硕士学位论文,2003 年版。

⑧　黄明华：《苏锡常都市圈空间关系研究》，华东师范大学博士学位论文，2003 年版。

⑨　陶希东：《跨省都市圈的行政区经济分析及其整合机制研究——以徐州都市圈为例》，华东师范大学博士学位论文，2004 年版。

⑩　胡建渊：《南京都市圈可持续发展研究》，同济大学博士学位论文，2005 年版。

⑪　吴瑞君：《上海大都市圈人口发展战略研究》，华东师范大学博士学位论文，2005 年版。

的博士学位论文《上海大都市圈人口发展战略研究》；刘加顺（2005）[1]所作的博士学位论文《都市圈的形成机理及调控发展研究》等。

总体看，国内学者对都市圈的研究成果较为丰富，对推动都市圈战略规划的展开发挥了重要作用。

（三）政府主导阶段

21世纪初期，特别是"十一五"期间，国家首次把城镇化战略上升到国家战略，推动了政府部门开展都市圈战略规划工作，由此中国进入了都市圈战略规划的政府主导阶段。首先是在地方政府和城市规划部门的组织和推动下，各地积极地开展了都市圈发展规划。比如，江苏省提出了以南京、苏锡常、徐州三大都市圈带动全省发展的城镇化战略，并分别对三大都市圈进行了发展规划；山东省也提出了以济南、青岛、济宁三大都市圈带动全省发展的城镇化战略，也分别对三大都市圈进行了发展规划；湖北省在提出中部崛起战略的基础上对武汉都市圈进行了发展规划；四川省进行了成都都市圈发展规划等。在地方政府如火如荼地开展都市圈战略规划的背景下，中央政府也高度关注都市圈战略规划。2004年，国家发展和改革委员会组织研究和规划力量开展对长江三角洲地区和京津冀都市圈区域规划工作，标志着我国对都市圈的研究和规划由学者研究到地方政府推动再到中央政府组织的飞跃。

**二、中国开展都市圈战略规划工作的实践评价**

当前，中国所进行的都市圈战略规划尚处于摸索阶段，没有形成较为成熟的都市圈战略规划体系。从已经开展的都市圈战略规划来看，大致有两种类型，一种是学者研究类型，另一种是政府主导类型。

（一）学者研究型的都市圈战略规划

以清华大学吴良镛教授组织开展的"京津冀地区（大北京）城乡空间发展规划研究"[2]为代表。该规划的特点是：知名专家、学者呼吁，地方政府积极支持配合，国家有关部门立项支持研究。其优点是，专家学者的思路广，知识新，地位超脱，不受地方利益集团左右，科学性较强；缺点是：第一，规划和实施脱节，规划是由学者独立完成的，反映了学者的科学远见；而实施是由政府完成的，规划对政府只起参考价值，不具约束

---

① 刘加顺：《都市圈的形成机理及调控发展研究》，武汉理工大学博士学位论文，2005年版。

② 吴良镛等：《京津冀地区城乡空间发展规划研究》，清华大学出版社2002年版。

力，难以确保对规划不折不扣地执行。第二，规划范围跨越行政区，在有关地方政府没有形成共识和开展合作以前，规划难以实施。而目前除了调整行政区划，把一方置于另一方管辖之下外，尚没有形成地方政府进行合作、并促使规划实施的机制。

（二）政府主导型的都市圈战略规划

以大广州、大杭州地区规划为代表。该规划是由地方政府出面组织有关专家学者和规划师开展的，对都市圈是否已经成型，都市圈覆盖的空间范围多大等问题都没有经过严格的学术研究和科学界定，具有很强的功利主义色彩。该规划的优点是组织、协调和规划实施一体化，运行效率较高，实施起来容易，缺点是规划没有现行法律的支持，权威性不足；而且受政府的影响较大，科学性不足。当规划受到行政区划的阻力时，往往不得不调整行政区划来实施规划，有可能限制城市周边地区发展的自主权，从而给都市圈的整体发展带来不利影响。

上述两种类型的都市圈战略规划，有各自的优点，也有各自的缺点。未来我国的都市圈战略规划体系设计，要兼顾这两种类型，取其长处，避其短处，既要讲究科学性、权威性，也要讲究可操作性。

### 三、中国都市圈战略规划工作的方向

中国的都市圈战略规划需要建章立制，以引导这项工作的有序开展，避免决策过程中的盲目性。

（一）都市圈战略规划工作的必要性判断

判断一个地区是否有形成都市圈的可能，或者处于都市圈的哪一个发展阶段，需要进行三个方面的判别：第一是中心市的人口规模是否大于50万，并是否有城市郊区化现象？第二是中心市外围地区的经济增长是否快于中心市，并在地区经济份额中的比重处于上升状态。第三是中心市与外围地区的联系是否密切？只有完全满足这三个条件，才能说明都市圈已经成型。如果只满足其中的一、二项，则说明都市圈尚处于发育阶段。考虑到都市圈战略规划要有一定的超前性，因此处于发育或者成型阶段的都市圈都有必要搞都市圈战略规划。

（二）都市圈战略规划工作的五个坚持

第一要坚持科学性。要大胆发挥科学家和规划师的想象力和创造力。第二要坚持公众参与性。要广泛征集社会公众对规划的意见，调动社会公众参与规划的积极性。第三要坚持可操作性。规划的最终目的是为了实

施，没有可操作性的规划是没有价值的规划。第四要坚持公开性。对规划的内容不能搞暗箱操作，要让群众有知情权。第五要坚持权威性。规划通过后，不要随长官意志而随意修改规划，以体现规划的权威性。如果非要修改规划，也应通过合法程序。

（三）都市圈战略规划工作的流程

第一步，由问题开始。各地方政府从实践中提出发展中面临的问题和规划的目标。第二步，对问题和目标进行论证，最终达成共识。第三步，征集社会公众对规划的看法和要求，并加以整理成文。第四步，规划设计。专业规划师综合政府提出的问题和目标，专家学者的论证和社会公众的看法和要求，并结合自己的专业知识，进行规划方案的设计，提出规划文本和图件。第五步，批准实施。对规划方案，要经过政府部门、专家学者和社会公众的评议，达成共识后，由当地人民代表大会审议通过，并报上级政府批准实施。第六步，规划修编。政府在规划实施过程中，如果发现问题或者规划无法实施时，应该严格按照法定程序进行修编。

（四）都市圈战略规划工作的主体

对城市行政区范围内的都市圈规划，可由当地城市规划局（委员会）组织规划的编制。对跨越城市行政区的都市圈规划，为了解决规划主体空缺的问题，应该成立具有实体性质的都市圈规划委员会，负责编制都市圈规划。都市圈规划委员会的成员可由各成员政府抽调，经费由各成员政府按一定比例分摊，也可由上一级政府城市规划管理部门直接组织规划的编制，由各成员政府分解规划任务并实施之。

（五）都市圈战略规划工作的内容

都市圈战略规划是战略规划，不是总体规划，更不是详细规划，它与城市规划在内容上应该有所区别：第一，牵涉到全局性的用地项目，如机场、港口、工业区、高科技园区、出口加工区等应该由都市圈战略规划做出安排；第二，跨越行政区，需要统筹安排的项目，如水源地的保护、生态建设和环境保护、城际铁路、跨界公路、能源供应、给排水等应该由都市圈战略规划做出安排；第三，对城市规划区内、主要影响本城市的项目规划，应由各城市总体规划和详细规划做出安排。特别需要强调的是，城市规划应该在都市圈战略规划的指导下完成，城市规划应该服从都市圈战略规划。凡是应该编制都市圈战略规划而没有编制都市圈战略规划的，不应当组织编制城市总体规划。

# 第六章　都市圈战略规划体系

　　都市圈战略规划体系是一个庞大的系统工程，它包括都市圈战略规划的目标定位、指导思想、原则、思路、方法、规划内容、组织实施等方面的内容。本章结合作者进行过的研究案例，由表及里对都市圈战略规划体系展开论述。

## 第一节　都市圈战略规划的目标定位

### 一、都市圈战略规划的出发点

（一）要突出规划的战略性

　　都市圈战略规划是战略层次上的规划，它的特点是战略性、宏观性和前瞻性。在都市圈层次，虽然目前的国民经济社会发展规划、城市规划和土地利用规划等综合性与专业性规划在内容上和空间上都有所涉及，但由于目标定位和规划范式不同，它们均难以取代都市圈战略规划的功能与作用。土地利用规划和城市详细规划侧重点在"操作实施"，属于"战术"和"战役"层面。都市圈规划存在的理由就是填补都市圈层次战略规划的空白。

（二）要突出规划的协调性

　　都市圈往往由多个城市行政区组成，"跨行政区"是都市圈的显著特点。以往，各种综合性或者专业性规划都是以行政区为基点，这样做的好处是便于规划实施。但是，城市发展问题往往是跨行政区的。比如，大气和水污染不会以行政区边界为限，城市交通拥堵不是一个城市行政区内部的事情，社会服务设施的配置也不应该以城市行政区为界限自成体系。凡此种种说明，跨区域性质的规划是十分必要的。目前的城镇体系规划虽然具有跨区域性质，但是并不专门针对都市圈范围。都市圈战略规划要解决都市圈范围内跨行政区的协调发展和统筹规划问题。

（三）要突出规划的综合性

都市圈战略规划要解决的是都市圈发展中存在的各种重大战略问题，比如，生态环境问题、水资源的区域保护和供给问题、人口发展和住区规划问题、基础设施的区域布局问题、社会服务设施的区域供给问题等，这些问题虽然具有专业特点，但这些问题之间往往有密切的内在联系，解决这些问题往往也需要综合的办法，因此都市圈战略规划要突出综合性。

（四）要突出规划的政策性

规划的目的不是摆设，而是实施，要充分体现政府公共政策的目标。空间规划从诞生之日起至今，经历了物质形态规划——经济社会发展规划——公共政策规划三个发展阶段。都市圈战略规划的出发点，不应该仅仅局限于规划图纸是否漂亮，规划方案是否符合经济、社会发展规律，更要为规划方案的实施谋求公共政策支持。可以说，规划就是公共政策。

## 二、都市圈战略规划与相关规划的关系

（一）都市圈战略规划与国民经济、社会发展规划的关系

从严格意义上说，都市圈战略规划属于综合性规划，是区域规划体系中都市圈层次的规划。国民经济、社会发展规划是对经济社会发展中若干重大战略问题进行的规划，属于专项规划。二者之间本来就有明确的分工：都市圈战略规划是都市圈范围内国民经济、社会发展规划编制的指导，都市圈范围内国民经济、社会发展规划则是都市圈战略规划编制的深化。遗憾的是，由于都市圈战略规划地位的不确定性（没有取得强制性规划的法律地位，在实践中可有可无），以及国民经济、社会发展规划所取得的强势地位，导致二者之间关系的扭曲，都市圈战略规划成了国民经济、社会发展规划的附属，甚至成了可有可无的规划。开展都市圈战略规划，就应该给都市圈战略规划应有的地位，摆正与国民经济、社会发展规划的关系。

（二）都市圈战略规划与城市规划的关系

都市圈战略规划与城市规划同属于区域规划的范畴，城市规划已经形成了由城镇体系规划—城市总体规划—城市分区规划—控制性详细规划—修建性详细规划构成的规划体系，并有《城乡规划法》作法律依据。都市圈战略规划目前尚没有纳入城市规划体系，也没有取得法律支持的地位。都市圈战略规划基本上处于城镇体系规划与城市总体规划之间的层次，它

有时与城镇体系规划范围重叠，有时与城市总体规划范围重叠。完善城乡规划体系，应该有都市圈战略规划的一席之地。

（三）都市圈战略规划与土地利用规划的关系

都市圈战略规划与土地利用规划也同属于区域规划的范畴，中国的土地利用规划已经形成了由全国土地利用规划—省（区、直辖市）土地利用规划—地区（自治州、地级市）土地利用规划—县（县级市）土地利用规划—乡（镇）土地利用规划五级规划体系，并有《土地管理法》作法律支持。和都市圈战略规划相比较，土地利用规划更多显示的是专项规划的性质。实践中，土地利用规划强调要与国民经济社会发展规划和城市规划相衔接，这是正确的选择。然而，在都市圈地区，土地利用规划更应该接受都市圈战略规划的指导。只有体现了都市圈战略规划的精神，才能显示出土地利用规划编制的科学性和战略性。

**三、都市圈战略规划的目标定位**

（一）国外的空间规划体系及对中国的借鉴

从 1898 年英国现代城市规划创始人之一 E. 霍华德（Ebenezer Howard）在其名著《明日的花园城市》中提出的"城市应与乡村相结合"思想，标志着区域规划思想萌芽之日起，至今已有 100 多年的演变历史[①]。在长达一个多世纪的规划运动中，世界各国形成了各具特色的空间规划体系。

德国的空间规划是在联邦政府基本法的指导下进行的。根据基本法《联邦空间发展法》，联邦规定全国空间发展的理念、原则、程序，各州有绝对的自治权和立法权，在考虑联邦法的理念、原则的情况下，制定州法和州规划。联邦也与州合作，共同制定涉及联邦整体的政策和基本方针。基本法和联邦建设法、自然保护及景观保护法、农田建设法等部门法构成一个法规体系。空间规划体系有法定的联邦空间发展理念和原则、联邦空间发展政策大纲和基本方针→州发展规划→区域规划→市镇村规划。市镇村规划包括市镇村发展规划、土地利用规划（F 规划）、地区详细规划（B 规划）。

与高度地方自治的德国相比较，法国的空间规划偏向于传统的中央集权，但也正在推行地方分权化。中央政府通过基本法《国土建设开发基本

---

① 方创琳："国外区域发展规划的全新审视及对中国的借鉴"，《地理研究》1999 年第 1 期。

法》（1995 年，1999 年）和配套法《地区协作法》（1999）、《协作和城市
再生法》（2000 年），规定空间的可持续开发和建设的理念及战略。基本
法的最新理念是：（1）协调社会发展、经济效率和环境保护，实现国土整
体上的均衡发展；（2）建设和改善能创造更多就业机会和增强国富的条件
和环境；（3）为了下一代，把自然环境的质量和多样性保存下去，同时缩
小地区差距；（4）保证国民就近获取各种公共服务的机会均等。1999 年
基本法的修改要点是：（1）把可持续发展的理念纳入基本法中；（2）开
始制定国家综合服务规划，为所有国民有效地提供就近公共服务的机会；
（3）鼓励几个州共同制定规划，提高广域合作；（4）促使几个地方行政
单位联合，形成特别地区和都市圈。在规划实施上，改变了以前国家主要
建设基础设施等硬件方面的建设来达到国土均衡发展的方法，以中央与州
签订《国家综合服务合同》的形式为国民提高优质公共服务等软件方面的
服务。中央在高等教育与研究、文化、卫生保健、信息通信、旅客运输、
货物运输、能源、自然与农村空间、体育 9 大领域制定综合服务规划。各
州在制定州发展规划时，要考虑国家综合服务规划；中央与各州签订五年
的公共投资项目规划和费用分摊的合同。中央制定特定地区的发展方针，
地方自治体的土地利用规划须符合该方针。空间规划体系为国家的国土规
划理念和战略→国家综合公共服务规划→州发展规划（中央与州的项目规
划合同）和特定地区建设方针→地方自治体土地利用规划，包括地区综合
规划和地方城市规划。

　　英国从 20 世纪 20 年代开始制定了很多法律来规定空间开发和区域政
策，主要有工业配置法、新都市法、城乡规划法等。空间规划体系包括国
家规划和地方规划。国家规划由“国家规划政策方针”（PPG，25 个领
域）、“地方圈规划方针”（RPG，9 个地方圈）和地区发展战略组成。地
方规划有“地方自治体发展规划”。中央与地方的关系是：中央政府按部
门制定全国统一的方针（PPG）；中央驻地方的各局制定该地方圈规划方
针；中央各地区开发厅（RDA）制定该地方圈的地区开发战略。地方自治
体在制定发展规划时尊重这些国家方针。

　　日本的空间规划体系分为四级：全国综合开发规划→三大都市圈建设
规划、七大地区开发规划、特殊地区规划（岛屿、山村、欠发达地区等特
殊地区）→都道府县综合发展（长期）规划→市村町综合发展（长期）
规划。国家根据基本法“国土综合开发法”（1950 年）及相应的配套法

规，制定全国、大地区和特殊地区规划。都道府县起承上启下的作用，听取市村町的建议制定都道府县所负责的综合发展长期规划，并协调区域内及与周围地区的开发规划；市村町根据地方自治法制定综合发展规划，同时也听取县的建议；政令指定城市（相当于中国的计划单列城市）可以不征询都道府县的建议，独自制定规划。基本理念是"缩小地区间差距"、"国土均衡发展"、"促进经济发展"、"保护自然环境"。规划领域有：（1）关于土地、水和其他自然资源的利用；（2）关于水灾、风灾以及其他灾害的防除；（3）关于调整城市和农村的规模以及布局；（4）关于产业的合理布局；（5）关于电力、运输、通信和其他重要公共基础设施的规模和配置、文化、福利、观光资源的保护、设施的规模及配置。中央设立国土厅（2001年与建设省、运输省、北海道开发厅合并改组为国土交通省），负责制定国家规划。通过国土规划审议会审议后，最后由内阁会议通过。与全国规划相配套，国家各部门制定14个公共投资建设长期计划（5—7年计划），对国家负责的领域进行公共投资及对地方进行补助。都道府县也经过审议会审议，议会通过，制定和实施总体规划、部门规划、地区规划。市村町也同样。日本第五次全国综合开发规划（五全总）总结以往经验，对规划体系进行了革新，提出：（1）从"国土开发"转向"国土综合管理"。过去的国土规划为了促进经济发展和缩小地区差距，把重点放在国土开发，现在必须把国土的开发、利用和保护综合起来进行管理；（2）考虑地方分权化和行政改革等各种改革，在国土规划中明确全国规划和地方规划的作用和责任，加强规划制定程序，使更多的参与主体的意见能得到反映；（3）在国土建设上，既要有效地、重点地进行国土的基础设施建设，也要反映地方需求。在处理与国土开发、利用和保护有关的其他规划的关系上，国土规划必须具有更有效性的内容，加强它的指导性作用；（4）把国土综合开发规划和全国国土利用规划合在一起，使国土规划体系更严谨和容易使人理解；（5）加强国土规划的决策、编制、实施、评估的循环作用。历史地看，日本的国土规划和开发以及区域政策走过了从区域资源开发、工业地带的建设、大都市圈的建设、区域间的交通通信等基础设施的建设，到重视国民生活质量的生活定居圈建设这一条道路，现在正朝着改变过去过分依赖国家的方法，促进地区自立发展和确保地区安全的方向进行改革。以国家为主导和追求国土均衡发展的理念到四全总时基本达到了目的。支持地方具有个性的、自立型的发展，以人为本的国土规划体系，在五全总实施过程中逐渐形成。

　　韩国的空间规划起步于 1972 年，经历了 30 多年的发展。韩国的空间规划体系由国土综合计划、道综合计划、市与郡综合计划、地域综合与部门计划组成。《国土基本法》第六条第二项规定，国土综合计划是以全国为规划空间范畴的，是最高层次的空间规划；道综合计划是以道管辖区域为规划范畴的，是第二层次的空间规划；市与郡综合计划是以特别市、广域市、地方城市、郡管辖区域为规划范畴的，是最低层次的空间规划；地域计划是以特定区域或特定政策目的为规划范畴的，包括首都圈整备计划等；部门计划是特定部门的长期规划，包括交通、住宅、环境、文化等①。韩国空间规划的特点是：（1）规划体系完备，层级分工明确；（2）法律制度基础坚实，有《国土基本法》和《国土利用计划法》等；（3）国家设立了专门的规划编制机构国土研究院；（4）公众参与规划。

表 6 - 1　　　　　　　　国外的空间规划体系比较

|  | 规划体系 | 中央与地方关系 | 背景与基本法及理念 | 实施体制与方式 |
|---|---|---|---|---|
| 德国 | "联邦空间发展法"规定的联邦空间发展的理念和原则；联邦空间发展政策大纲和基本方针；↓州发展规划↓区域规划↓市镇村规划，包括：市镇村发展规划；土地利用规划（F 规划）；地区详细规划（B 规划） | 中央用联邦空间发展法规定全国的空间发展的理念、原则、程序；各州有绝对的高度自治权和立法权、在制定州规划时、须考虑联邦法的理念、原则；联邦与州协作、制定涉及联邦全体的政策和基本方针 | （1）鲁尔地区工业过密和二战期间国土功能分散等国防上的需要；（2）基本法：《联邦空间发展法》；联邦建设法侧面支持；（3）理念：通过综合的、上位的州规划，促进全国和各地区的开发、建设、保护；协调社会经济发展目标与生态功能目标，在大范围内保持地区的均衡且可持续发展；在全国提供同等生活环境。 | 州与联邦组成国土规划内阁会议；联邦政府内部设立部长级会议；联邦级的审议会；与中心城市为主体的各州独立制定规划；规划与中央各部委的公共投资和各市的城市规划相联动，比如联邦交通道路规划；联邦与州每年组成计划委员会，决定振兴地区发展规划。 |

---

　　①　金相郁："韩国国土规划的特征及对中国的借鉴意义"，《城市规划汇刊》2003 年第 4 期。

续表

| | 规划体系 | 中央与地方关系 | 背景与基本法及理念 | 实施体制与方式 |
|---|---|---|---|---|
| 英国 | 国家规划政策方针（PPG，25 个领域）↓地方圈规划方针（RDG，9 个地方圈）；地区发展战略↓地方自治体发展规划 | 中央政府按部门制定全国统一的方针（PPG）；中央驻地方的各局制定该地方圈综合方针（RDG）；中央各地区开发厅（RDA）制定该地方圈的地区开发战略、与 RDG 保持相互补充的关系；地方自治体在制定发展规划时、尊重这些国家的方针 | （1）背景：北部工业区的衰退和失业与伦敦的地区过密;(2)多数法律：工业配置法、新都市法、城乡规划法等;(3)理念：解决失业和地区差距（1997 年 PPG1）；根据可持续发展的原则，提供住宅和建筑，促进投资和创造更多的就业机会；在追求保护环境和地方特性的同时，积极地促进地方竞争；促进可持续发展，强化中心市区的功能 | 在各地区设立国家的规划协会，国家与地方政府共同制定；向欠发达地区的诱资、通过增长点开发方式、建设新城市和扶持地方城市；与各地区的城市规划、公共基础设施投资计划相连动；开发公社、国有企业厅为主体，实施开发计划。金融、财政、税收政策也同时启动 |
| 法国 | 国土规划的理念·战略↓国家综合公共服务规划（SSC）↓州发展规划（中央与州的项目规划合同，SRADT）特定地区建设方针↓地方自治体土地利用规划：地区统合规划（SCOT）；地方城市规划（POS） | 中央用三部基本法规定国土的可持续开发和建设的理念及战略。中央在高等教育与研究、文化、卫生保健、信息通信、旅客运输、货物运输、能源、自然与农村空间、体育 9 大领域制定综合公共服务规划；各州在制定州发展规划时、要考虑国家的综合公共服务规划；中央与各州签订五年的公共投资项目规划和费用分摊的合同（CPER）；中央制定特定地区发展方针；地方自治体土地利用规划须适合该方针 | （1）背景：缩小首都巴黎和地方农村地区的差距；（2）国土建设开发基本法（LOADDT，1995 年定，1999 年修改），地区协作（1999），协作和城市再生法（SRU，2000 年）；（3）理念：协调社会发展，经济效率和环境保护，实现国土的整体均衡发展；提供能带来更多雇用机会和增强国力的条件和环境；为下一代把自然环境的质量和多样性保存下去，同时缩小地区差距；保证国民在接受知识和各种服务时的机会平等 | 国土区域开发厅统一管理的体制。中央各部委之间成立协调委员会和作业小组；中央部委的常设委员会、州制定规划，实施公共投资项目；国家通过与州签订综合公共服务合同的方式，在促进地方分权的同时，掌握财政预算指导地方；模访英国的规划进行产业配置 |

续表

|  | 规划体系 | 中央与地方关系 | 背景与基本法及理念 | 实施体制与方式 |
|---|---|---|---|---|
| 日本 | 全国综合开发规划；全国国土利用规划↓三大都市圈建设规划；七大地区开发规划；岛屿、山村、欠发达地区等特殊地区振兴和开发规划↓都道府县综合发展（长期）规划↓市村町综合发展（长期）规划 | 国家根据国土综合开发法和其他配套法，相当集权地制定全国综合开发规划（第5次）、大地区和特殊地区规划；都道府县起承上启下的作用，听取市村町的建议，制定都道府县所负责的综合发展长期规划，并协调区域内及与周围地区的开发规划；市村町根据地方自治法制定综合发展规划，同时听取县的建议；政令指定城市可以不征询都道府县的建议独自指定规划 | （1）背景：消除东京与地方、沿太平洋地区与其他地区的差距；（2）1950年《国土综合开发法》；（3）理念："缩小地区间差距"、"国土均衡发展"、"促进经济发展"、"保护自然环境"；（4）规划的领域：关于土地、水和其他自然资源的利用；关于水灾、风灾以及其他灾害的防除；关于调整城市和农村的规模以及布局；关于产业的合理布局；关于电力、运输、通信和其他重要公共基础设施的规模和配置以及文化、福利、观光资源的保护，设施的规模以及配置 | 在中央设立国土厅（2001年与建设省、运输省、北海道开发厅合并改组为国土交通省），负责制定国家规划；通过国土规划审议会审议后，最后由内阁会议通过；与全国规划相配套，国家各部门制定了14个公共投资建设长期计划（5—7年计划），对国家负责的领域进行公共投资及对地方进行补助和政策性诱导；都道府县也经过审议会审议，制定和实施总体规划、部门规划、地区规划，并得到议会的同意，市村町也同样 |

续表

| | 规划体系 | 中央与地方关系 | 背景与基本法及理念 | 实施体制与方式 |
|---|---|---|---|---|
| 韩国 | 国土综合计划↓道综合计划↓市与郡综合计划、地域综合与部门计划 | 国家根据《国土基本法》和《国土利用计划法》制定"国土综合计划";对欠发达地区和一些对国民经济发展重要的地区,国家制定特定地区建设综合规划;下级规划服从上级规划 | (1)背景:人口集中的东南圈与其他地区、首都首尔与地方的差距;(2)法规体系:宪法——国土基本法、都市规划法、农地法;宪法第120条第2项:国土和资源受到国家的保护,国家为了均衡的开发和利用而制定必要的规划;国土基本法规定国土综合计划为国土开发领域的最高规划;1961年建设部与经济企划院分开,建设部主管国土规划的制定;1994年建设交通部主管先规划—后开发原则 | |

注:本表根据顾林生的论文"国外国土规划的特点和新动向",《世界地理研究》2003年第1期,第65页表1整理。韩国部分参考了金相郁的论文"韩国国土规划的特征及对中国的借鉴意义",《城市规划汇刊》2003年第4期。

　　综合分析国外的空间规划体系,发现有以下几方面的显著特征:一是规划自上而下成体系,体现了政府对空间管制的调控职能;二是规划方案与政策保障相匹配,体现了规划的可操作性;三是重视国家层面规划的战略性和地方层面规划的可实施性;四是由物质形态的规划走向"以人为本"的发展规划,体现了规划的人文精神;五是规划有法律的支持。

　　反观国内的空间规划,发现存在以下几方面的问题:一是规划虽然自上而下成体系,但是缺乏"三规合一"的综合空间规划;二是规划缺乏法律支持,现有的《城乡规划法》和《土地管理法》以及若干相关的实施条例充其量只能算作配套法规,不是主干法规;三是宏观规划缺乏战略性,对地方规划编制缺乏约束力;四是地方规划在实施中相互扯皮,互不融合。

（二）中国都市圈战略规划的目标定位

1. 在规划体系中的目标定位——中观层次的区域规划

就整个规划体系来说，可以明显地分为三个层次的规划：一是宏观层次的战略性规划，以国土规划为代表；二是中观层次的指导性规划，以区域规划为代表；三是微观层次的实施性规划，以城市规划、土地利用规划、国民经济和社会发展规划为代表。

中国目前缺乏宏观层次具有综合性质的国土规划。虽然中国学习国外经验开展国土规划已经有20多年的历史，但是从未给国土规划以应有的法律地位，而且也没有理顺已有的空间规划体系。全国第一次国土规划的成果成了摆设，存放在资料柜内，没有发挥指导下一层次规划的作用。相反，目前法定的三种规划，即国民经济社会发展规划、城市规划和土地利用规划在全国如火如荼地展开，三者都有主抓单位，都有法律支撑，而且也形成了自上而下的规划编制体系。但是，从严格意义上说，这三种规划都属于专项规划，最上层次的规划虽然具有宏观性和战略性，但不具有综合性和全局性，都取代不了全国国土规划的地位。正因为如此，到了地方层次，这三种规划相互打架，谁也说服不了谁，而且有各自的依据。实践呼唤，应该理顺宏观层次的各种规划，给国土规划以应有的、至高无上的战略地位。社会上对此有不同的意见：一种是主张维持现有格局，在规划的协调上下工夫，努力实现"三规融合"，而不是"三规合一"。事实上，这三种规划方案提出以后，直至审批以前，都征询了另外两方的意见，但是并没有制止相互扯皮，而且越往基层，矛盾和冲突越大，这其中有这三种规划的目标定位、编制方法、审批办法等各不相同的客观原因，这说明这条路是行不通的；另一种是主张破除目前的规划格局，将全国的国民经济社会发展规划、城市规划和土地利用规划的内容融合到全国国土规划中，实现真正意义上的"三规合一"，在此基础上编制下一层次的区域规划。笔者赞同后一种意见。正如有些专家所言，规划的扯皮源于体制的不顺。只有勇敢地破除旧的体制，才能为新体制的诞生创造有利条件。规划的浪费是最大的浪费，中国存在的空间管制失控现象的原因很大程度上应该归结于体制的不顺。

在中观层次，中国目前有城镇体系规划、省、地区（包括地级市）范围内的国民经济社会发展规划和土地利用规划。都市圈战略规划属于中观层次的区域规划。在这个层次，城镇体系规划于1994年9月1日取得法定地位（见中华人民共和国建设部令第 36 号[①]），文件规定，城镇体系规划的任务是综合评价城镇发展条件；制订区域城镇发展战略；预测区域人口增长和城市化水平；拟定各相关城镇的发展方面与规模；协调城镇发展与产业配置的时空关系；统筹安排区域基础设施和社会设施；引导和控制区域城镇的合理发展与布局；指导城市总体规划的编制。城镇体系规划分为全国城镇体系规划，省域（或自治区域）城镇体系规划，市域（包括直辖市、市和有中心城市依托的地区、自治州、盟域）城镇体系规划，县域（包括县、自治县、旗域）城镇体系规划四个基本层次。城镇体系规划的内容包括：综合评价区域与城市的发展和开发建设条件；预测区域人口增长，确定城市化目标；确定本区域的城镇发展战略，划分城市经济区；提出城镇体系的功能结构和城镇分工；确定城镇体系的等级和规模结构；确定城镇体系的空间布局；统筹安排区域基础设施、社会设施；确定保护区域生态环境、自然和人文景观以及历史文化遗产的原则和措施；确定各时期重点发展的城镇，提出近期重点发展城镇的规划建议；提出实施规划的政策和措施。由于城镇体系规划区域范围一般按行政区划划定，如果国家和地方发展需要，也可以编制跨行政地域的城镇体系规划，可见城镇体系规划与都市圈战略规划是两种不同类型的规划，二者不可能相互替代，但二者有相互搭界的地方。省、地区（包括地级市）范围内的土地利用规划是全国土地利用五级规划体系的第二、三级，也是以行政区划为规划范围的。自 1986 年《中华人民共和国土地管理法》颁布实施以来，中国共进行了三次全国自上而下的土地利用规划，目前正在进行第三次土地利用规划。《土地管理法规定》，各级人民政府应当依据国民经济和社会发展规划、国土整治和资源环境保护的要求、土地供给能力以及各项建设对土地的需求，组织编制土地利用总体规划。地方各级人民政府编制的土地利用总体规划中的建设用地总量不得超过上一级土地利用总体规划确定的控制指标，耕地保有量不得低于上一级土地利用总体规划确定的控制指标。土地利用总体规划要依据以下原则编制：严格保护基本农田，控制非农业建设占用农用地；提高土地利用率；统筹安排各类、各区域用地；保护和改善生态环境，保障土地的可持续利用；占用耕地与开发复垦耕地相平衡。

---

① 中华人民共和国建设部令第 36 号《城镇体系规划编制审批办法》，http：//www. cin. gov. cn。

县级土地利用总体规划应当划分土地利用区，明确土地用途。乡（镇）土地利用总体规划应当划分土地利用区，根据土地使用条件，确定每一块土地的用途，并予以公告。可见，土地利用规划的目的是保护耕地、保护生态环境、控制非农业建设占用农用地、提高土地利用效率。中观层次的土地利用规划起的是承上启下的作用，对上落实国家的土地利用战略和规划控制指标，对下指导微观层次的土地利用规划编制。由于土地利用规划是严格按照行政区划编制的，有极强的行政性规划色彩，而且专业性也很强，因此中观层次的土地利用规划与都市圈战略规划也是两种不同类型的规划，都市圈战略规划的地位不能抹杀。省、地区（包括地级市）范围内的国民经济、社会发展规划是由本级政府制定的，由同级人大常委批准实施。这个规划也是以行政区划为规划范围的。自"一五"规划编制以来已经经历了十一个五年规划，期间我国经历了由高度集中的计划经济体制向社会主义市场经济体制的转型。从规划编制历程来看，经历了三个方面的转变，即由重视数量指标计划到重视宏观调控转变，由重视时间计划到重视时空合一调控转变，由以自我规划为中心向重视与相关规划的协调和衔接转变。这个规划的特色是：提倡上下级规划的协调，但并没有实现规划指标的衔接，更没有像土地利用规划那样自上而下分解规划指标；倡导时空合一的宏观调控，但并没有形成像乡镇土地利用规划和城市详细规划那样的"详细规划"。"十一五"规划以来，国家高度强调"主体功能区"的规划。所谓主体功能区是指基于不同区域的资源环境承载能力、现有开发密度和发展潜力等，将特定区域确定为特定主体功能定位类型的一种空间单元①。国家"十一五"规划将中国国土空间划分为优化开发、重点开发、限制开发和禁止开发四类主体功能区，按照主体功能定位调整完善区域政策和绩效评价，规范空间开发秩序，形成合理的空间开发结构。这种规划思路已经突破了传统的基于行政区划的国民经济、社会发展规划，力图避免行政边界对功能区形成和发展的负面影响，体现了规划的变革方向。但是，主体功能区的规划也代替不了都市圈战略规划。由上分析可知，目前中观层次的城镇体系规划、土地利用规划和国民经济、社会发展规划基本上是基于行政区划的规划，没有体现以中心城市为龙头带动区域

---

① "推进形成主体功能区的重要意义"，中央政府门户网站（http：//www.gov.cn），2006 - 03 - 18。

发展的经济发展规律，而且本身专业性较强，不是综合性质的规划，都不可能取代都市圈战略规划的地位。

在微观层次，中国目前有城市规划（包括城市总体规划、城市分区规划、控制性详细规划和修建性详细规划）、县（县级市、旗）乡（镇）土地利用规划和县（县级市、旗）乡（镇）国民经济、社会发展规划。这些规划的共同特征是：地方特色鲜明，规划指标具体，对策措施到位，具有很强的可操作性。但是，由于都是基于行政区划的规划，很难体现以中心城市为龙头带动区域发展的经济发展规律，而且规划太具体，缺乏宏观性、战略性、综合性和前瞻性，难以解决都市圈战略规划要解决的问题。

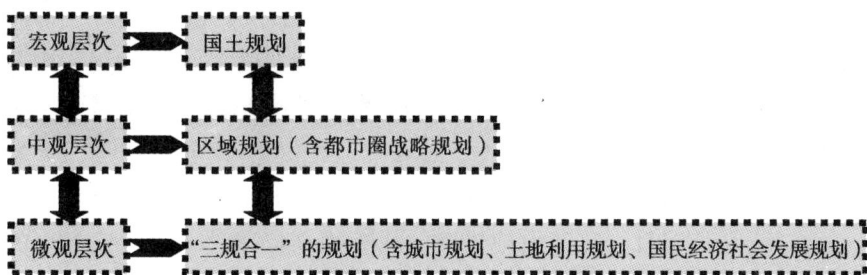

图 6-1　都市圈战略规划的目标定位

2. 在规划内容中的目标定位——空间战略性规划

都市圈战略规划应该体现战略性、中观性、区域性、综合性和前瞻性的特点，并在空间规划体系中发挥承上启下的作用，即对上，是国土规划的深化和延续；对下，是城市规划、土地利用规划、国民经济社会发展规划的指导。在这个区间范围内，根据各个都市圈的具体情况，确定规划的内容。

一般地说，都市圈战略规划首先应该进行都市圈空间发展战略研究，并对空间结构进行战略安排，包括都心、内边缘区、外边缘区、新城（卫星城）的战略安排。北京城市总体规划（2004—2020 年）提出的"两轴、两带、多中心"空间发展战略以及北京市发展和改革委员会提出的首都功能核心区、城市功能拓展区、城市发展新区以及生态涵养发展区四大功能区的划分就体现了都市圈空间规划的要旨。

在空间规划的基础上，应该对都市圈的基础设施进行战略规划，特别是对都市圈发展有重大影响的基础设施，应该做出战略安排，比如城市快速道路、轨道交通、能源供应、给排水、垃圾处理设施以及城市应急设施的布局等。在这方面，应该站在都市圈整体高度进行统筹考虑，系统安排，综合协调。

生态环境保护也是都市圈战略规划的重要内容。在都市圈范围内，任何狭小的行政地域单元都无法独自保护好生态环境，因为生态环境往往是跨越行政区的重大问题，需要跨区统筹考虑，综合协调。都市圈战略规划应该特别针对重大的或者跨区域性质的生态环境保护问题做出战略安排，包括水系的保护、生态廊道的设计、公园绿地的布局、生物多样性的保护规划、危险废弃物的处置等。

产业布局以及主体功能区的建设布局也是都市圈战略规划的重要内容。虽然经济发展很大程度上需要发挥市场配置资源的基础作用，但是产业布局和主体功能区的建设布局是市场竞争无法优化配置的，需要发挥政府的宏观调控作用。这种类型的空间布局规划是政府空间管制的重要手段，也是都市圈战略规划的重要内容。

人口布局以及社会服务设施供给的战略规划也是都市圈战略规划的重要内容。人口数量及其特征是社会服务设施供给的引导，二者在空间布局上应该相互匹配。在都市圈内部，人口的空间布局不是固定不变的，而是随着经济社会发展水平和人们生活水平的提高发生有规律的变动。为了使二者最大限度地实现匹配，需要在都市圈内部统筹规划，综合协调，这正是都市圈战略规划的内容之一。

土地利用方向与战略以及土地利用分区规划也是都市圈战略规划的重要内容。一切经济社会发展规划最终都要落实在土地上，否则就成了空中楼阁。在严格执行国家土地政策的前提下，根据都市圈的自然条件和经济社会发展等实际情况，确定都市圈的土地利用方向与战略以及土地利用分区规划既是都市圈战略规划的重要内容，也是土地利用规划与都市圈战略规划的接口。

3. 在规划实施中的目标定位——政策指导性规划

都市圈战略规划所涉及的规划内容很大程度上需要通过规划实施的制度安排与政策设计来实现。以往规划多注重规划本身，轻视规划的实施研究，很大原因是对规划实施的制度安排与政策设计的重要性缺乏足够的认识。实践已经证明，规划就是利益的重新安排，是公共政策执行的导向，

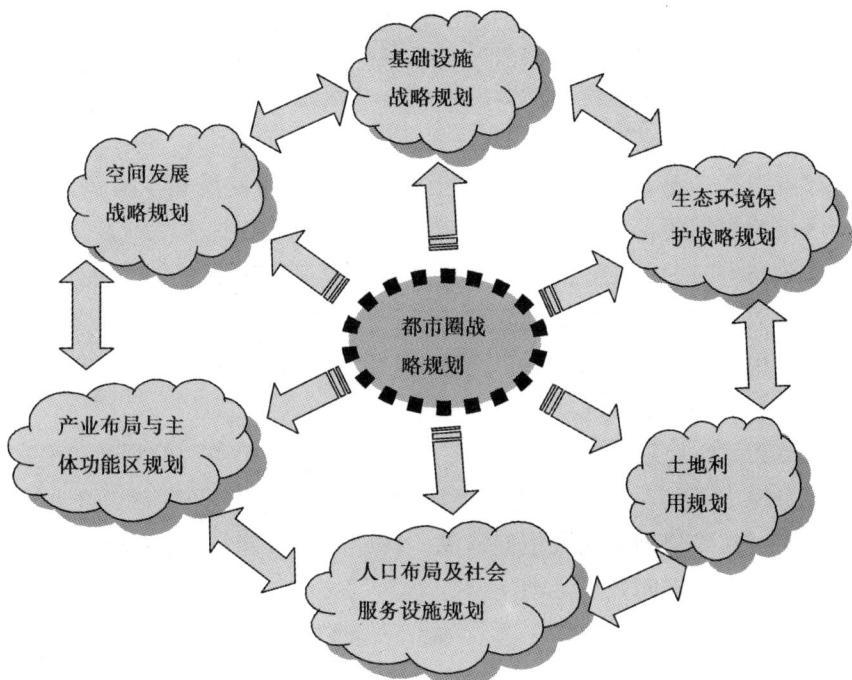

图 6-2 都市圈战略规划的内容框架

需要有一个利益协调机制、制度安排和政策调控来体现。所以,都市圈战略规划是一个政策指导性规划,制度安排与政策设计是规划必不可少的配套措施。

# 第二节 都市圈战略规划的指导思想与原则

## 一、指导思想

### (一) 以科学发展观为指导,统筹协调都市圈发展

都市圈战略规划要坚持城乡协调发展的理念。在都市圈范围内,城乡发展矛盾错综复杂。特别是半城市化地区,经济、社会、环境、规划、建设、管理等方面存在大量不和谐的因素,政府、企业、市民、农民是不同的利益主体,有着各自不同的利益追求,它们作用的方向并不一致。都市圈战略规划要平衡好各方的利益关系,实现和谐有序发展。

都市圈战略规划要坚持区域协调发展的理念。在都市圈范围内,客观

上存在着发展方向各不相同的功能区，它们相互协调，相互支持，共同促进了都市圈功能的分化、整合与提升，有利于都市圈的整体发展。都市圈战略规划就是要促进这种功能区的形成，并通过功能整合和制度创新，推进各种功能区的和谐有序发展。

都市圈战略规划要坚持经济、社会发展与空间发展相互协调的理念。都市圈战略规划的目的就是促使经济、社会又好又快地发展，经济、社会发展应该与空间发展相互匹配、相互协调，否则空间发展会出现过疏或者过密的问题。都市圈战略规划要对经济、社会发展的客观规律及其在地域空间的表现形式有准确的把握，并通过对经济、社会活动的空间秩序安排促使二者相互协调。

都市圈战略规划要坚持空间发展与资源、环境相协调的理念。空间发展需要资源、环境的支撑，缺乏资源、环境支撑的空间发展是不可持续的。都市圈战略规划要充分把握资源、环境的承载能力，在承载能力许可的范围内，安排空间开发活动。

都市圈战略规划要坚持资源节约、环境友好的理念。中国是一个人多地少、人均资源贫乏的国家，尤以人均土地、人均水资源、人均能源贫乏为最。都市圈域经济是中国经济最发达的地区，也是土地开发强度最大，水资源、能源消耗最集中的地区，应该通过规划成为资源节约，环境友好，节能减排，实现可持续发展的典范。

（二）坚持有所为、有所不为，把握都市圈战略规划的重点

都市圈战略规划是政府维护总体利益的手段，保护公共利益是都市圈战略规划的核心。这里要对政府的职能进行科学界定，防止越位、缺位、错位的情况出现，凡是能够通过市场竞争解决的问题，就不应该成为都市圈战略规划关注的内容；凡是市场竞争无法解决，只能通过政府出面才能维护的公共利益，应该成为都市圈战略规划关注的焦点。因此，都市圈战略规划不是无所不包的规划，而是体现政府职能定位、维护公共利益、出台公共政策的工具。

（三）坚持因地制宜、因时制宜，体现都市圈战略规划的个性

中国地域辽阔，都市圈发育和形成的条件各不相同，发展阶段也各不相同，发展中面临的问题和机遇也不相同，因此都市圈战略规划不可能有一个统一的模式，应该允许各地根据自己的条件开展富有地方特色的都市圈战略规划，真正做到因地制宜、因时制宜、与时俱进。

### 二、基本原则

#### （一）可持续发展原则

都市圈战略规划，不论就整体而言，还是都市圈内部各个功能分区，都要坚持可持续发展的原则，处理好经济、社会发展与环境保护的关系，经济增长速度与经济发展质量的关系，资源利用与资源节约的关系，物质形态建设与人的全面发展的关系，城乡建设与保护耕地的关系，区域竞争与区域合作的关系，公共利益与私人（部门、地区）利益的关系等。

#### （二）一体化发展原则

都市圈战略规划，要解决内部各个行政区或者功能区的一体化发展问题。在都市圈内部，各个行政区或者功能区有着各自独立的利益追求，在追逐各自利益的过程中，可能会损害其他行政区或者功能区的利益，有时甚至会损害都市圈的整体利益。在这种情况下，需要都市圈战略规划统筹各个行政区或者功能区的利益，实现一体化发展，包括基础设施的一体化、产业发展的一体化、管理政策的一体化等。

#### （三）综合协调原则

都市圈发展中可能会遇到各种各样的问题，比如经济发展与社会发展不协调、城乡发展与资源环境承载能力不匹配、人口和交通发展与空间发展不协调、城乡建设与人的发展不协调、城市化与农民市民化不协调、经济社会发展与环境保护不协调等，这些问题的解决，需要都市圈战略规划立足全局，统筹协调。

#### （四）以人为本原则

以人为本是经济社会发展的最高理念，也是都市圈战略规划必须坚持的原则。一些地方的城乡建设在围绕"政绩工程"、"形象工程"、"面子工程"，偏离了为人民服务的根本宗旨。都市圈战略规划，要立足民生，符合广大人民群众的根本利益。

#### （五）可操作性原则

规划的目的是为了实施操作，没有操作性的规划往往成了"摆设"。都市圈战略规划，实质上是公共政策执行的工具。都市圈战略规划方案的确定，必须与公共政策结合起来，这样做才能有利于都市圈战略规划的实施。

### 三、主要思路

#### （一）确定都市圈形成和发展的阶段

开展都市圈战略规划，首先要确定都市圈是否已经发育成型。实践证明，并不是所有的中心城市都能够形成都市圈。形成都市圈要具备以下三个条件：（1）中心城市必须具备一定的人口规模，一般要求50万人口以上。（2）有城市郊区化现象，或者说郊区的人口和经济增长要快于城市中心区。（3）城郊联系密切，有发达的交通联系方式。凡是具备以上三个条件，说明都市圈发育已经成型，有开展都市圈战略规划的必要。

接着需要判断都市圈发展的阶段。都市圈的发展规模有大小之分，经济社会发展水平有高低之分，经济结构和空间结构也有优劣之分。按照都市圈发育程度和发展水平，可以将都市圈划分为不同的发展阶段，这是都市圈战略规划的基础工作。

#### （二）发现都市圈发展中存在的问题

在都市圈发展壮大的过程中，必然存在这样或者那样的问题，比如水资源供需不平衡、土地利用效率低下、交通拥堵、环境污染、生态破坏、住房短缺、就业机会不足、政策不配套、经济发展缺乏活力、社会服务设施不配套等，这些问题看似孤立，实则有一定的内在联系。通过梳理都市圈发展中存在的问题，并发现各种问题之间的内在联系，就可以判断出都市圈发展中存在问题的症结所在。

发现都市圈发展中存在的问题，可以采用专家研讨咨询、社会实践调查、公众问卷调查等形式，把这些问题收集起来加以汇总，就可以明确都市圈发展中存在的具体问题。这是都市圈战略规划的前期工作。

#### （三）提出都市圈战略规划的目标

任何规划都应该有一个明确的规划目标，都市圈战略规划也不例外。与各种专项规划目标不同，都市圈战略规划的目标应该突出综合性和战略指导性。以此而言，都市圈战略规划的目标不应该是单一的，而应该是多目标的，或者说由多个目标构成的规划目标体系，以体现与国民经济社会发展规划、城市规划、土地利用规划的衔接。具体来说，都市圈战略规划的目标体系应该包括：经济发展目标、社会发展目标、人口发展目标、环境保护目标、生态建设目标、资源利用与保护目标（包括土地、水资源、节能减排等）、空间发展目标、基础设施建设目标等。这些目标不仅应该有时序发展上的要求，而且也应该有空间布局上的要求。

（四）确定都市圈优化的空间结构

都市圈战略规划应该突出空间整合、优化和协调。什么样的空间结构是最优或者次优？需要开展都市圈空间发展战略研究，不仅应该考虑都市圈的宏观战略地位、在区域发展中的作用，还要考虑都市圈内部的发展条件、发展阶段以及发展特点，并与发展条件相似的都市圈进行对比研究，确定都市圈最优或者次优的空间结构，以此作为都市圈空间整合和规划的基础骨架。

（五）统筹区域人口布局

在都市圈内部，应该以规划的空间结构为依据，统筹安排区域人口布局。具体来说，都市圈现状空间结构并非最优，人口布局也并非合理。根据都市圈战略规划确定的空间结构，引导人口空间布局做出相应的调整，以体现人口布局与空间结构相协调。如果二者不能协调一致，就应该从两个方面进行思考：一是引导人口空间布局调整的政策措施是否到位？二是规划的空间结构是否合理？有没有可操作性？只有人口空间布局与空间结构相协调，都市圈战略规划的目标才有可能实现。

（六）统筹区域基础设施和社会服务设施的空间布局

规划要坚持以人为本，为人民服务。都市圈战略规划确定的空间结构和人口布局方案能否实现，还需要基础设施和社会服务设施给予支持。一些城市在新区开发过程中，只注意盖楼房，忽略了基础设施和社会服务设施的同步配套，造成人民群众生活很不方便。为了扭转这种局面，应该要求区域基础设施和社会服务设施与空间结构、人口布局规划相协调。这里提出的区域基础设施包括道路、给水、排水、供电、供热、通信、园林绿地、污水处理、垃圾处理、应急设施等，社会服务设施包括医院、银行、邮局、学校、购物场所、休闲娱乐场所、体育健身设施、文化设施等。

（七）提出生态环境及自然与人文资源保护与利用的要求

在都市圈内部，除了追求经济和社会发展目标外，还要追求生态环境及自然与人文资源保护目标。生态环境及自然与人文资源属于公共物品，在市场竞争条件下，在追逐经济利益的驱动下，很难得到妥善保护，只有政府出面，通过都市圈战略规划，提出生态环境及自然与人文资源保护与利用的要求，才能切实有效地保护这种公共物品。因此，在都市圈战略规划中，要认真研究需要保护的生态环境及自然与人文资源，并落实到具体的空间，通过规划方案的编制，实现保护与利用的目的。

（八）提出都市圈内部不同功能区的发展目标和方向

都市圈经济不同于一般区域经济之处在于，内部形成了高度分工协作的功能区，打破了传统的小而全、大而全的区域经济发展模式。各个功能区发展方向不同，发展思路和发展模式不同，但又构成一个分工协作有序的都市圈域经济整体。从某种程度上说，都市圈经济是放大了的城市经济，只不过传统的城市经济聚集在城市建成区以内，而都市圈经济则分布在都市圈域内。都市圈战略规划所设计的空间结构，需要不同性质的功能区予以填充。提出都市圈内部不同功能区的发展目标和方向是都市圈战略规划深入进行的标志。特别需要说明的是，进行都市圈域内部的土地适宜性评价是确定不同功能区的发展目标和方向的基础工作。

（九）提出政府作用的空间及其对空间开发管制的思路

都市圈发展中存在的许多问题，有的可以通过市场竞争解决，不需要政府的过多干预。如果政府取代市场竞争进行干预，可能会使简单的问题复杂化，反而不利于问题的解决。但是，有的问题是市场竞争无法解决的，必须通过政府干预解决。如果政府置若罔闻，可能会严重损害公共利益。这说明，在市场竞争条件下，科学地界定政府的职能是十分必要的。都市圈战略规划，就是要解决市场竞争条件下如何维护公共利益的问题，这种公共利益具体体现在各种公共物品的数量、质量及其空间布局上，以及公共物品之间或者公共物品与私人物品之间的组合关系上。都市圈战略规划，在有关私人物品的供给上，没有必要大肆渲染，应该尽力发挥市场机制配置生产要素的基础作用；在有关公共物品的供给上，应该给予高度关注。公共物品供给的数量、质量及其空间布局，以及政府如何发挥宏观调控作用，确保公共物品供给在空间上落地等等，是都市圈战略规划必须解决的问题。这里的公共物品包括：城市基础设施、城市市政设施、社会文化设施、应急避难设施等。

（十）提出都市圈战略规划配套的公共政策

都市圈战略规划方案的出台，意味着各种利益关系的大调整，包括公共利益与私人利益之间、部门利益与部门利益之间、地方利益与地方利益之间、上级政府利益与下级政府利益之间、政府利益与居民利益之间的利益关系。这种利益关系的调整，必然有利益得到者，也有利益受损者。如何在保证都市圈发展这个公共利益最大化的前提下，使利益受损者得到合理的补偿，使利益得到者付出应有的代价，是都市圈战略规划的操纵者——政府必须解决的现实问题。中国以往开展的各种规划，凡是执行效果不理想的，究其原因，许多是因为没有为规划配套相应的政策措施，即使有，也是原则性的，针对性不强。对利益受损者，没有合理的补偿；对获得利益者，也没有使其付出相应的代价。长此以往，规划的执行效果就大打折扣。都市圈战略规划，不仅要强调规划方案的科学性，还要强调规划方案的可操作性，也就是要对规划方案的执行研究配套的公共政策。

## 第三节　都市圈战略规划的方法

### 一、都市圈形成的界定方法

都市圈发育是否成型是都市圈战略规划的基础。社会上由于对都市圈的概念、内涵及其形成标准理解的不一致，出现了不同的界定方法。

张伟[1]（2003）提出都市圈的界定标准是：（1）中心城市人口规模在100万以上，且临近有50万人口以上城市；（2）中心城市 GDP 中心度大于45%；（3）中心城市具有跨省的城市功能；（4）外围地区到中心城市的通勤率不小于本身人口的15%。

郭熙保[2]（2006）提出了都市圈界定的三级标准：初级标准——中心城市人口规模不小于100万，外围地区城市化率在30%—50%之间；圈域总人口在1000万以上，圈域 GDP 达到1000亿以上；圈域半径在100公里范围以内，圈域内各地到中心城市有较便捷的公路、水路或铁路，且以铁路为主。中级标准——中心城市人口规模达到500万，至少出现一个100万人口以上的圈域次中心城市，外围地区城市化率在50%—70%之间；圈域总人口在3000万以上，圈域 GDP 达到8000亿元以上；圈域半径在200公里范围以内，圈域内有较为发达的高速公路网。高级标准——中心城市人口规模达到800万以上，出现数个次中心城市，城市人口大约在100—800万之间，外围地区城市化率达到70%以上；圈域总人口在5000万以上，圈域 GDP 达到45000亿元以上。

笔者提出的都市圈形成的界定标准是：（1）中心城市人口规模在50

---

① 张伟："都市圈的概念、特征及其规划探讨"，《城市规划》2003年第6期，第47—50页。
② 郭熙保、黄国庆："试论都市圈概念及其界定标准"，《当代财经》2006年第6期，第79—83页。

万以上；（2）有城市郊区化现象；（3）中心城市与外围地区有发达的交通运输网络，特别是地铁轻轨和高速公路组成的交通网络。

### 二、都市圈地域范围的划分方法

动态地看，都市圈的边界不是固定的，而是不断变化的。但是，在某一时点上，都市圈的边界又是可以确定的。目前，学术界在都市圈的地域范围划分上大致形成了以下几种较为常见的方法：

一是依据城市和区域的相互吸引及空间相互作用原理，利用中心城市与周围城市的质量或者综合实力因子及两城市间的距离计算城市之间的引力均衡点，中心城市与周围城市平衡点的连线就是都市圈的理论界限。其中，城市的质量或综合实力因子的指标选取有争议。

二是依据周围地区与中心城市的人口及通勤率来确定都市圈的范围。日本、美国等西方国家一般采用这种方法。在中国，人口通勤率指标很难取得，而且居民通勤方式也与西方国家不同，故该种方法的实用性受到了局限。

三是按照都市圈的人流、物流、信息流、资金流的规模、流向、疏密程度进行划分。该方法虽然在理论上严密，但是资料收集困难，实际应用不多。

四是按照经济区的划分方法，界定都市圈的地域范围。例如，约定俗成的上海都市圈、京津冀都市圈、珠三角都市圈等的地域范围划分。该方法带有很多主观和行政成分色彩，科学性不强。

五是根据中心城市势能量级确定中心城市的辐射圈半径，并根据城市间的"经济距离"划定入圈城市和区域。

在具体应用研究上，一些学者根据自己对都市圈概念的理解，提出了一些具有可操作性的都市圈地域范围划分方法，主要代表性研究如下：

孙胤社[①]（1992）以人流作为对外联系的指标，以月客流量比例在50%以上的县域范围定义为北京的大都市区。

周一星[②]（2000）提出了都市区的界定标准：凡城市实体地域内非农

---

① 孙胤社："大都市区的形成机制及其界定——以北京为例"，《地理学报》1992年第6期，第552—560页。

② 胡序威、周一星、顾朝林等：《中国沿海城镇密集地区空间集聚与扩散研究》，科学出版社2000年版。

业人口在 20 万以上的地级市可视为中心市，有资格设立都市区。都市区的外围地域以县级区域为基本单元，外围地域必须同时满足以下条件：（1）全县（或县级市）的地区生产总值中来自非农产业的部分在 75% 以上；（2）全县（或县级市）的社会劳动力总量中从事非农业经济活动的占 60% 以上；（3）与中心市直接毗邻；（4）如果一县（市）能同时划入两个都市区则确定其归属的主要依据是行政原则（视其行政归属而定），在行政原则存在明显不合理现象时（如舍近求远），采用联系强度原则（即依据到中心市的客流量取最大者而定）。

王德[1]（2001）定义了一日都市圈的范围，即以任意中心为起点，采用公共交通方式出行，单程 2.5 小时内可以到达的范围。

高汝熹、罗明义[2]（1998）在借鉴国外根据通勤关系、中心城市引力模型、断裂点公式等划分方法的基础上，提出中国大城市圈域半径大致在 50—200 公里，并通过资金利税率、基础设施指数、服务设施指数三项指标修正，得出上海的圈域半径 200 公里，北京、南京和广州的圈域半径 150 公里，天津、沈阳、大连、武汉、成都、重庆等的圈域半径 120 公里，青岛、西安、太原、兰州等的圈域半径 90 公里，吉林、包头、齐齐哈尔等的圈域半径 50 公里的结论。

### 三、都市圈的圈层结构划分方法

在都市圈内部，如何科学地划分圈层结构，为都市圈战略规划提供科学依据，一直是学术界致力于解决的问题。至今也没有一个权威的划分方法。以下是一些有代表性的划分方法，兹介绍如下：

南京都市圈规划采用中心城市与周边城市长途汽车的发车频率作为指标，划分了三个圈层。具体来说是：（1）发车频率在 10 分钟左右，是都市圈的核心圈层，与国外日常都市圈覆盖范围基本一致。（2）发车频率在 20 分钟左右，是都市圈的紧密圈层，该区域是都市圈规划的重要选择性区域，可视区域交通规划布局、城市主要联系方向分析确定相关城市在何种程度上参与都市圈的功能地域组织。（3）发车频率在 30 分钟以上，基本是中心城市的泛影响区域，一般进行都市圈规划的外围区域分析和合作竞

---

① 王德，刘锴等："沪宁杭地区城市一日交流圈的划分与研究"，《城市规划汇刊》2001 年第 5 期，第 38—44 页。

② 高汝熹、罗明义：《城市圈域经济论》，云南大学出版社 1998 年版，第 297—302 页。

争分析，不纳入都市圈空间结构范畴。

吴泓等①（2003）在研究徐州都市圈规划时，按照50公里、100公里和200公里把徐州都市圈划分为核心、紧密和松散三个圈层。

孙娟②（2003）在研究南京都市圈规划时，利用空间、时间、流量和引力四个要素，界定出四个空间范围，然后进行叠加，取其并集、交集和补集，得出三个不同圈层，即都市圈的直接影响圈、泛影响圈和间接影响圈。

程大林等③（2003）通过对各种交通联系强度、产业联系强度和社会联系强度的数据判定都市圈内部联系程度和划分圈层地域。

姜世国④（2004）利用"功能主义方法"和断裂点公式与距离衰减效应分别定性定量分析杭州都市区的地域范围。

## 四、都市圈的功能分区划定方法

### （一）土地适宜性评价方法

土地适宜性评价最初源自于对农用地的适宜性评价，多从自然条件方面选取评价指标，比如土壤侵蚀、地形坡度、土壤质地、土壤盐碱化、水文与排水、水分、温度等。在都市圈范围内，城市型用地是土地利用的主导方向，社会经济因素是土地适宜性评价不可或缺的要素。因此，土地适宜性评价应该与农用地适宜性评价有所区别。在这方面，国内研究成果采用较多的评价方法有以下几种：

一是建设用地生态适宜性评价方法。该方法的目的是评估城市土地用作建设用地的生态适宜程度，原理是采用GIS空间分析软件，综合考虑水域、保护区、用地现状、地形地貌、工程地质等多项因子，并对不同因子赋予不同的权重进行叠加得到适宜性评价。陈燕飞等⑤在南宁市的应用研

① 吴泓等："基于非场所理论的徐州都市圈发展研究"，《经济地理》2003年第6期，第766—771页。

② 孙娟："都市圈空间界定方法研究——以南京都市圈为例"，《城市规划汇刊》2003年第4期。

③ 程大林、李侃桢、张京祥："都市圈内部联系与圈层地域界定——南京都市圈的实证研究"，《城市规划》2003年第11期，第30—33页。

④ 姜世国："都市区范围界定方法探讨——以杭州市为例"，《地理与地理信息科学》2004年第1期，第67—72页。

⑤ 陈燕飞等："基于GIS的南宁市建设用地生态适宜性评价"，《清华大学学报》（自然科学版）2006年第6期，第801—804页。

究中，采用该方法将南宁市土地分为五个等级：很适宜、较适宜、基本适宜、不适宜、很不适宜，并生成了南宁市建设用地生态适宜性评价图。

二是城市用地政策模拟和适宜性评价方法。该方法突破了传统的建设用地适宜性评价方法，将土地开发政策纳入评价体系，弥补了传统评价方法在多用途土地适宜性评价中难以做出决策的缺陷。钮心毅、宋小冬[1]应用该方法对山东省广饶县县城总规的前期工作进行了案例研究，取得了很好的研究效果。

（二）主导功能分析方法

在都市圈范围内，城市功能经过分化和整合，形成若干主导功能突出的功能区，它们是都市圈域经济运行的基础，也是都市圈域经济区别于一般区域经济的所在。对这种功能区如何界定，学术界有以下几种方法：

一是主体功能区划分方法。国家"十一五"规划纲要将中国国土划分为四类主体功能区，即禁止建设区、限制建设区、适宜建设区和已建设区。要求各类主体功能区按照主体功能发展规划，避免不顾客观条件盲目追求 GDP 增长。各地根据实际情况，也在发展规划中进行了主体功能区的划分，如北京市将市域范围内的 18 个区县划分为四类主体功能区，即首都功能核心区、城市功能拓展区、城市发展新区和生态涵养发展区。主体功能区的划分与土地适宜性评价有联系，但也有区别。土地适宜性评价体现的是客观评价，更多地考虑的是现状因素，而主体功能区体现的是主观愿望，更多地考虑的是发展因素，是对未来发展的整体谋划。主体功能区如何划分，目前没有成熟的方法，尚处于探索阶段。

二是主导功能分析方法。该方法的原理是应用因子分析方法，对城市发展要素进行分析，找出各行政辖区的主导发展因素，确定其未来发展方向。该方法较多地采用了经济社会发展指标，与较多地采用自然要素指标的土地适宜性评价方法有明显区别，与试图打破行政区划界限的主体功能区划分方法也有区别。李健[2]以北京市为例，采用因子分析法，对北京市18 个区县反映城市发展状况的指标进行定量综合评估，确定各区县发展优

---

[1] 钮心毅、宋小冬："基于土地开发政策的城市用地适宜性评价"，《城市规划学刊》2007年第 2 期，第 57—61 页。

[2] 李健："基于因子分析的北京城市功能空间布局研究"，《城市发展研究》2005 年第 4 期，第 57—62 页。

势，提出在城市服务核心区（主城区）和生态涵养区（山区）之间的城市功能拓展区内，建立朝阳—通州、丰台、石景山、海淀四个发展区，通过在各发展区内形成人流、物流循环，分担主城区人口、功能过于集中的压力，并通过功能区之间的产业连接，形成环状产业发展轴，构成北京国际化大都市发展骨架等观点。

在实践中，上述几种方法可以相互取长补短，共同为都市圈战略规划提供科学依据。

# 第四节　都市圈战略规划研究案例

都市圈战略规划不同于一般的区域规划，也不同于城市规划，它是以都市圈整体为规划对象，追求都市圈的整体发展利益。都市圈内部各个功能区，都要服从都市圈的整体利益，通过发挥自己的优势，获取比较利益，实现功能互补和协调发展。以下是作者近年来从事的研究项目，作为案例研究可以诠释都市圈战略规划的思想，展示都市圈战略规划的思路。

**一、案例一：都市圈核心功能区的空间发展战略规划研究——以北京市崇文区为例**①

（一）区域概况

崇文区为北京市四个中心城区之一，是北京市城市总体规划确定的"首都功能核心区"之一，位于城区东南部。全区面积 16.46 平方公里，南北最长 4.65 公里，东西最宽 4.51 公里。全区设前门、崇文门外、东花市、天坛、体育馆路、龙潭、永定门外 7 个街道，82 个社区居民委员会。2006 年年底户籍人口 34.3 万，实现地区生产总值 120 亿元，区级财政收入 17.84 亿元。

（二）空间发展的简要历程

崇文区是北京市四个中心城区之一，解放初期大部分地区为建成区，少部分地区为农田。20 世纪 50 年代在"变消费城市为生产城市"建设方针的指引下，拆除城墙，发展街道工业，引进机关和企事业单位，改变了以"消费、娱乐"为特征的旧城区形象。20 世纪 80 年代以来的房地产开发和工业

---

① 本部分内容为《"十一五"期间北京市崇文区空间发展战略研究》的部分成果，参加本项课题研究的还有单菁菁、孟雨岩、李学锋。

**图 6 - 3　崇文区行政区划图**

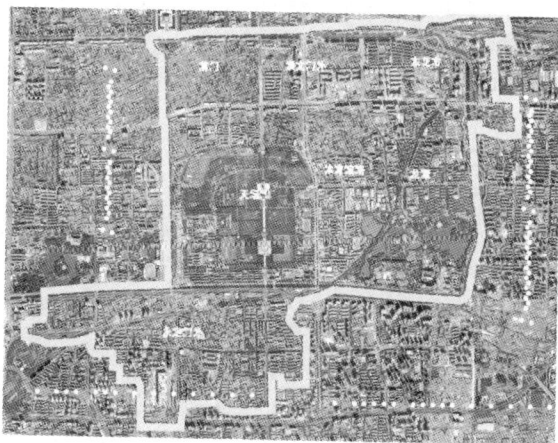

**图 6 - 4　崇文区航空影像图**

企业的"关、停、并、转、迁"以及"九五"、"十五"以来的危旧房改造，塑造了崇文区现代化城区新形象。同时，文物保护也日益受到重视。

历史地看，计划经济时期崇文区的空间结构受国家政策和北京市发展思路的影响较大，在很大程度上属于"自上而下"的安排。改革开放，特别是"十五"以来，崇文区的空间结构是北京市空间发展战略和崇文区自身发展需求从碰撞到协调的产物，也可以说是"上下结合"的产物。

（三）空间发展的现状特征

一是人口密集。2006 年全区人口密度达 2.08 万人/平方公里，在四个旧城区中最低。但崇文区文物保护、道路场站、公园占地较多，扣除这些用地后，人口密度并不低。而且各个街道人口密度差异较大。

图例：

- 🏛 国家级文物
- ◉ 市级文物
- ▲ 区级文物
- △ 四级文物

图 6 - 5　崇文区文物古迹和公园绿地分布图

二是用地经济效益较低。在四个旧城区中，崇文区的用地经济效益最低。其原因：一是文物保护、道路场站、公园占地较多，并不产生直接的经济效益，而且效益是外溢的；二是崇文区的产业层次较低，缺乏高附加值的现代服务业。

三是功能分区基本成型。崇文区经过多年的空间开发，功能分区日益明显：西北部为"王"字形经济磁场，东北部为现代化宜居城区，中部为天坛及环周边旅游文化休闲区和龙潭湖体育产业园区，西南部为永外商贸区。

四是空间开发尚有潜力。目前崇文区已完成85%的危改任务，尚有15%有待完成。地上空间开发受到较大的限制，但地下空间开发的潜力尚没有发挥。已经开发的空间也有功能进一步提升，经济效益进一步提高的潜力。文物保护单位和公园在坚持保护的前提下也具有挖掘内部潜力，创造经济价值的可能。

（四）空间发展条件评价

1. 有利条件

一是区位优势突出。崇文区位于首都功能核心区，是发挥首都功能、发展高端特色服务业的优势地区，也是发展南城、推进首都功能向北京东南部扇面转移的战略重点地区。而且交通方便，平均地价比已经开发成熟的东城、西城低，有利于吸引各种发展要素的聚集。

二是历史文化底蕴深厚。崇文区是北京的传统商业区，也是普通百姓的聚集区。在崇文区的发展历程中，积淀了深厚的历史文化因素。比如传统手工艺、老字号、京味文化等等。在现代化进程中，具有极大的复兴价值。

三是一些资源具有绝对优势。天坛是北京市的标志，前门商业区与王府井和西单齐名，国家体育总局及其主要训练场馆集中在崇文区，著名教练员、著名运动员也聚居在崇文区。这些优势都是其他区县不具备的，在北京市，甚至全国都有绝对的优势。

四是政府对空间管理具有领先理念。"十五"期间，崇文区就提出了"一、二、三发展战略"、"'王'字形经济磁场"、"龙潭湖体育产业园区"、"永外商贸区"等概念，并提出了发展三大产业（体育休闲、文化旅游、商贸服务）支撑崇文区"现代都市文化休闲区"功能定位的战略思路，而且相应组织了"王字型经济磁场"、"龙潭湖体育产业园区"、"永外商贸区"三大产业办公室推进三大产业发展。这些战略管理理念的提出都发生在北京市总规修编提出的"两轴、两带、多中心"空间战略和市发改委提出的区县功能定位之前，体现出明显的超前意识。

2. 不利条件

一是发展空间小。崇文区面积 16.46 平方公里，在四个旧城区中面积最小。可开发利用面积只有 7.5 平方公里，是典型的袖珍城区。在资源整合、产业选择、机遇把握等方面没有太大的回旋余地。

二是铁路线的分割。崇文区有 11.6 公里的铁路线，是进出北京站的必经之地。铁路线分割了崇文区的发展用地，给全区整体规划建设带来了不利影响。

三是文物保护对空间开发的限制。崇文区是老城区，有众多的文物古迹保护单位。据统计，历史文物古迹有 105 处，其中国家级文物保护单位 3 处，市级文物保护单位 9 处，区级文物保护单位 10 处，文物普查登记单位 83 处，占地面积约为 296.57 万平方米。鲜鱼口地区被北京市列为历史文化保护区，面积约 36.25 万平方米，其内分布有众多明清时期修建的会馆、四合院遗址和老字号门店等。这些文物古迹占用了较多的用地，而且由于对文物保护有特殊的要求，崇文区的空间开发不得不设置了较多的限制条件，在同等竞争条件下，很难吸引开发商投资。

四是拆迁安置成本高。崇文区人口密度大，居民收入水平低。虽然在四个旧城区中地价较低，但在普遍要求改善居住条件的预期下，拆迁成本不仅没有因为地价而走低，相反在逐步上扬。拆迁成本居高不下，影响了空间开发和改造。

五是南城整体发展环境带来的不利影响。长期以来，北京市的中心区重心一直在向北部移动，南城的发展受到了忽视。如同为二环路，南二环与北二环的发展环境有很大的差距，更不用说南三环与北三环的差距。尽管"十一五"期间北京市将重视南城的发展，但举世瞩目的北京奥运会似乎与崇文区无关，也不会给崇文区的城市建设带来实质性的利益。

六是崇文区提出的空间发展思路目前缺乏经济上的有力支撑。崇文区提出的"都市文化休闲区"功能定位需要三大产业的有力支撑。而目前三大产业的支撑力度明显不如房地产业。房地产商追求的是最大利润，其发展目标不可能与政府的目标完全一致。在目前格局下，要么迁就于开发商的利益而偏离了功能定位，要么政府自己拿出财力实施空间战略。很显然，这两种选择都是要极力避免的。文化立区，商贸强区，体育兴区是难点，也是唯一选择。

3. 机遇

一是总规修编定位带来的机遇。北京市总体规划修编提出北京的城市性质是"国家首都、文化名城、世界城市、宜居城市"，并提出了"两轴、两带、多中心"空间战略；北京市发改委提出了"优化市区、发展平原、涵养山区"以及"首都功能核心区、首都功能拓展区、新城发展区、生态涵养区"的地域空间划分方案。崇文区属于首都功能核心区，要求其承担行政管理、文化旅游、高端服务业、宜居城区等城市职能。崇文区自身定位于"都市文化休闲区"，并提出文化旅游、体育休闲、商贸服务三大支撑产业。北京市对崇文区的功能定位要求与崇文区自身进行的功能定位可以说不谋而合，这就为崇文区的空间战略实施带来了难得的机遇。

二是经济社会发展带来的市场需求可以支撑崇文区的空间战略实施。崇文区提出的"都市文化休闲区"功能定位必须有高收入群体的消费支撑。北京经济社会持续快速发展，居民收入水平不断提高。对外、对内开放度的加大，跨国公司地区总部的聚集，白领阶层的不断壮大，客观上为都市文化旅游、体育休闲产业的发展提供了消费人群，使"都市文化休闲区"的发展有了坚实的市场基础。

**图 6-6　北京的两轴两带多中心空间战略**

### 4. 挑战

一是在危改中如何协调政府、开发商和原住民的利益？政府关注的是全局的发展和公共的利益，开发商和原住民关注的是个体利益。空间战略实施离不开三者的参与，其成效如何，在很大程度上反映了协调三者利益的成效如何。而协调好三者的利益并不容易。实施空间战略，需要借助开发商的资本力，但又不能过分迁就于开发商的利益；同时也必须保护原住民的利益，但又要求原住民做出某种程度的牺牲。这就要求崇文区政府必须具有高度的领导艺术、高超的协调能力和高度的负责精神。

二是如何看待居民结构的变化？崇文区的功能定位必须在旧区改造和新区开发中完成。而这个过程也往往伴随着居民结构的变化，特别是"富人"和"贫民"比例的变化。"富人"是支撑崇文区功能定位的消费人群，也是吸引开发商投资、实现开发商合理回报的消费人群；"贫民"是崇文区传统文化的有机组成部分，对传承传统文化有不可磨灭的贡献。"爱富"可能失去传统文化之魂，"留贫"可能导致少有开发商问津。这是一个不容回避的现实问题，也是考验崇文区政府执政能力的重要因素。

三是空间战略的实施如何得到三大产业的强力支撑？房地产业是崇文区的支柱产业，为地区生产总值增长和财政收入提高做出了很大贡献。但可开发空间越来越少决定了房地产业是不可持续发展的产业，必须寻找新的替代产业支撑空间战略的实施。三大产业的提出完全符合崇文区功能定位的要求，也有利于发挥崇文区的比较优势，但三大产业目前只具有潜在的经济优势，要转化为现实的经济优势尚有很大的距离。如何减少对房地产业的过分依赖，把三大产业做大、做强是"十一五"期间面临的挑战。

四是各功能区的定位如何应对北京市其他区县类似功能区的挑战？不管是现代商贸产业区，还是体育休闲产业区以及文化旅游区，崇文区在北京市都不具有唯一性和排他性，可能面临着其他区县类似功能区的激烈竞争。面对这种态势，如何把功能定位做深做细，与类似功能区实现错位竞争和互补发展，是崇文区"十一五"期间面临的挑战。

五是在实施空间战略方面，如何争取北京市政府的支持？崇文区的空间战略实施不仅关系到崇文区未来的发展走势，更关系到北京市空间战略的实施成效。依靠崇文区自身实施空间战略，在许多方面的确是力不从心的，需要北京市政府拿出切实的支持力度，在资金和政策等方面给予全力支持。但具体方案，需要崇文区统筹谋划，高瞻远瞩。

（五）空间发展的战略任务

崇文区"十五"期间提出的空间发展战略思路清晰、目标明确，符合崇文区的发展方向，也符合北京市对崇文区的定位要求。"十一五"期间，崇文区应该在继续完善所提出的空间发展战略（比如增加和谐社会建设等内涵）的基础上，将重点转向空间战略的实施上。

实施空间战略的目的在于：通过整合区内、区外资源，优化地区布局，合理功能分区，创造聚集效益、规模效益和示范效益，促进经济社会的持续、健康、协调发展。

根据崇文区区情，空间战略的实施要注意几点：一是小而精，打造精品城区；二是节约用地；三是高附加值；四是注重传统文化；五是注重崇文特色；六是注重社会和谐。

"十一五"期间，崇文区的空间战略实施面临以下几项战略任务：

一是降低人口密度。人口密度太高是实施空间战略的障碍。为了实现功能定位，必须坚定不移地执行降低人口密度的政策。在危旧房改造规划中，要避免过分增加居住空间的倾向，要为产业发展留足空间；要制定一个合适的回迁率。同时要积极争取北京市政府对外迁居民的政策支持力度，比如提供专门的廉租住房或者经济实用住房，专项的贴息贷款，社会保障专项补贴等等。

二是保护历史文化遗存。崇文区存在大量文物古迹，在危旧房改造和建设"都市文化休闲区"的进程中，如何使这些文物古迹保护下来，成为传承传统文化的载体，并增加都市文化休闲区文化内涵的工具，需要崇文区认真斟酌。在具体实施中，可以考虑建旧如旧、修旧如旧、迁建如旧等不同模式，并将古老的"壳"和现代的"核"有机结合起来。

三是发展高效产业。崇文区空间狭小，只能走集约高效的发展道路。规划的三大产业具有集约高效的潜在特征，符合崇文区的发展方向，但需要进一步的深化和细化。在综合考虑资源优势、区内区外竞争、市场需求等因素的基础上，进行科学合理的行业和产品规划，是崇文区面临的战略任务。

四是建设和谐社会。经济和社会协调发展是我国"十一五"期间面临的战略任务。崇文区是"优化市区"的重点区，也是旧城改造的难点区，各种社会问题错综复杂，这是经济发展过程中不容回避的问题。建设和谐社会，不仅要为居民提供充足的社会服务设施和完善的社会保障，而且也要致力于优化社会结构。

五是打造"宜居、宜商、宜娱"精品城区。宜居、宜商、宜娱有深刻的内涵，不仅需要先进的理念，科学合理的规划，而且也需要务实的对策措施。

（六）空间发展的战略目标

1. 总目标

以《北京城市总体规划（2004—2020 年）》为指导，以人为本，落实科学发展观，以建设五大功能区（"王"字形经济磁场、永外商贸区、龙潭湖体育产业园区、天坛及周边文化旅游区和东北宜居社区）为载体，以发展文化旅游、商贸服务、体育休闲三大产业为支撑，降低人口密度，保护历史遗存和传统风貌，打造"宜商、宜居、宜娱"精品城区。

2. 阶段目标

2006—2008 年：形态建设阶段。以各功能区为单元，以规划为起点，通过危旧房改造和空间资源整合，上马一批符合各功能区定位和发展方向的大项目，完成各功能区初步建设框架。

2009—2010 年：功能提升阶段。通过大项目带动大产业，使各功能区有坚实的产业基础，都市文化休闲区的城市功能定位基本实现。

（七）空间战略的实施思路

1. 编制城区规划

城区规划是城区发展的框架设想和总体安排。崇文区当前加快编制城区总体规划的意义在于：一是有利于落实北京城市总体规划的要求。北京城市总体规划修编，对崇文区的发展提出了新的要求。崇文区落实这些要求，必须有一个具有法律效力的规划文件作为保障。二是有利于进一步明确城区定位。崇文区提出了新的城区定位，提出要建设"都市文化休闲区"，城市规划必须在科学论证的基础上将这一定位进一步充实，明确界定其内涵。三是有利于协调各方力量共同推进城区建设。四是有利于协调各功能区之间的关系。

2. 推进五大功能区建设

在崇文区空间发展过程中，功能分异的趋势越来越明朗。"十五"以来，崇文区着重推进"王"字形经济磁场、龙潭湖体育产业园区、永外商贸区三大功能区建设，并取得了初步成就。应继续按照功能区建设的思路，积极推进"王"字形经济磁场、龙潭湖体育产业园区、永外商贸区、天坛及周边旅游文化区、东北部宜居社区等五大功能区建设，把"都市文化休闲区"的功能定位分解落实到各个功能区，并进一步明确各个功能区的发展条件、功能定位、发展方向和产业选择，打造好"宜居、宜商、宜娱"精品城区。

3. 优化产业结构

考虑到崇文区目前的空间格局和经济社会发展现状，必须充分重视产业结构调整在空间结构优化目标实现过程中的作用。

优化产业结构的首要任务是加快三大产业的发展：

（1）文化旅游产业发展方面。崇文区应当着力整合现有资源，重新合理配置，强调发挥集群效应和名牌效应，继续利用天坛对游客的吸引力的同时，全力打造前门和鲜鱼口这些新的旅游品牌；同时应当依托旅游产业，充分发掘深厚文化底蕴，推进文化产业发展，实现文化旅游产业的转型增效。

（2）商贸服务业方面。崇文区应当充分利用传统老字号云集的优势，大力发展传统京味商贸、餐饮业；进一步推进目前已经具有一定影响力的崇外大街的发展，增强崇外大街在北京现代商贸服务业中的领先地位；加快永外商贸功能区的建设，形成专业化的具有区域影响力的体育文化用品和传统工艺品专业市场。

（3）体育休闲产业方面。崇文区应当加快运动休闲设施建设，引进具有吸引力的"新、奇、特"项目，打造京城运动休闲的第一品牌；更加注重体育服务业载体和区域的标志性建筑建设，为体育商务和产业总部入驻以及体育资讯、研发等机构的发展提供必要空间；制定必要优惠政策鼓励体育中介、体育信息、体育彩票等体育服务行业的发展。

此外，崇文区产业结构调整，还要适当鼓励都市型工业的发展——这不但是充分利用闲置公建的要求，也是充分发挥崇文区在传统手工艺制造等方面的优势的要求。在这方面，首先要充分发挥百工坊和珐琅厂的作用。应当加快百工坊建设，使其真正成为中国工艺美术传承创新的基地，业内人士竞争交流的平台，精湛技艺传导和展示的"活博物馆"。应当转变经营观念，引进经营管理人才，并在产品样式、工艺改进和市场开拓方面做出更多探索，加快珐琅厂发展。其次，传统手工艺制造业发展，还应当适应需求灵活多样的市场特征，满足游客"猎奇"心理，走"前店后厂，上店下厂，兼顾旅游观光"的发展模式，在前门地区建设传统工艺"前店后厂，上店下厂"集中展示街。需要指出的是，崇文区发展都市工业还包括鼓励中西药制造业的发展。"十一五"期间，崇文区应当鼓励企业改进制药工艺、提高产品科技含量和附加值，减少污染物排放。

4. 加快危旧房改造

当前，崇文区的危旧房改造任务已经完成了将近85%。"十一五"期间推进危旧房改造的任务仍然艰巨。加快危旧房改造，不仅是降低人口密度，改变城区面貌的需要，也是拓展发展空间、加快社会经济发展的需要。

"十一五"期间的危旧房改造工作一定要注意处理好以下三对关系：一是危旧房改造与历史遗存和传统风貌保护的关系。危旧房改造必须采取灵活多样的方式，对城市规划严格要求保护的历史遗存和传统风貌，应当修旧如旧；对部分无需改造的区域，应当全力保护旧貌；坚决杜绝以危旧房改造为由破坏历史遗存和传统风貌。二是危旧房改造与降低人口密度的关系。危旧房改造必须与降低人口密度的思路相结合，继续坚持"人房分离"的思路和方针，按照北京市相关规定做好拆迁补偿工作，尽量采取货币补偿的方式，降低居民回迁比例。三是危旧房改造与产业发展的关系。危旧房改造必须为产业发展创造更多的空间，必须为产业载体和孵化器建设创造条件。

"十一五"期间，应当积极创造条件，加快金鱼池二期、宝华里一期、广渠门外南街、望坛、弘善家园等危改项目。

5. 发展地下空间

城市土地资源的稀缺性与土木建筑技术的进步，使人类对于土地的利用扩及于空中和地下，这就是土地的立体利用。地下空间的开发是改善城市环境、缓解城市交通、保障人防安全等最有效的措施，也是大城市发展的必由之路。崇文区作为一个"袖珍"城区，地下空间无疑是其宝贵资源。崇文区不但可直接利用的土地资源有限，而且有限土地资源上的建设也受到诸多限制（如建筑高度等）。因此，崇文区还必须尽可能开发地下空间。

目前，北京市并没有地下空间开发的统一规划和考虑，崇文区应该率先进行地下空间开发的考虑，主要思路包括：一是制定一部覆盖全区的地下空间开发统一规划，与地上空间开发规划有机结合，作为城区控制性详细规划的组成内容，指导全区地下空间开发活动。二是地下空间开发规划要有所侧重，"王"字形经济磁场、环天坛周边地区要有面上的地下空间开发规划；其他功能区要有点上和线上的地下空间开发规划。三是积极利用和改造现有设施开发地下空间。

**二、案例二：都市圈空间发展战略规划实施研究——以北京市为例①**

（一）北京城市空间发展的历史过程

1. 历史上以"皇城文化"为特色的三重圈层结构

北京是举世闻名的古都，建城历史超过 3000 年，建都历史超过 800 年。今天北京旧城区的空间结构，萌芽于金代，奠基于元代，形成于明代，完善于清代。作为金中都，基本仿照了宋都汴梁的规制，城池呈三重结构，即大城、皇城和宫城，元大都仍然取宫城、皇城、大城三重结构，明代对元大都进行了改建，主要有五项内容：（1）收缩北部，微扩南部；（2）重建宫城——紫禁城；（3）设置制高点——景山；（4）建设永定门，延长中轴线；（5）在城郊四周建造皇家祭祀建筑。经过改造后的北京城，严明了空间秩序，突出了皇权至上的主导思想。清代，基本上维持了明时期的城池格局。

2. 20 世纪 50 年代的"分散集团式"空间结构

新中国定都北京后，开始了大规模的城市建设，提出了"变消费城市为生产城市的口号"，在旧城区全国政治和文化中心职能的基础上叠加了

---

① 本部分内容为《"十一五"期间北京市空间发展战略规划实施研究》的部分成果，参加本项目研究的还有单菁菁、李健、黄顺江、孟雨岩、李红玉、李庆、朱光辉等。

生产城市等职能，并将其规划布局在旧城区的周围（现今四环至五环路之间），形成了十大边缘集团。与此同时，对旧城区进行了大规模改造和扩建，形成了独具魅力的"分散集团式"空间结构。

3. 20 世纪 80 年代的"单中心"空间结构

20 世纪 80 年代进入了改革开放的新时代。在以"经济建设为中心"思想的指导下，北京依托首都政治和文化中心的优势更加突出，城市的经济功能进一步得到加强，反映在地域空间上，就是中心大团加速扩展，十大边缘集团也有不同程度的扩展。中心大团与十大边缘集团的空间距离越来越近，"分散集团式"空间结构几近消亡，表明北京的城市空间结构是一种"单中心"结构。

4. 20 世纪 90 年代以来的"多中心"发展态势

20 世纪 90 年代以来，北京城市功能空间开始发生结构性的调整。这种调整主要是由四种因素推动的：一是经济结构的升级和转型。如产业"退二进三"，新型的商务中心崛起。二是住宅的商品化促进了房地产业发展。三是旧城危改加快了旧城区内功能结构的调整。四是郊区（县）的开发区建设和地方工业的迅猛发展。这四方面因素推动着市区中心大团规模的扩张和功能结构的调整。中心大团的范围由四环内向四环外发展，城市功能也从逐步由生产型向服务型转变，郊区（县）的功能也逐步由农产品生产基地转变为北京重要的制造业基地。

与空间经济变化相伴随，人口布局也发生了显著的变化。中心大团的人口不断向郊区（县）迁移，出现了类似西方发达国家的人口郊区化现象。这些情况说明：20 世纪 90 年代以来，北京已悄然出现了"多中心"的发展趋势。

5. 21 世纪初城市空间发展的新趋势

21 世纪初，北京城市空间发展又出现了一些新的趋势：一是随着经济全球化的进展和中国加入世界贸易组织，国内和国外两个市场逐步接轨，国际上的跨国公司纷纷到中国开拓市场，由此推动了北京国际商务功能的迅速成长。二是总部经济迅速崛起。为了应对经济全球化的挑战和高效地获取信息资源，国内许多企业公司总部迁来北京，将进一步强化北京的商务功能。三是成功获得 2008 年奥运会举办权，使北京成为国际商界备受关注的城市，将为北京带来更多的发展机会，北京的国际商务功能进一步增强。同时，奥林匹克公园及相关场馆设施的建设，也会拉动城市重心进一步北移，并促进体育休闲产业的大发展。四是轨道交通的加速发展使郊区开发进入活跃期，郊区城镇建设将进入黄金时代。五是经济社会发展水平的进一步提高和中心城区商务成本的持续攀升使人口郊迁更加主动，中心城区附加值较低的传统产业向郊区扩散的趋势更加明显。这些变化说明，北京城市功能将进入一个新的转型期，"多中心"的发展趋势将得到进一步加强。

（二）城市空间发展中存在的问题和矛盾

1. 城市发展与资源、环境的矛盾

北京的优势是智力资源，劣势是土地资源、水资源和能源资源。北京适合城市建设的用地空间少于天津和上海。北京是严重缺水的城市，地下水超采，地表水依靠南水北调。北京是高耗能城市，能源消耗量仅次于上海，电力、石油、天然气、煤炭等能源资源绝大多数需要其他地区支持。作为首都，国家对北京的生态环境有特殊的要求。资源和环境的约束是刚性的，而发展是无限的，这对矛盾将长期存在。

2. 中心城区重心北移与城市扩展主方向不一致的矛盾

自1990年北京举办亚运会以来，中心城区的重心一直在北移，三方面的因素发挥了重要作用：一是高新技术产业的迅猛发展和中关村高科技园区建设；二是人们崇尚上风上水的迷信心理和房地产的过度开发；三是大规模的体育场馆设施建设带来的高质量的基础设施。

北京的北部和西部是山区，东部和南部是平原，城市扩展的主方向是东南部扇形平原。重心北移不仅对北部山区的生态环境保护造成严重压力，而且偏离了城市扩展的主方向，与天津的距离越来越远，不利于两城市形成合力共建国际大都市和世界城市。

3. 中心城区功能过度聚集与郊区功能过分分散的矛盾

作为首都，城市功能要比一般大城市多，而且也复杂。由于北京是依托旧城逐步发展起来的，这些功能自然会主要集中在中心城区。目前这些功能可以分成三个层次：第一个层次是服务于全国的政治、文化、科技教育、国际交流、体育、医疗卫生、新闻传媒、交通、旅游等功能，以中央各大部委及其直属机构的职能为代表；第二个层次是服务于北京市域的行政管理职能，以北京市委、市政府及各职能委办局的职能为代表；第三个层次是以上两个层次的延伸功能，包括居住、购物、娱乐、餐饮、休闲服务、中介服务等等。这些功能叠加在中心城区，不断派生出新的延伸功能，像滚雪球一样不断膨胀。与此形成鲜明对照的是，郊区的功能十分简单，其服务对象多为本区（县），服务于全市或者全国的功能少之又少，而且这些功能布局分散，形不成合力，无法主导郊区（县）的发展方向。这两方面的原因导致一系列问题的出现：一是交通拥堵，二是人居环境质量下降，三是郊区发展无序，四是城乡差距拉大。

4. 旧城改造与保护古都风貌的矛盾

北京是世界著名古都和历史文化名城。由于特殊的历史原因，北京现代化城市的建设与古都城市的遗存在空间上是高度重合的，由此而产生了长期以来保护与发展的尖锐矛盾。新中国成立以来，北京的城市建设一直是围绕旧城区展开的。虽然一直强调保护历史文化名城，并使世界级、国家级文物保护单位的单体建筑或建筑群体得到了较好的保护，但市级、区级文物保护单位的保护对象经常受到拆迁等开发活动的威胁，而且保护资金也比较匮乏。古都城市的整体风貌和空间肌理受到很大破坏，承担各种城市新功能的建筑群体和设施正在成为城市建筑风格的主流，历史文化名城实际上已经被淹没在现代化大都市之中。

5. 大都市骨架与大都市功能的矛盾

目前北京基本上建立起大都市的骨架，其标志是：交通体系日益完善，城郊联系日益便捷；人口郊迁渐成趋势，产业扩散日益明显。但是，大都市功能尚不能完全与之匹配，主要表现在：第一，在城市中心区高级服务业的发展空间不足，难以提升城市的整体竞争能力和首都在世界城市体系中的战略地位；第二，郊区（县）的功能不能适应大都市的发展要求，不同功能区也缺乏协调机制；第三，支撑大都市发展的资源和环境条件没有整合，大都市的整体运行效率有待提高；第四，人口郊迁缺乏配套的社会服务设施，就业机会不足。

（三）城市空间结构优化的战略框架

1. "两轴、两带、多中心"空间战略的含义

新一轮北京城市总体规划修编，提出了"两轴、两带、多中心"的空间结构战略。所谓"两轴"，指长安街及其延长线为横轴，北京中轴线为纵轴；"两带"指西部生态带和东部发展带。"多中心"指除城市中心区以外，还要规划建设副中心和新城，疏解城市中心区的部分功能。

2. "优化市区、发展平原、涵养山区"经济战略布局与"两轴、两带、多中心"空间战略的相互关系

（1）"优化市区、发展平原、涵养山区"经济布局战略是对北京未来

经济战略布局调整的行动纲领

北京城市中心区不仅承担了全部首都职能，而且还创造了北京 GDP 的绝大部分份额。平原区县尽管发展速度很快，但与城市中心区的差距明显。山区区县属于生态脆弱区和水源涵养区，发展经济的限制因素较多。北京建设国际化大都市和世界城市，不能完全依靠城市中心区，而应该发挥市区、平原、山区各自的比较优势，发展各具特色的产业，形成市区、平原、山区连动机制，从而为市区产业升级开辟空间，为平原发展创造机会，为山区涵养减轻经济压力。"优化市区、发展平原、涵养山区"经济布局战略是北京市发展和改革委员会把握市域产业布局变动规律和"市区人口要郊迁、山区人口要下山、平原人口要发展"这样一个人口布局变动规律后提出的调整北京经济布局战略的行动纲领。

（2）"优化市区、发展平原、涵养山区"经济战略布局与"两轴、两带、多中心"空间战略的实质其实是一样的

"优化市区、发展平原、涵养山区"经济布局战略是从经济布局角度提出来的，"两轴、两带、多中心"空间战略则是从空间结构角度提出来的。仔细分析两者的内涵，发现二者并不存在本质上的差别，只不过分析的角度不同而已。之所以要优化市区，是因为市区功能太集中，产业太集中，人口太集中，就业机会太集中，已达到了市区功能无法正常运转的地步，出路是疏解功能、优选产业、合理布局，这与"变单中心结构为多中心结构"的内涵是一致的。发展平原是因为平原地区有很大的人口和产业承载容量，可以为北京的 GDP 创造作出更大的贡献，这与副中心和新城很大部分规划在平原地区的想法是一致的。涵养山区与西部生态带的规划理念也是不谋而合的。

（3）"两轴、两带、多中心"空间战略的实施需要"优化市区、发展平原、涵养山区"经济布局战略的有力支撑

"两轴、两带、多中心"空间战略是对北京未来理想空间结构的一种预期，究竟能否落到实处，还要产业和人口布局的战略调整来实现。空间战略是一种形式或者一种骨架，经济布局战略则是内容或者填充物。以往北京城市空间战略之所以实施的不甚理想，关键是没有与经济布局战略相匹配，导致形式和内容脱节，或者骨头与肉分离。"两轴、两带、多中心"空间战略能不能实施，或者实施的效果如何，关键要看"优化市区、发展平原、涵养山区"经济布局战略能不能与之匹配，或者在多大程度上能够给予其支持。

3."两轴、两带、多中心"空间战略需要细化和微调

根据国际大都市依托区域开拓城市发展空间、建立多中心的空间结构、建设新城、轴线发展、强化国际功能、扩大城市绿色空间以及保留城市文化传统的经验和北京城市发展内在因素与功能分区研究，需要对"两轴、两带、多中心"空间战略进行必要的细化和修正。笔者认为，沿"两轴"扩展，聚焦点还在中心城区，既不符合国际大都市扩展的经验，也会造成中心城区更大的交通拥堵，应该"虚化"两轴。"两带"的划分也需细化，西部生态带应包含北部生态涵养区，应调整为横跨北部和西部的"生态发展带"。东部发展带的划分也有可商榷之处，舍弃了昌平区的平原地区及大兴区缺乏依据，应该调整为贯穿昌平平原区、顺义、通州、亦庄、大兴的"新城发展带"。所以，我们建议将"两轴、两带、多中心"空间战略微调为"一核、两带、多中心"空间战略，并且应该把该战略放在京津冀都市圈的空间战略框架下。

在这个空间战略框架下，可以把北京市域 18 个区县所覆盖的地域范围划分为三大功能区：（1）城市服务核心区，包括东城、西城、崇文、宣武四个区以及具备城市服务核心区部分功能的朝阳、海淀、丰台的一部分，主导功能是发展第三产业。（2）城市功能拓展区，是首都城市功能由中心城区向郊区扩展的主要地区，又可细分为四个子区：A 北部发展区，包括海淀的一部分，昌平的平原地区，可构造海淀—昌平合作发展环。B 东部发展区，包括朝阳的一部分，通州、顺义的全部，可构造朝阳—通州—顺义合作发展环；C 南部发展区，包括丰台的一部分，大兴的全部，可构造丰台—大兴合作发展环；D 西部发展区，包括石景山区，房山区和门头沟区的平原地区，可构造石景山—房山—门头沟合作发展环。（3）生态涵养区，包括平谷、密云、怀柔、延庆四个区（县）以及昌平、房山、门头沟三个区的浅山和山区部分，是首都生态安全的屏障。

（四）城市空间结构优化的战略思路

1. 立足于城市功能分区，以产业、人口、交通"三结合"作为空间结构优化的突破口

产业布局、人口变动是城市空间结构变动的内在因素，交通设施是城市空间结构变动的必要条件。抓住了产业布局、人口变动的主动权，并配套相应的交通设施，就是抓住了城市空间结构调整的主导权。要使空间结构调整的战略意图能够实现，必须实现产业、人口和交通的"三结合"，

以形成合力。有产业而没有人口，充其量只是一个产业聚集区；有人口而没有产业，不过是一个"卧城"，产业聚集区和"卧城"都不可能脱离"母城"而独立存在，只能带来过量的通勤流，反而加剧了母城的交通压力。调整北京的城市空间结构，以产业、人口和交通"三结合"作为突破口是有效途径。

这就要求根据城市功能分区确定各个区县的主导职能和产业发展方向，发挥政府的宏观调控作用，特别是对产业布局调整和交通等基础设施配置的基础作用，并构筑产业、人口和交通"三结合"的发展区，以此作为城市空间结构调整的突破口。

2. 立足于京津冀都市圈调整产业布局，优化区域空间结构

京津冀都市圈包括北京、天津、唐山、保定、廊坊、张家口和承德，历史上称为京畿地区，是受北京直接影响的地区。尽管北京与天津、河北在经济发展中的互补性很强，但较长时间以来北京的产业规划和调整却始终走不出内部循环的路子。北京与天津、河北一直没有建立起合理的产业分工体系，区域产业链条断裂，水平分工难以实现，结果造成：一方面，北京的经济要素聚集过度而影响了首都功能的正常发挥；另一方面，也使得京津冀都市圈区域经济发展水平落后于长三角和珠三角地区。

北京的城市职能是全国政治、文化和科技中心、经济调控和管理中心、国内国际交往中心。北京的优势是发展第三产业，成为知识经济、教育、文化产业和信息服务、高技术研发以及为高级生产者服务的基地，商务、商贸、高端生产性服务业中心，劣势是水土资源稀缺。作为首都，对生态环境更有特殊的要求；北京应该拿出勇气和决心，凡与城市职能相矛盾的产业，决不在北京市域发展；已经在市域发展的，也应该逐步压缩规模，甚至调整到市域以外地区发展。我们认为，占地多、耗水多、污染大、运输量大的产业，比如钢铁、石化、电力、水泥等能源原材料工业不适合在北京市域发展，对已经存在的这些产业，应该逐步压缩规模，决不继续上马新的项目。通过产业布局调整，使北京的城市空间结构与京津冀都市圈区域空间结构相协调。

3. 立足于北京市域调整产业布局，优化市域空间结构

北京市域面积16800平方公里，其中山区面积2/3左右，平原面积1/3左右。行政区划为18个区县。各个区县都有自己的比较优势，应该按照

地域分工原则，在产业选择上有所侧重。针对市区经济功能过分集中和郊县经济功能过分分散的现状，要着眼于北京市域调整产业布局，以利于"多中心"城市空间结构的形成。市区要保证首都政治和文化中心功能的发挥，要为高级服务业的聚集提供充足的发展空间；郊县要重点发展首都政治和文化中心功能的延伸产业和支撑产业，比如可以与市区高级服务业实现空间分离的第三产业，无污染、占地较多、运输量不大、附加值较高的制造业和高新技术产业中的制造业部分。同时，对郊县已有地方工业和乡镇企业实行重组，力争实现工业园区化，并与城镇建设实现有机的结合。通过市域产业布局调整，使市区空间结构与市域空间结构有机衔接。

4. 立足于北京市区调整产业布局，优化市区空间结构

北京市区城市功能和产业布局存在严重的"北重南轻"，导致市区不断北移。若以长安街为界，则北部云集了中央国家机关、北京市直机关、金融街、西单商业区、王府井商业区、CBD、科研机构、高等院校、大型体育设施、外国使馆等，而南部除了密集的普通居民、小型企业和服务设施外，鲜有重量级的城市功能和产业支撑。需要调整市区功能和产业布局，平衡南北城发展关系。而且，南城是北京联系中原、华中、华南地区的窗口，有条件承担首都的某些功能，接纳适合首都特点的某些产业。应该在市区范围内，平衡各个区的发展关系，合理调整城市功能和产业布局，把北京大都市的核心区建设好。

（五）城市空间结构优化的战略举措

1. 优化城市服务核心区的城市功能

（1）功能定位

城市功能过分集中带来了一系列弊病，比如交通拥挤、人口过密、人居环境质量下降、保护历史文化遗产和古都风貌的任务加剧、行政办事效率降低等。要有效地解决这些问题，必须对城市服务核心区的功能重新进行界定。

笔者认为，作为首都北京的核心地区，城市服务核心区应该最大限度地体现首都职能，为此必须具备的功能是：

◆国家行政管理中心

◆国家文化事业中心

◆国家国际交往中心

◆国家信息中心

与首都职能高度相关，可以实现疏解的功能有：

◆国家教育中心

◆国家科学研究中心

（2）需要疏解的功能和迁出的产业

那些与城市服务核心区功能定位关系不大的功能和产业应该疏解。具体如下：

——居住功能。通过旧城改造和产业搬迁，适度降低人口密度。特别需要引起注意的是旧城改造中高密度住宅建设引起的人口再次聚集现象。

——流通功能。两个功能最大的火车站北京站和北京西站都位于城市的主轴线长安街附近，造成大量中转人流和车流不管去往何处都要从市中心经过，大大加重了城市中心的交通负荷，因此，长远来看该区的流通功能必须疏解。

——传统制造业功能。该区内仍有许多传统的制造业工厂，既造成城市空间的混乱和拥挤，城市土地的低效利用，同时也不利于这些工厂的进一步发展，因此，绝大部分工厂毫无疑问应该迁出该区，到发展条件更好的新城集中发展。

——部分优质基础教育和部分高等教育功能。由于北京市的中小学名校、重点大学大多分布在该区，郊县很少，造成许多居住在郊县的学生的远距离就学。这不仅给学生和家长带来极大的不便，而且加大了通勤高峰时期的交通压力。应积极鼓励部分中小学名校和重点大学在郊县选择新址发展或者建立分校。

——部分优质医疗卫生机构。著名医疗卫生机构都云集在该区。应积极鼓励著名医疗卫生机构在郊县选择新址发展或者建立分部。

——大型批发市场、大型仓储式连锁超市和部分大型博物馆、展览馆、体育馆。这些大型设施具有很强的聚集人流的作用，很容易造成交通拥堵。应限制其扩大规模，并逐步迁出该区。

——首都功能的延伸产业。那些属于首都政治和文化中心范畴，可以远离该区的产业，如印刷、包装、出版业，教育培训业，高科技产业中的制造业部分，大型会展业等。

——北京市行政管理职能。北京市行政管理的职能应该服从于首都功能，没有必要与首都政治和文化中心功能重叠布局在该区，完全有可能脱离该区布局。

（3）需要加强和保留发展的产业

需要加强发展的产业是高端服务业，具体如下：

——信息产业。充分利用市区人才密集和信息灵通的优势，大力发展信息产业。

——文化产业。充分利用政治和文化中心的优势，大力发展文化产业。

——总部经济。积极吸引大型跨国公司将地区总部设在该区，国内大型企业将公司总部也设在该区。

——金融、保险业。利用银行、保险公司云集的优势，扩大产业规模，提升服务水平。

需要保留发展的产业：商贸、餐饮、基础教育、医疗卫生、文化休闲等基础服务业。

（4）城市功能分区与布局

旧城区（四个老城区）：全国性的政治、文化中心和旅游服务中心

核心区西北部：全国性的教育、科研中心，高新技术产业的孵化基地

核心区北部：以奥林匹克公园为中心的体育、文化、会展区

核心区东北部：北京的电子信息产业基地

核心区东部：服务于全国的国际交流中心以及以北京CBD为中心的国际商务区

核心区东南部：北京的高新技术产业基地

核心区南部：北京的物流产业区

核心区西部：北京的休闲、文化、娱乐区以及部队驻地

2. 大力发展城市功能拓展区

（1）功能定位

城市功能拓展区位于城市服务核心区的外围，是城市功能拓展和新城建设的主要地区。

根据该区的比较优势，确定该区的功能定位是：

◆首都功能延伸区

◆现代制造业发展区

◆市区人口扩散区

◆山区人口聚集区

◆新城发展重点区

（2）产业选择的原则

——与城市服务核心区协调发展的原则。城市功能拓展区的产业要与城市服务核心区的产业有关联效应，从而使两大功能区的发展建立起协调发展的机制。

——发挥比较优势的原则。城市功能拓展区有不同的功能分区，各个功能分区具有不同的发展条件，应该按照比较利益的原则，确定各个发展区的发展方向和主导产业。

——相对聚集的原则。城市功能拓展区的产业选择要注意发挥聚集效益，构建产业密集区，做到"工业进园区，三产进社区"，并与人口进新城的趋势相匹配。

（3）产业选择的方向

根据该区的功能定位，并考虑新兴产业发展和城市服务核心区需要搬迁扩散的产业，确定该区可供选择的产业如下：

——都市农业。利用水土资源相对丰富、交通相对便利、距离消费市场较近的比较优势，发展都市农业，包括蔬菜业、花卉业、肉蛋奶生产及加工业等。

——绿色食品加工业。利用水土资源相对丰富、交通相对便利、距离消费市场较近的比较优势，发展绿色食品加工业，包括茶叶加工业、食品加工业、饮料和酒类加工业、调味品加工业等。

——科技、教育、文化培训业。利用首都政治、文化中心的地位和人才密集的优势，大力发展那些占地面积相对较大，需要封闭运行的科技、教育、文化培训业。

——印刷、出版、包装业。利用首都政治、文化中心的地位和传媒业（包括出版社、杂志社、报社、多媒体制作公司、影视公司等）发达的优势，发展成为印刷、出版、包装业的生产基地。

——大型会展业。利用首都政治、文化、交通、国际交往中心的地位，发展那些占地面积较大的会展业，如汽车展览、家具展览、机械设备展览、飞机展览等。

——现代制造业。利用首都科教优势和人才优势，以开发区为载体，大力发展现代制造业特别是现代制造业中技术密集环节，如交通运输设备制造业特别是汽车制造业、装备工业以及电子信息业、光机电一体化产业、生物工程和新医药产业、新能源和新材料产业等高新技术产业中的制造业部分。

——住宅房地产业。抓住城市服务核心区人口郊迁和外来人口聚集的机遇，大力发展住宅房地产业及其延伸的物业管理业和为居民生活服务的其他服务业。

——物流业。利用位于首都对外交往前沿的地缘优势，大力发展物流业，包括交通运输业、仓储业以及为物流业服务的金融业、电信业等。

3. 严格保护生态涵养区

（1）功能定位

生态涵养区是北京市需要限制开发、适度发展、加强生态保护的地区。根据该区的比较优势，确定该区的功能定位是：

◆首都的生态屏障区

◆首都的水源涵养区

◆首都的休闲、度假、旅游区

（2）产业选择的原则

——与生态环境相适应的原则。生态涵养区的产业选择必须充分考虑保护生态环境的特殊要求，严格坚持保护生态环境这条底线，积极发展环境友好型产业。

——有所不为，有所为的原则。生态涵养区的各个行政区不能与承担其他功能的行政区攀比，在产业选择上必然要受到诸多的限制。应该坚持有所不为，有所为的原则。即使 GDP 增长受损，也应该承认其对全市的贡献。

——适度发展的原则。鉴于产业发展受到诸多的限制，生态涵养区应该坚持适度发展产业的原则，避免产业规模过大对生态环境造成不良的影响。

（3）产业选择的方向

生态涵养区不同于城市功能拓展区，在产业选择上受建设用地开发成本、交通条件、生态保护、水源涵养等因素的限制。根据该区特点，确定三种产业导向性建议：

一是鼓励积极发展的产业：包括林果业、养殖业、旅游业、教育文化产业、休闲度假产业、现代商业、无污染的都市型工业等。

二是允许发展的产业，即无污染、耗能少、耗水少、占地少的高新技术产业中的制造业部分。

三是限制或禁止发展的产业，即以高耗能、高耗水、占地多、污染重、附加值低为特征的传统制造业。

# 第五节　都市圈战略规划的实施

## 一、都市圈战略规划实施的体制构建

（一）发挥政府在都市圈战略规划实施中的主导作用

1. "市场失灵"与政府作用

在当今世界，市场机制已经成为人类配置资源的基本方式，"看不见的手"正发挥着越来越重要的作用。但由于信息的不对称、垄断、外部性、公共物品的存在、人类的贪婪等原因致使市场机制的资源配置作用不能有效发挥，产生所谓的"市场失灵"。市场失灵的存在是政府干预的理由。

都市圈战略规划的目的，是保护公共利益，抑制过度膨胀的私人利益；保护整体利益，抑制过度膨胀的局部利益；通过合作，实现区域共赢。可见，都市圈战略规划的实施，不能完全寄托于"看不见的手"，要有效地发挥政府的作用。

2. "政府失灵"与市场作用

中国在计划经济时期，行政命令是配置资源的基本方式。在"国家利益至上"和"全国一盘棋"思想的指导下，地方利益和个人利益得不到尊重，致使经济运行效率低下，都市圈发展受到了严重制约。可见，政府取代市场配置资源也不是我们要追求的目标。"政府失灵"与"市场失灵"同样可怕。这也正是我国进行市场化改革的依据。

3. 中央集权与地方分权

中央集权指一切权力高度集中于中央政府。改革开放前，中国曾经实行过高度集权的计划经济体制，确保了国家的整体利益，实现了地区的均衡发展。但是，压制了地方政府的积极性，实现的是低水平的均衡发展，牺牲的是都市圈的形成和发展效率。改革开放以来，中国一直在向地方政府分权，极大地发挥了地方政府的积极性，催生了一大批都市圈。但是，不恰当的分权造成了地方政府的权力过度膨胀，重复建设不断，区域合作难以推进。为了加强宏观调控，最近几年中央政府又通过部门垂直领导或者收回行政审批权力的办法收回部分已经下放的权力。可见，中央集权与地方分权是一对相互制约、相互对立的矛盾。都市圈战略规划的实施，要有效地寻找到中央集权与地方分权的最佳结合点。

4. 政府主导与市场基础

都市圈战略规划的实施，是市场竞争无法解决的问题，必须发挥政府的主导作用。但是，政府发挥主导作用，并不能否定市场机制的基础作用。这里要对政府作用的空间与市场作用的空间有明晰的界定，凡是市场竞争可以解决的问题，政府就没有必要进行干预；凡是市场竞争无法解决的问题，政府必须介入。政府的职能定位是关键。还有，中央政府与地方政府实现合理分权也是必要的，凡是地方政府可以自我妥善解决的问题，没有必要中央集权；凡是地方政府无法妥善解决，必须由中央政府出面解决的问题，应该实行中央集权。再次，中央政府还应该建立有效的机制促使地方政府进行区域合作，解决共同面临的区域问题。

（二）借鉴西方国家都市圈治理模式

1. 西方国家都市圈治理的总体情况

自 20 世纪初，欧美城市化高度发展，特大城市集聚区逐渐增多，城镇间以及城镇与其所在区域间许多问题需要共同解决，因此各种大都市区域行政管理机构应运而生。世界上成立比较早的是多伦多大都会自治体，1965 年伦敦设立了大都会区政府，创设了大伦敦委员会（GLC）。到了 70 年代中期欧洲城镇群体发展地区普遍设立了区域政府或实行了区域行政制度，如荷兰鹿特丹大都会的 Rijinmond 区域协议会（1964）、荷兰海牙大都会区域协议会（1973）、丹麦大哥本哈根议会（1973）、瑞典的大斯德哥尔摩县议会（1972）、德国的法兰克福区域联合体（1975）、法国的巴黎大区（1976）、法国的里尔城市共同体（1960）、西班牙的马德里大都会地区计划协调委员会（1963），等等。这些为对付日益严重的城镇—区域问题而创立的大都会制度及其建立的政府性质的机构是不尽相同的，其中，既有像巴黎大区那样带上了国家机关性质的，也有像大哥本哈根议会那样由组成自治体的间接代表组成的政府，或像法兰克福区域联合体那样由居民代表组成的政府，还有像海牙的区域协议会那样通过组成自治体之间的协定设置的协议机关。这些大都市区域进行的行政组织与管理模式的探索和实践，积累了不少宝贵的经验教训，值得我们借鉴[1]。

---

[1]　张京祥、刘荣增："美国大都市区的发展及管理"，《国外城市规划》2001 年第 5 期，第 6—8 页。

2. 美国大都市区治理的典型模式①

（1）纽约大都市区松散、单一组织的治理模式

纽约大都市区由纽约州、新泽西州北部及康涅狄克州南部地跨三州的24 个县组成，总人口 1800 多万，是世界上最大的城市密集区之一。曼哈顿是纽约大都市区的核心。早在 1898 年纽约就和它周围的 4 个县联合组成了大纽约政府，但直至今天，也没有形成统一、具有权威的大都市区政府，这既因为三州具有不同的政治传统，政治上偏于保守，崇尚民主自由反对过多的行政干预的原因，也因为郊区经济快速发展而造成区域内各级政府高度分化的现实。在这个地区虽然没有形成统一而具有权威的大都市区政府，但仍然存在着一些有限度的区域合作。如 1921 年纽约和新泽西州联合成立的港务局（Port Authority. P. A.），至今仍操纵着区域内多数交通运输设施，包括机场、桥梁、通勤线和海港设施，P. A 的 12 名委员由两个州的州长任命，财政上则是独立的。1929 年成立的区域规划协会（The Regional Plan Association，RPA）只是一个私人的非盈利团体，因而无任何行政职能。1971 年由 3 方政府成立的 3 州区域规划委员会由于没有得到区域内各地方政府的认可而最终在里根政府时瓦解。成立于 20 世纪60 年代的纽约大都市运输局（The New York's Metropolitan Transit Authority，MTA）历经千辛终于在 20 世纪 80 年代成为州政府直接控制的区域性协调机构，建立了相对良好的外部环境。此外，针对一些具体的区域性问题，如供水、排水、垃圾处理等，各种专门的协调组织也在不断产生、变化以及消亡，在纽约大都市区展现的是一种松散而无统一的行政主体，以专门问题性的协调组织运行为主的管理模式，它反映了美国政治文化传统：强调地方政府的联合行动，以处理不同领域的各类问题，它们可以通过各种共同建立的专门机构去处理区域问题、管理大都市，但不去建立一个管辖全部区域事务的大都市政府。即只建立管理体制，不愿意建立政府体制，两者的脱节是造成大都市区组织调控缺乏力度的重要原因。

（2）华盛顿大都市区统一组织的治理模式

华盛顿大都市区包括哥伦比亚特区（核心区）及马里兰州、弗吉尼亚州的 15 个县市，在美国大都市中人口规模排名第四。华盛顿大都市区的区域合作比美国多数大都市区更进一步，形成了统一正规的组织——华盛

---

① 张京祥、刘荣增：“美国大都市区的发展及管理”，《国外城市规划》2001 年第 5 期，第 6—8 页。

顿大都市委员会（MWCOG），这与其作为联邦首府所在地而受到相对强烈的政府调控影响和成员政府间具备较强合作意识有密切的关系。MWCOG组建于1957年，目前已发展成为包括18个成员政府、120名雇员、年预算1千万美元的统一正规组织。其财政来源于联邦和州的拨款（60%）、契约费（30%）、成员政府的分摊（10%）。MWCOG的职能众多，从交通规划到环境保护，解决了许多公众关注的区域问题。虽然它亦是一个没有执法权力，由县、市政府组成的自愿组织，但由于其较好地解决了区域问题并为成员带来了实质的利益，因而是一个相对稳定的联合形式，其对成员的主要作用体现在以下两个方面：

一是将联邦和州拨款分配给它的成员。联邦法律长久以来要求交通、住房和环境拨款通过区域组织予以分配，不参加这些组织的地方政府没有资格获得拨款，这是一种自上而下的干预作用。MWCOG现在每年可直接分配仅使用于区域公路设施建设的资金大约就有25亿美元，其利用环境经费的分配权组织成员单位对波多马克河的治理，使污染物减少了90%。

二是为成员提供跨地方的服务。除一些区域性的社会、基础设施共同享用外，MWCOG提供给成员最切实的利益是通过其组织的合作性购买石油、天然气及其他公用设备，给成员节约了大量的费用。这反映了MWCOG的协调机制正从区域内普遍的交通、环境问题转向一定程度的经济合作，也表明MWCOG正在成为一个更具综合职能的实体性组织。

（3）杰克森维尔完全单层制大都市治理模式

杰克森维尔大都市区包括杜维尔、克雷、南索和圣约翰4县，而杰克维尔市与其所在的杜维尔县则完全合并形成了单层的大都市政府。合并前的市、县各自负责不同的事务，但互有交叉、效率很低，而在水、大气污染、垃圾处理、供电、交通、土地利用规划等区域问题上又面临着极大的矛盾，促使县市联合、共同处理所面临的区域问题。本着经济高效、管理高效、政治负责、社会、政治公平和减少地方政府数目的原则，1967年选民接受了市县合并，形成单一机构的大都市政府。合并不只是地域上的统一，而且也产生了长期的规模经济，据此降低了政府运行的成本。但这种管理模式在美国以及西方很多国家都是很难普及的。

（4）迈阿密地区双层制大都市治理模式

迈阿密位于佛罗里达州南部的戴德县境内，迈阿密大都市区包含了佛罗里达南部的3个县。由于第二次世界大战后城市急剧地向农村扩展，区域行政制度的设立成了必要的课题。1945 年试图把迈阿密市与戴德县统一起来的提议遭到了州议会的否决。而随后由于市县分制给双方政府带来的沉重负担与设施建设、使用的不经济状况的日益加剧，对迈阿密市和戴德县紧密合作的要求日趋强烈。在这种背景下，1957 年戴德县与迈阿密市形成了双层制的大都市政府——县（区域）内非城市地区的所有服务均由大都市政府（上层）提供，而 27 个自治市的公民接受他们所在市（下层）和大都市（上层）的双重服务，上层政府承担了少量的区域范围服务，资金来自整个大都市区范围的相关税收及那些非自治市地区的特别税，而下层政府承担了更具体的公共服务工作。这个双层制政府管辖与服务的面积是 5200 平方公里，总人口 192.8 万（1990 年）。政府领导机构由全体居民选出的 9 名理事组成，并且是双层制大都市政府的最高决策机构。在理事会下设有 8 个常任委员会，协调解决财政、政府间关系、交通、环境和土地利用、社区事务等各项工作。在以迈阿密市为中心的大都会中，还设置有南佛罗里达区域规划协议会、南佛罗里达水资源管理委员会等专门问题的协调性组织。而上层政府对道路、铁道、公共汽车、飞机场、港湾等区域性交通系统实施明确的一元化管理。目前正在努力谋求通过大都市土地规划法，这个法案要求地方规划与发展构想必须与大都市上层政府提供的综合规划一致，否则大都市上层政府有权终止地方规划。联合的双层制政府体制并不是严格的区域、城镇政府等级隶属制，在两个层次之间有明晰的分权。采取双层制结构体制是人们认识到了统一全地区所共有职能的必要性，而同时又希望能在地方性事务方面保存地方的和私人的经营与管理。由于它与大多数西方国家的行政管理体制及经济运行体制较为吻合，因而也成为西方大都市地区普遍采用的一种协调组织模式。

美国都市圈治理存在多种模式，各级政府在都市圈治理模式中的作用如何发挥，主要受以下因素的影响[①]：（1）强大的"地方自治制度"的传统使广大民众不愿意将太多的权利交给大都市政府；（2）联邦和州法律的有关规定；（3）政党、种族的矛盾和斗争；（4）具有"民主自由"精神选民的比例，反对干预的程度如何；（5）城郊之间利益的矛盾及均衡；（6）与其他城市谈判、合作的成效。前两个因素决定了地方政府不可能将

① 李廉水、［美］Roger R. Stough 等：《都市圈发展——理论演化、国际经验、中国特色》，科学出版社 2006 年版，第 125 页。

绝大部分的自治权利让渡给大都市区政府，后四个因素则决定了美国大都市区的治理模式各异，而且不断变化调整，各级政府的职能权利作用也不尽相同。

（三）构建有中国特色的都市圈规划实施体制

由于中国与西方国家在政治制度、文化传统和价值观念上存在不同程度的差异，因此西方国家大都市治理模式不能完全照搬，各级政府的职能定位、角色转换也不能不加改造地"洋为中用"，应有选择地加以吸收。

（1）都市圈治理模式不求同一化。中国正处在城市化的加速发展阶段，每个都市圈的发展水平不尽一致，历史、传统、民族、文化等方面也有较大差异，各地自然条件很不一样，出现的情况、问题多种多样。这就要求各个都市圈在选择治理模式、确定政府职能定位、划分都市圈政府和地方政府权利时，必须因地制宜，结合都市圈发展的实际情况，不搞"一刀切"，不求模式的"同一化"。既可以像西方发达都市圈那样成立跨界的联合组织，也可以建立都市圈一级政府，在高密度、发展水平比较一致的都市圈地区，也可以进行行政区划调整理顺地方政府关系。

（2）都市圈政府之间的职能分工要明确。美国大都市圈政府或联合组织提供的是地方政府无法提供的跨区服务，它与地方政府之间有明确的职能分工，它的存在并没有剥夺地方政府自治的权利，也没有削弱有关职能部门的作用。这对中国当前结合都市圈发展深化体制改革，形成科学合理的中央与地方、上级与下级的职能分工关系有着极强的参考价值。

（3）广大民众的意愿要尊重。西方都市圈治理模式的确定，都必须经过选民的公开投票决定。实践证明，这种程序的确定，可以有效地减少操作实施中的阻力。中国都市圈治理模式的选择，如何科学合理地划分公权和民权，值得关注。

（4）中央政府的适当介入必不可少。在美国，当地方政府高度分化、难以开展有效的区域合作时，自上而下的适当干预往往可以取得意想不到的效果。例如，通过环境保护的立法，要求一定范围的政府联合起来进行环境治理，进而推进这个区域的合作。或者，通过中央分配重大基础设施建设资金给都市圈政府或者组织来吸引地方政府加入区域合作，实施区域规划。当前，中国的地方政府拥有很大的权利，重复投资、重复建设的现象比较普遍。中央政府完全可以通过支持都市圈政府或者联合组织，强迫或者吸引地方政府加入，改变地方政府各自为政的行为，以保证都市圈的整体利益。

**二、都市圈战略规划实施的制度安排**

国内已经完成的都市圈战略规划，在规划实施的制度安排上各有特色，现列举如下：

（一）大北京地区规划研究（京津冀地区城乡空间发展规划研究)①

该研究提出以下几项制度安排建议：

1. 建立区域管制协调与合作机制

建议研究成立由国务院牵头，国家发改委、建设部、国土资源部等相关部委与北京、天津、河北等组成大北京地区规划建设委员会，发挥有力的、务实的区域协调功能。

2. 开展跨地区重大项目的协调与合作

"两市一省"参考大北京地区规划的立论，根据各自的情况行动起来，组成大北京地区城市共同体；针对影响区域发展的重大问题（如交通、生态、环境、水资源、产业结构等），建立专题研究组，寻找共同利益。

3. 对原城市总体规划进行必要的战略调整

北京要不失时机地对原城市总体规划中不适应目前形势的部分，作深入的研究以及必要的原则性修改。

4. 共同推进世界城市建设与区域可持续发展战略

中央对区域发展应有经济社会发展方面的宏观调控，并将这些宏观调控深入到空间发展方面……

（二）珠三角城镇群协调发展规划②

在该项规划中提出以下几项制度安排建议：

1. 建议加强区域政府宏观调控作用，加强规划立法，确立城镇群规划的法律地位和权威性。

2. 设立由各城市政府和有关部门组成的区域性规划协调机构。

3. 建立区域共享的信息平台，帮助城市政府提高决策科学性，避免无序竞争。

4. 建立城市之间、城镇之间多层次、多方位的紧密合作机制，逐步形

---

① 邹军等主编：《都市圈规划》，中国建筑工业出版社 2005 年版，第 186 页。

② 同上书，第 185 页。

成城市联盟。

5. 推动基于利益共享的城市间合作体制创新。

6. 改革行政体制，明晰政府事权。

7. 顺应区域发展由农业型向城市型转变的历史趋势，实施行政体制战略性调整。

8. 明晰区域型政府和城市型政府的职能权限差异，区域型政府承担区域协调职能，城市型政府承担主导发展职能。

9. 通过并镇设市，组建更多的城市型政府。以扁平化、综合化的城市型行政管理体制取代现行过多的行政层次和类型。

（三）江苏省都市圈规划①

该规划提出以下建议：

建议建立都市圈常设协调机构，由上一级政府分管领导负责，各市人民政府主要领导和上一级政府有关部门负责人为常设成员，随机补充市有关部门和有关县（市）负责人为项目协调成员。协调机构主要负责都市圈跨市、县（市）边界的规划、建设、发展等重大问题的协调，包括规划确定的管制协调。对市际不能协调解决的问题，由上一级政府主管部门负责，相关部门参加，统一协调。

协调机构内设都市圈发展专家咨询委员会，受协调机构委托，承担相关技术咨询任务，为都市圈协调发展提供决策建议。

跨市、县（市）界的规划由规划地域范围的共同上一级主管部门制定规划纲要并负责总体协调，相关市、县（市）政府或主管部门负责本辖区内的规划。

**三、都市圈战略规划实施的案例研究**

都市圈战略规划的实施是都市圈战略规划方案编制的落脚点。规划的实施是一项系统工程，需要完善机制、构建体制和创新政策。本研究以山东省济宁都市圈②为案例，探索都市圈战略规划实施的保障机制与政策措施。

济宁都市圈是山东省政府确定的三大都市圈之一（济南、青岛、济宁）。和济南、青岛相比较，济宁都市圈尚处于发育和形成阶段，培育都

①　邹军等主编：《都市圈规划》，中国建筑工业出版社 2005 年版，第 185 页。

②　本部分内容为《济宁都市圈规划》的部分研究成果，参加过本项目研究的还有李恩平博士等。

市圈是规划实施的重要任务之一，这也是济宁都市圈的特色之一。

（一）济宁都市圈空间管制与协调的现状与问题

1. 空间管制现状特点

鲁西南地区属于山东省经济社会发展相对落后的地区，现有的空间管制与协调状况，一方面，像我国大多数中西部地区一样表现出体制转型时期政府职能错位的普遍特点；另一方面，由于特有的资源基础和经济社会结构，使得该地区空间管制的错位又表现出明显的齐鲁地方特色。

（1）都市圈内没有建立起有效的空间管制与协调机制

鲁西南地区包括济宁、枣庄、菏泽三个地级市及其所管辖的27个县级市、县、区，土地面积28073平方公里，人口2018万。由于经济社会发展水平较低，所以从严格意义上说并没有形成都市圈，也没有建立有效的空间管制与协调机制的强烈内在需求。反过来，有效的空间管制与协调机制的缺失，又制约了都市圈的成长。

按照我国现行的行政管理体制，各地级市直属省政府管辖，因而鲁西南地区三个地级市之间不可能存在任何行政约束关系。同时，在山东省政府内部也从来没有一个专门针对整个鲁西南地区经济社会发展协调的行政组织存在。在行政权力过于强大的现行体制背景下，由于行政区域的分割，跨行政区的空间管制与协调机制的建立难度较大。在三个地级市之间由于资源分割、环境保护、重大基础设施建设、市场整合等突出问题需要解决时，往往是由省政府的某个职能部门临时性的出面协调或者由当事者临时性的协商解决，一旦由于分歧太大无法取得共识或者暂时为了息事宁人而大事化小、小事化了，这些问题就会由于缺乏有效的管制与协调机制而得不到真正的解决。

（2）都市圈内三大地级市行政管辖的幅度不均衡

尽管从行政级别上说同为地级市，但济宁、枣庄、菏泽行政管辖的幅度存在很大差别。

把三个地级市行政管辖的幅度做个简单对比就一目了然了。济宁、菏泽所管辖行政区的面积与人口相差不远，所辖县（市、区）级行政单元数量也相差不大，而枣庄作为一个地级市的存在，所辖行政区面积、人口和行政单元数量明显偏少。

从理论上说，行政管辖幅度存在着规模经济问题。幅度太大，有效管理无能为力；幅度太小，人浮于事。所以，适度的管辖幅度是实施有效管理的基础。

由于管辖幅度相差较大，因而带来了如下几方面的弊端：第一，资源控制能力相差较大，特别是煤炭资源和土地资源，使得三个地级市的发展机遇大不一样。为了平衡利益关系，把煤炭资源丰富的滕州市划归枣庄市管辖，为煤炭资源面临枯竭的枣庄市带来了新的财源，但相应也抑制了滕州市的发展；第二，行政管理效率大受影响。为了弥补枣庄市管辖行政单元数量太少的缺陷，把原县级枣庄市管辖的乡镇重组为5个城区，有拔苗助长的嫌疑。

（3）市管市（区、县）体制存在"小马拉大车"的现象

像全国大多数地区一样，鲁西南地区三个地级市内部也实行的是市管市（区、县）的行政管辖模式。这种行政管制模式的最初设想是利用地级城市的经济中心的辐射作用来带动和促进周边市、县、区的发展。当地级中心城市实力雄厚时，的确能对周边地区产生较好的辐射和带动作用；若地级城市经济中心的优势不明显时，地级城市对周边市、县的辐射带动作用就会受到限制，甚至对周边市、县的发展产生制约作用。

在鲁西南地区，三个地级城市在所辖区域内经济中心的优势都很不明显，由此带来了两个方面的后果：一方面，地级城市的辐射能力大大的小于地级城市的辖区范围，如菏泽地级市区只有一个30多万城市人口的经济中心，其经济辐射能力基本上只能达到其牡丹区辖区范围，而整个地级市的辖区范围却有1区8县，辖区范围是辐射范围的10几倍，形成"小马拉大车"的格局，根本无法带动周边地区的发展。另一方面，地级市行政区域内部存在多重经济中心，除地级市所在地外，还存在一些发展迅速的次级中心，有的次级中心城市甚至已经赶上或超过了地级行政中心所在的城市，如枣庄的滕州市近年发展迅速，在经济总量和发展潜力方面都已经超过了枣庄的中心城区，济宁的邹城近年也发展迅猛，在经济总量和发展速度方面都已经与济宁市（小济宁）并驾齐驱了。这说明鲁西南地区现有地级市经济中心的权威正在经受挑战。

（4）过度管制与管制缺位并存

我国正处于社会转型时期，为了克服高度集权的计划经济体制带来的弊端，放权让利就成了改革开放以来我国重新调整中央政府与地方政府关系的基本思路，具体表现在计划经济时期集中在中央政府和上级政府一系列经济社会管制职能逐渐下移或减少，这种行政改革对于调动地方政府的积极性的作用应该肯定，但相应也带来了地方利益的极度膨

胀。在没有建立起相应的宏观调控机制和市场机制仍不健全的情况下，简单的放权让利就会导致上级政府管制的缺位与下级政府过度管制并存的现象发生。

在鲁西南地区，这种过度管制与管制缺位并存的现象并不罕见。城市规划事关城市公共空间的合理开发利用，理应由城市政府实行高度管制，但在鲁西南地区，城市政府将规划权下放区级政府的现象较为普遍，造成城市建设中的无序状态，这是一种管制缺位的现象。同样的问题，城市财政存在的根本是为了统筹市政公共事务，因此城市财政应该强调统筹，但在鲁西南地区各城市中区有很大的财政支配权，为了获得财源的控制力，区政府对本应由市场配置的资源实行过度干预，比如土地资源的开发和土地资本的运营，表现出明显的过度管制现象。

2. 空间管制现状带来的问题

空间管制的上述特点为鲁西南地区经济社会发展带来了一系列较为严重的问题：

（1）恶性竞争与重复建设

由于整个鲁西南地区缺乏全区统一意义的空间管制与协调机制以及过度管制与管制缺位并存，导致该地区内各地方政府之间经济发展的恶性竞争和大量的重复建设存在。

一方面，各地区在经济增长政绩的引导下，为了能吸引更多的外来资本或企业，纷纷利用所掌握的土地、矿产等资源，对外来资本或企业承诺或实际给予多方面的政策优惠。在同一区域内，由于资源条件相似，各地对外资或外来企业的实际吸引力差别不大，为了使外来资本尽可能地引入本地，各地纷纷提供更大的优惠条件，造成资源的贬值与浪费。

另一方面，为了促进当地经济的发展，各地不顾区域内其他地区相同产业已经存在或市场已经相对饱和的事实，提出更优惠的政策或当地政府直接投入，片面的引入新的生产线，结果造成整个区域内产业结构的极大雷同和资源的极大浪费，又进一步造成产品市场更加残酷的恶性竞争。

（2）资源开发无序，环境保护职责不明

区域内缺乏统一的空间管制和协调机制也造成了该区域内资源开发的无序状态和环境保护机制的缺乏。

在我国，法律规定矿产资源的所有权属于国家，但所有权的行使却往往由地方政府来进行，或者由当地各级政府与中央国有企业共同开发。在没有一个统一的矿产资源管理和协调机制下，各级地方政府必然追求地方利益的最大化，尽可能的鼓励所辖企业对当地矿产的开发，而各企业也为了追求效益的最大化，也只对优质和易开采的矿藏争相开发，而劣质或开采成本高的矿藏往往没有兴趣开发，甚至在开发过程中，对劣质矿产任意的抛弃，造成矿产资源开采的无序状态。例如整个区域内各种所有制、各种行政级别、各类大小的煤炭企业并存，为了追求企业自身的眼前利益最大化，各煤炭企业往往不顾当地煤炭资源开采的可持续性，争相开采短期内效益最高的煤炭矿井，不重视深层矿井的建设和保护，往往煤炭资源还没有开采完毕，矿井先期报废，导致煤炭资源开采的浪费。

水、空气等环境资源在邻近的区域内总是不可分割的，环境污染具有巨大的外部成本，环境保护则具有巨大的外部收益。由于鲁西南地区缺乏全区意义上的统一协调机制，对于环境污染所形成的外部成本由于地方利益保护难以行使有效的经济惩罚，这就导致区域内各市、县之间共同接壤地带的水、空气等环境资源的利用各自为政，往往任意污染，缺乏强有力的环境保护协调机制。

（3）城市规划与土地开发的秩序混乱

城市规划和土地开发属于政府管制的重要职能，对于一个区域、一个城市或者一个紧密相连的城市群，城市规划与土地开发应该属于整个区域、整个城市或整个城市群组织的宏观职能。

一方面，由于"小马拉大车"的行政管理格局，在鲁西南地区地级市中心区对于周边地区区、县的辐射带动能力极为有限，甚至还要接受反向辐射，这就使得地级中心城市对周边地区的行政领导没有权威性，使得周边各市、县独自发展和各自为政的趋势特别明显。

另一方面，由于中心城市不能承担中心辐射作用，围绕着中心城市产业布局方向对周边次级中心所形成的产业辐射优势没有能够发挥出来，这导致周边次级中心地区产业的发展不得不另起炉灶，次级中心城市产业布局的方向和城市规划、土地开发的方向也就没有对地级中心城市的城市规划和土地开发整体安排服从的义务。中心城市和次级中心城市的职能分工也就无从谈起。

这两方面利益冲突的结果都使得几乎整个区域内城市规划和土地开发表现出严重的无序状态，一方面，各级地方政府都争相建立起大大小小的开发区，大片的土地被圈占，而实际上很多开发区并没有吸引多少真正的企业，造成土地资源和土地上公共设施投资的浪费。另一方面，一些邻近的城市如济宁地区紧邻的邹、兖、曲三市，由于分别从各自的利益出发考虑城市规划和土地开发，导致区域的城市规划和土地开发的秩序特别混乱。

（4）劳动力市场与资本市场行政分割

市场经济的一个最重要的条件就是要求生产要素的自由流动，而在鲁西南地区，由于分割的行政区划和政府对市场配置资源的过度管制造成了资本和劳动力市场的行政分割。

在鲁西南地区，尽管限制人口流动的传统户籍制度的作用已经基本名存实亡，但是区域内各地市之间的一系列地方政策仍然造成了劳动力市场的行政分割，比如各地市之间对在编人员除了户籍管理之外，更加严格限制人口流动的人事档案管理仍然在发挥重要作用，这使得区域内有着技术和管理能力的中高级人才流动仍然受到严格限制，同时各地市对于相互之间职业技术资格的认定以及跨地市就业仍然存在着制度设计上的障碍，这些都导致人才、劳动力的流动困难。

资本市场上也面临着同样的限制，行政分割对资本的跨地区流动仍然构成制度上的障碍。

（二）济宁都市圈空间管制与协调的目标、原则与手段

1. 总目标

经过16年的努力，形成以大济宁为中心，以菏泽和枣庄为副中心，城镇体系完善，城乡关系协调，在山东省与青岛和济南并驾齐驱，经济文化发达，空间管制有序，行政管理高效的鲁西南经济区。

2. 阶段目标

（1）近期目标（2004—2010年）

● 强核。通过规划和政策引导，促使生产要素向中心城市聚集，做强做大中心城市和副中心城市。整合济宁地区济、兖、邹、曲四市城市资源，组建鲁西南中心城市——大济宁（曲阜）市；强化菏泽和枣庄中心城市的经济实力和城市功能，在此基础上实现济宁、菏泽和枣庄的合理分工。

● 造市。拆除城乡之间与地区之间的行政壁垒，构建与市场经济体制相适应的行政管理体制，发挥市场对生产要素配置的基础作用，提高都市圈运行的经济效率。

（2）远期目标（2011—2020年）

● 布网。在发挥中心城市和副中心城市的集聚和辐射能力的基础上，

通过规划和政策引导，构建完善的城镇体系，形成大、中、小城市和小城镇协调发展，城乡关系融合，经济文化发达，空间管制有序，并对周边地区有一定影响力的山东省第三大经济板块。

● 区域一体化。生产要素在都市圈范围内能够自由流动，空间管制机制健全，协调措施到位，政府管理高效，市场经济体制完善，真正形成一个一体化的区域大市场。

3. 原则

（1）赶超原则：以更快的发展速度赶超青岛和济南都市圈，成为与之并驾齐驱的山东省第三大经济板块。

（2）整体性原则：为保证总体利益，近期可能要牺牲局部利益，但从长远看，局部利益与整体利益是一致的。

（3）效率与公平兼顾原则：既要考虑效率，也要考虑公平。近期要侧重效率，远期要侧重公平。

（4）互补性原则：根据要素禀赋和比较利益，合理确定区域分工和发展方向，实现结构互补，错位竞争，共同发展。

（5）城乡统筹原则：按照党的十六大提出的城乡统筹原则，合理引导都市圈的健康有序发展，实现城乡一体化发展和繁荣。

（6）可持续发展原则：注重都市圈的可持续发展能力，实现近期和远期的协调发展和人口、资源、环境与经济社会的协调发展。

4. 手段

（1）行政手段与经济手段并重

行政手段指行政权力资源的分配和再分配，包括行政权限和管辖地域范围的划分、规划权力的界定、资源使用的审批、产品准入的批准及相应的行政处罚等。经济手段指通过税费体系、财政补贴、社会保障等手段构建都市圈一体化的共同市场，协调不同利益主体的关系，降低要素、商品和服务交易的成本，促进生产要素的优化组合和区域及区际的合理分工。行政手段与经济手段应并重，二者不可偏废。

（2）制度创新与政策调控兼顾

广泛借鉴国内外先进经验，突破现有政府管制模式，构建符合都市圈一体化发展的政府管制平台，形成有利于实施都市圈空间管制与协调的政府运作机制。同时，研究和实施与管制目标、原则、手段及制度构架相一致的政策体系，使制度创新与政策调控有机结合。

（3）目标管制与分级调控结合

都市圈的发展目标是都市圈内部各个组成部分共同追求的目标，管制机制的构建和协调策略的实施都要围绕这个总目标。但是，行政管理是分层次和幅度的。针对不同的管理层次，管制与协调的内容和力度应有所区别。在都市圈层次，应着眼于宏观调控，为都市圈的一体化发展创造良好的外部制度和政策环境；在都市圈内部，管制与协调应着重于都市圈运行机制的构建、不同利益主体关系的协调、经济结构和布局的优化等。目标管制是方向，分级调控是手段，二者应实现有机的结合。

（三）济宁都市圈空间管制与协调的思路、机制与策略

1. 总体思路

通过机制构建和策略调控，以整体利益和长远利益的最大化谋划鲁西南地区的发展大计，降低要素、商品和劳务跨地区流动的交易成本，构建商品、劳务、投资统一大市场，优化经济结构和区域布局，强化空间经济联系，发挥地区比较优势，实现地区合理分工，使三个互不隶属的地级市走上一体化发展道路。

2. 中心营造策略

以都市圈组织区域经济，必须有一个强大的经济中心。鲁西南地区现有三个地级市，即济宁、菏泽和枣庄。以三个地级市所在地现有的城市人口规模（济宁 40 多万，菏泽 30 多万，枣庄 35 万）和经济实力，都不足以成为拥有 2000 多万人口的都市圈的经济中心。因此，客观上存在着都市圈经济中心的营造问题。

作为都市圈的经济中心，必须成为区域聚集和辐射源，必须具备地理位置适中、交通联系便捷、经济实力强、区域影响力大等条件。在现有行政区划格局下，济宁和菏泽的发展空间较大，枣庄较小；以地理位置、交通联系条件、经济实力和发展潜力而论，济宁最优，菏泽次之，枣庄较差。可见，济宁具备发展成为都市圈经济中心的条件，菏泽和枣庄发展成为副经济中心的条件。

济宁发展成为都市圈的经济中心，有优势，也有劣势。优势是地理位置适中，处于济南、青岛和徐州三大都市圈辐射的结合部位，交通联系便捷，资源富集，经济实力较强；劣势是经济中心的职能由多个城市承担，如济宁是政治中心，兖州是交通枢纽，邹城是煤炭生产中心，曲阜是文化旅游中心。经济中心职能的发挥需要整合不同城市的功能，但是受到了行

政区划的制约。

《济宁—曲阜都市区发展战略规划》（2001 年）曾提出组建济兖邹曲复合中心城市的大胆构想，然而两年过去了，并没有达到预期的目标。整合济兖邹曲的城市功能又回到了起点。我们认为，除了调整行政区划，似乎别无他途。建议撤销济宁市任城区和市中区，组建济宁区；撤销曲阜、邹城和兖州三个县级市，分别组建曲阜区、邹城区和兖州区；将地级市济宁更名为曲阜，并将行政中心由济宁搬迁到曲阜。新组建的曲阜地级市对城市规划重新调整，鉴于曲阜、兖州、邹城之间较短的空间距离，今后三市区的发展方向应为兖州跨河东向、曲阜西进南移、邹城北上，尽可能缩短三市区空间距离。

菏泽市（牡丹区）发展成为都市圈副经济中心的人口规模和经济实力都显不足。建议利用京九铁路线经济发展轴和新石铁路经济发展轴十字交汇的地缘优势，加大招商引资的力度，实施"以路兴菏"、"能源兴菏"、"科教兴菏"、"牡丹兴菏"四大发展战略，合理扩大城市规模，将旧城改造与新区开发有机结合，并将新区发展的重点放在开发区，但切忌好大喜功，急于求成，应本着集约高效利用土地的原则，经营好开发区。

枣庄市作为一个地级市，行政管辖的地域范围太小。加之，为资源性城市，产业结构单一，并处于济宁、徐州和临沂三个经济中心的辐射下，自身城市规模扩张的机遇有限，潜力不大。建议将发展的重点放在经济结构的转型上，强化现有城市的服务功能，切忌盲目布点扩张城市。

3. 上级宏观调控机制构建

都市圈的运行离不开上级政府的宏观调控。为了加快鲁西南地区的发展，建议山东省组建鲁西南地区（济宁都市圈）发展协调委员会，作为外部协调机构负责对都市圈发展的宏观调控、政策扶持和经济援助。

（1）委员会的构架

由农业、工业、商业、旅游、财政、计划、土地、规划、交通、水利、环保等省直部门的领导、3 个地级市的市长和若干行业专家组成。由 1 名副省长担任主任，省政府秘书长担任常务副主任，办公室设在省政府办公厅。由山东省财政解决运作经费。

（2）委员会的职能

- 都市圈对省内外经济协作的联络
- 都市圈战略规划和三个地级城市规划的审核

- 大项目立项和布局选址审核
- 都市圈对外交通网络规划审核
- 跨都市圈水资源利用规划审核
- 跨都市圈环境保护和生态建设规划审核
- 接受都市圈和都市圈内部各成员政府对有关发展规划的申诉
- 为都市圈和都市圈内部各成员政府的发展规划提供咨询

（3）委员会的运作程序

定期召开协调会，按照民主集中制和少数服从多数的原则决策。

（4）委员会的权力

决策、协调、咨询和建议。

4. 与省内外相关地区的协调

按照"政府搭台开路、部门协调服务、行业对口协作、企业自主联合"的协调思路，广领域、全方位、多层次、多形式与周边地区进行协调，力争在区域大型或跨区域基础设施建设、生态建设、环境保护、水资源利用与水源地保护、矿产资源开发利用与煤矿塌陷区治理、劳动力跨地区流动与职业技能培训、资本流动、产品技术质量监督、企业跨地区协作等方面开辟出横向联合与协作的新路子。

（1）与山东沿海地区的协调

由省鲁西南地区发展协调委员会出面，组织山东发达的沿海地区对鲁西南地区进行对口支援，包括干部交流、经济技术协作、帮对扶贫、职业技能培训、劳务输出等事宜。

（2）与泰安地区的协调

本着互惠互利的原则，协调旅游产业规划、旅游线路组织、旅游景点和景区建设、旅游产品营销等。重点协调和促销泰山—曲阜孔庙-南四湖旅游线路。

（3）与临沂地区的协调

依托临沂大市场，发展配套的加工业和服务业。以开发区为基地，以经济协作为纽带，构筑新兴产业体系，发展城市经济。

（4）与徐州地区的协调

本着平等协商、利益共享、成本分担的原则，在煤炭资源开发及深加工、南水北调、南四湖保护及旅游开发、企业跨地区协作等方面进行协调。并借助参与淮海经济协作区的机会，加强与徐州的经济技术联系、协作及分工。

（5）与商丘地区的协调

由都市圈协调组织出面或利用参与淮海经济区的机会，依托京九铁路，在跨省交通路网规划和建设及物流产业发展和企业横向经济联合等方面与商丘地区进行协调。

5. 都市圈运行机制构建

让三个在行政上互不隶属的地级市走上一体化发展道路，单靠合作意识无济于事，必须依靠制度创新构建一个政府运作平台。借鉴国际经验，建议组建都市圈市（县、区）长联席会议，作为都市圈运行的内部协调机构。其组织构架如下：

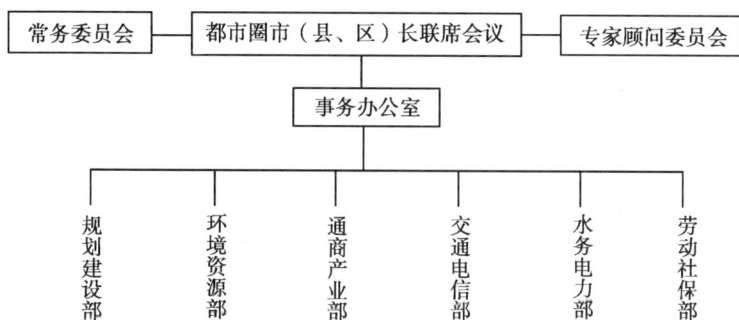

**图6-7　都市圈市（县、区）长联席会议组织构架设想图**

都市圈市（县、区）长联席会议为都市圈内部最高协调组织，它不是在三个地级市的基础上组建的一级政府，也不承担当前市政府拥有的全部职能，而是对三个地级市职能的重要补充，且这种职能仅限于都市圈的宏观战略问题和相互之间的跨界事务。三个地级市的内部事务仍然由原市政府承担。

都市圈市（县、区）长联席会议由三个地级市的市长及其管辖的各区县行政长官和具有区域影响力或者牵涉到某些区域重大问题的企业家组成，会议主席由三个地级市市长轮流担任，定期轮换。

常务委员会由三个地级市的市长组成。

专家顾问委员会由国内外知名专家组成，行使独立的咨询建议权利。

事务办公室作为常设机构，可设在未来都市圈的行政中心所在地曲阜，由三个地级市的特派员或者由联席会议直接任命的人员组成，具体负责日常管理工作。

事务办公室下根据跨界事务职能分设规划建设部、环境资源部、通商产业部、交通电信部、水务电力部和劳动社保部等六个专业职能部门。

联席会议和常务委员会作为权威的协调决策机构，具有宏观决策能力，负责纲领性的指导和政策的审议制定。要定期召开例行会议，讨论宏观区域战略问题和跨界事务及各专业职能部门的审议提案，通过投票表决最终形成决策。

联席会议和常务委员会的主要任务是：

• 制定都市圈的总体国土规划，明确三个地级市的资源利用、生态建设、环境保护、产业发展方向、土地利用和城市规划建设，为三个地级市的城乡建设规划的制定和修订提供指导。

• 对都市圈面临的宏观战略问题和三个地级市跨界事务的解决草案提出修改意见，并批准最终方案。

• 审议都市圈范围内的重大建设项目，通过协商避免内部恶性竞争，合理布局共同受益。

• 落实和监督鲁西南地区（济宁都市圈）发展协调委员会的决策和建议。

• 对于违背联席会议和常务委员会决议的成员政府或企业，根据情节严重情况给予必要的纪律和经济处罚。

专家顾问委员会作为联席会议和常务委员会的智囊团和咨询机构，承担的任务是，对需要提交联席会议和常务委员会审议的各个提案和重大问题进行研究和咨询论证，并为最终决策提供科学依据。

事务办公室作为中枢机构，负有上情下达、下情上报的职责，其主要任务是：

• 对联席会议和常务委员会审议通过的决议的贯彻落实进行督办，对有关执行机关进行监察。

• 筹备联席会议和常务委员会例行会议，并且起草各种决议文件。

• 组织专家顾问委员会会议，并起草会议纪要。

• 根据联席会议和常务委员会的要求，与有关部门协商并组织对都市圈发展的重大问题进行调查研究。

• 负责联席会议和常务委员会交付委托的其他任务。

• 收集都市圈内各成员政府或部门对联席会议和常务委员会决议的质

询，并负责将其呈送联席会议和常务委员会复议。

  ● 听取都市圈范围内非政府组织、普通公众、中小企业等的意见，并且负责将意见汇总提交给联席会议。

各专业职能部门作为执行机构，主要任务是制定专业规划和管理草案，并执行联席会议和常务委员会的决议。它由行业管理部门领导和专业人员组成，针对具体区域问题提出初步意见，制定草案，并提交事务办公室。具体专业职能部门的分工和职责如下：

（1）规划建设部

由三个地级市及其管辖的各区（县、市）的建设委员会、规划局、国土资源局、规划院（所）派出人员组成。主要任务是制定统一的都市圈国土规划，协调各市县区的职能、发展方向和产业空间布局；统一规划大型公共设施与公共基础设施，同时还要对规划执行情况进行监督协调，并与其他部门规划和管理相协调，避免产生冲突。

（2）环境资源部

由三个地级市及其管辖的各区（县、市）的环境保护局、林业局、矿产资源管理部门、煤矿企业等派出人员组成。主要任务是制定统一的都市圈环境保护和生态建设规划以及矿产资源开发利用规划，包括对大气污染、水污染和煤矿塌陷区的治理。

（3）通商产业部

由三个地级市及其管辖的各区（县、市）的发展与改革委员会、经济贸易委员会和各个专业局如工业局、商业局、农业局、旅游局、财政局等派出人员组成。主要任务是调查研究并制定统一的都市圈经济发展战略和产业政策方案，并对相应的实施情况进行跟踪监督。同时，与其他部门协商交流，以取得一致。

（4）交通电信部

由三个地级市及其管辖的各区（县、市）的交通管理局、规划局、电信局及主要的通信企业排出人员组成。主要任务是制定统一的都市圈交通网络规划和管理方案、统一的都市圈电信规划和管理方案，并对相应的实施情况进行跟踪监督。同时，与其他部门协商交流，以取得一致。

（5）水务电力部

由三个地级市及其管辖的各区（县、市）的水务局、自来水公司、供电局、大型发电厂等部门派出人员组成。主要任务是制定统一的都市圈水资源规划和管理方案、统一的都市圈电力规划和管理方案，并对相应的实施情况进行跟踪监督。同时，与其他部门协商交流，以取得一致。

（6）劳动社保部

由三个地级市及其管辖的各区（县、市）的劳动和社会保障局、人事局、公安局户籍管理部门等派出人员组成。主要任务是制定统一的都市圈劳动力市场方案和实施管理方案，并对相应的实施情况进行跟踪监督和争议仲裁。同时，与其他部门协商交流，以取得一致。

都市圈运行的工作流程是：由各个专业职能部门负责各种政策制定和起草具体问题对策方案，然后将草案提交事务办公室，事务办公室提交给联席会议和专家顾问委员会，由专家顾问委员会提供修订意见，联席会议根据草案和专家顾问委员会的建议对草案提出修改意见，经过修改后由联席会议表决通过，常务委员会批准实施。之后，将批准实施的决议提交给各市县区政府和有关部门，由他们遵照执行，事务办公室和各专业职能部门对执行过程进行监督审查。

在都市圈建设的初期，除事务办公室为实体机构外，其他机构均可以虚设。随着一体化程度的加深，需要协调的事务必然大量出现，各专业职能部门应逐渐过渡到实设，这必然要求有相应的办公经费。都市圈的协调机构不是国家规定的行政机关，本身不是一个赢利机构，没有创收资金的渠道。建议采取如下措施解决日常经费开支：一是三个地级市及其管辖的各市县区共同支付，可以仿照国外办法按照人口比例、GDP 比例或财政收入比例分摊；二是参加都市圈协调组织的企业交纳会费；三是吸收社会捐款。

# 第六节　都市圈战略规划的编制审批和实施操作办法建议

## 一、都市圈战略规划编制的地位确定

### （一）《城市规划法（1990 版）》的实施及其不足

1980 年 12 月 9 日，国务院批转全国城市规划工作会议纪要[①]，要求尽快建立我国的城市规划法制。由此，推动了中国《城市规划法（1990

① 来源：中华人民共和国建设部网站（http://www.cin.gov.cn）。

版)》的审议通过和实施。该法明确国务院城市规划行政主管部门和省、自治区、直辖市人民政府应当分别组织编制全国和省、自治区、直辖市的城镇体系规划，用以指导城市规划的编制。城市人民政府负责组织编制城市规划。自1990年4月1日实施《城市规划法》以来，中国的城市规划纳入了法制化、制度化的轨道。在《城市规划法》的指导下，各地的城市规划编制如火如荼地进行着，城市发展健康、持续、有序。然而，从各地编制的城市规划来看，物质建设规划色彩浓厚，经济社会发展和区域研究不够；"千篇一律（或流水线）"式的编制规划方法盛行，有地方特色的规划编制较为少见；"封闭（或画地为牢）"式的规划编制大行其道，有"区域视野"或开放式的规划编制较为少见。造成城市规划建设中的盲目攀比之风（如贪大求洋）。为了克服《城市规划法》本身存在的不足，建设部城市规划司发文①征询各地对《城市规划法》实施以来存在问题的看法，并要求整理成书面意见。加强城镇体系规划成了强化城市规划宏观调控的有效法宝。

（二）城镇体系规划编制的强化

建设部1994年9月1日颁布了《城镇体系规划编制审批办法》②（中华人民共和国建设部令第36号），要求全国城镇体系规划，由国务院城市规划行政主管部门组织编制。省域城镇体系规划，由省或自治区人民政府组织编制。市域城镇体系规划，由城市人民政府或地区行署、自治州、盟人民政府组织编制。县域城镇体系规划，由县或自治县、旗、自治旗人民政府组织编制。跨行政区域的城镇体系规划，由有关地区的共同上一级人民政府城市规划行政主管部门组织编制。对城镇体系规划的内容也做了明确的规定，即综合评价区域与城市的发展和开发建设条件；预测区域人口增长，确定城市化目标；确定本区域的城镇发展战略，划分城市经济区；提出城镇体系的功能结构和城镇分工；确定城镇体系的等级和规模结构；确定城镇体系的空间布局；统筹安排区域基础设施、社会设施；确定保护区域生态环境、自然和人文景观以及历史文化遗产的原则和措施；确定各时期重点发展的城镇，提出近期重点发展城镇的规划建议；提出实施规划

---

① 见"关于进行《城市规划法》修改工作有关问题的通知"（[97]建规管字第1号），中华人民共和国建设部网站（http：//www. cin. gov. cn）。

② 来源：中华人民共和国建设部网站（http：//www. cin. gov. cn）。

的政策和措施。

2003 年 2 月 28 日，国家建设部颁布 "关于加强省域城镇体系规划实施工作的通知"① （建规 ［2003］ 43 号），要求各省、自治区建设行政主管部门认真贯彻 13 号文件（《国务院关于加强城乡规划监督管理的通知》，国发 ［2002］ 13 号）的精神，在省、自治区人民政府的直接领导下，认真做好省域城镇体系规划的制定工作。要把制定规划与综合调控区域城乡发展的具体任务紧密结合起来，把保护各类自然资源和人文资源，合理布局基础设施作为规划的重点。目前尚未编制完成省域城镇体系规划的省、自治区，必须在 2003 年 6 月 30 日以前完成规划编制工作。2003 年 9 月 30 日以后，省域城镇体系规划未经批准的省、自治区，不得进行省、自治区内的城市总体规划和县域城镇体系规划的修编，不得新上各类开发区、大学城、科技园区和度假园区。省域城镇体系规划已经批准或编制工作已完成的省、自治区要抓紧开展跨市（县）城镇密集地区的城镇发展和布局规划，划定需要严格保护的区域和控制开发的区域及控制指标，落实和深化省域城镇体系规划的各项内容，综合安排城市取水口、排污口、垃圾处理场、天然气站和管网、电网、城市之间综合交通网、物流中心等基础设施建设。要编制区域绿地规划、区域供水规划、区域排水和污水处理规划、城市间轨道交通规划等具体指导区域性基础设施和公共设施项目建设的专项规划。第一次将城镇密集地区的规划纳入城镇体系规划范畴。

2007 年 3 月 29 日，国家建设部颁布 "关于加强省域城镇体系规划调整和修编工作管理的通知"② （建规 ［2007］ 88 号），对省域城镇体系规划的调整和修编提出了指导性意见，从而进一步强化了城镇体系规划的权威性和严肃性。

（三）《城乡规划法》的出台

《中华人民共和国城乡规划法（草案）》在 2007 年 4 月 24 日至 27 日举行的十届全国人大常委会第二十七次会议上进行审议，同年全国人大批准《城乡规划法》，标志着中国正在打破原有的城乡分割规划模式，进入城乡总体规划的新时代。和原来的《城市规划法（1990 版）》相比，《城乡规划法》进行了多处修改。在有关区域发展规划问题上，实现了由 "就

---

① 来源：中华人民共和国建设部网站 （http：//www.cin.gov.cn）。

② 同上。

城市论城市"向"城乡统筹发展"的转变；由"物质形态建设规划"向"区域可持续发展规划"转变。

从上述分析可见，随着国民经济和社会快速发展，城市规划的理念和思路在发生转变，区域研究日益得到重视。都市圈战略规划作为一种特殊的区域—城市规划类型，正在被越来越多的人所认知。相信有《城乡规划法》的支持，都市圈战略规划编制的合法地位应该得到确认。

**二、都市圈战略规划的编制审批和实施操作办法建议**

（一）都市圈战略规划的编制审批建议

对都市圈这种城市—区域规划应该有特别的要求。在各省、市完成所在行政区域城镇体系规划的基础上，凡是达到都市圈这种城市地域形态的地区，都应该积极开展都市圈战略规划。

都市圈范围不超过所在城市行政辖区的，由所在城市政府组织编制都市圈战略规划；都市圈范围超过所在城市行政辖区的，由上一级政府组织编制都市圈战略规划。也可以在上一级政府的督促和协调下，由相关城市（或县、区）政府共同组织编制都市圈战略规划。

凡是应该组织编制而没有组织编制都市圈战略规划的地方政府，不得组织编制城市总体规划。

都市圈战略规划应当注重规划的战略性和长期性，编制期限一般应以20—30年为宜。

都市圈战略规划的审批权应归国务院。

（二）都市圈战略规划的实施操作建议

都市圈战略规划具有超越城市总体规划、土地利用规划、国民经济和社会发展规划的地位。城市总体规划、土地利用规划、国民经济和社会发展规划要自觉服从都市圈战略规划。要在都市圈战略规划的指导下编制城市总体规划、土地利用规划、国民经济和社会发展规划。

城市总体规划、土地利用规划、国民经济和社会发展规划与都市圈战略规划不一致的地方，要以都市圈战略规划为主。

都市圈范围内的一切城乡建设活动和招商引资活动不得违背都市圈战略规划。凡是违背都市圈战略规划的主体，应该责令其更正，并给予其相应的行政处罚与经济处罚，情节严重并构成犯罪的应当追究其刑事责任。

（三）都市圈战略规划的调整和修编建议

都市圈战略规划一经批准，就应该维护规划的严肃性和权威性，保持规划的延续性，不得擅自修改。但有下列情形之一的，可以按照合法程序组织修改：（1）上级人民政府制定的城乡规划发生变更，提出修改规划要求的；（2）因国务院批准重大建设工程确需修改规划的；（3）都市圈扩展，经评估确需修改规划的；（4）都市圈战略规划审批机关认为应当修改规划的其他情形。

修改都市圈战略规划应当先向原审批机关提出专题报告，经同意后方可编制修改方案。修改后的规划应当按照原审批程序报批。

# 第七章 国外都市圈战略规划案例

国外都市圈战略规划起步较早，积累了较为丰富的经验和教训，值得我们学习。本章收集到了东京、巴黎、纽约、伦敦、首尔五大都市圈的战略规划资料，对当前我国正在开展的都市圈战略规划有一定的参考价值。

## 第一节 东京都市圈的战略规划

### 一、东京都市圈的基本概况

东京都市圈由东京都及神奈川县、琦玉县、千叶县组成，即大致从东京都中心起以 100 公里作半径的地域，总面积 3.7 万平方公里。2000 年常住人口 3342 万人。东京都市圈由内向外分为三个部分，即内核区（中心 15 公里半径范围内）、中层区（15—50 公里半径范围内）、外层区（50—100 公里半径范围内）。东京都市圈的中心城市（Central City）由 23 个区组成，长宽均在 25 公里左右，面积为 621 平方公里，居住着 797 万人。东京都市圈位居日本三大都市圈之首，兼有日本全国政治、经济、文化中心的功能，聚集了日本全国总人口的 1/3 以及众多大型企业的总部。东京都市圈的发展历程以及政府极强的规划导引作用对中国都市圈的发展和规划有借鉴意义。

### 二、东京都市圈的发展历程

（一）集中的城市化阶段

东京诞生于 1457 年。1868 年明治维新以前，东京一直被称为"江户"，是当时封建幕府政权所在地。江户的土地主要由武士官邸、庶民生活区以及各种神社、寺院等宗教用地组成。明治维新后，日本国把首都从京都迁到江户，并把"江户"更名为"东京"。从那时开始，东京引进西方文明，迅速地蓬勃发展。19 世纪末 20 世纪初，随着工业化和城市化的迅速推进，城市经济功能加强，城市人口膨胀，城市建成区范围扩大。1920 年，城市人口 217 万人。1923 年关东大地震时东京曾遭到毁灭性打击，但不久得以复苏。太平洋战争时期再度毁于战火，但从废墟中得以再生。二战结束时，东京的人口为 278 万人，城市型土地利用的范围大致在半径 10 公里以内。随着战后复兴以及自 20 世纪 60 年代开始的高速经济增长，东京的人口和城市型土地利用面积急剧膨胀。1965 年，东京的市区人口达到 889 万人，成为东京市区人口的峰值。此后，随着人口的郊区化，市区人口趋于稳定甚至减少。这个时期土地利用的特点是，都市圈单中心发展，市区摊大饼扩展。

（二）郊区化蔓延扩展阶段

从 1965 年起，东京大都市圈的中心城市东京都的人口逐年减少，到 2000 年降为 813 万人，净减少 76 万人，而同期东京都的外围（大都市圈的其余部分）人口由 1212 万人增加到 3317 万人，净增加 2105 万人。东京都市圈城郊人口比重也由 1965 年的 45.3%∶54.7% 演变为 2000 年的 19.7%∶80.3%，说明郊区的人口在东京都市圈已占据主体地位。然而，与欧美国家分散的郊区化不同，东京的郊区化以近域蔓延和圈层式扩展为主，单极发展并没有改变。与此同时，由地铁、JR（原国营铁路）以及多家私营铁路公司所形成的城市轨道公共交通系统为东京形成半径 50 公里的密集城市化地区，并向半径 100 公里地区范围进行辐射提供必不可少的条件。有统计表明，在东京城市中心及副中心工作的人员有近 90% 是利用轨道公共交通上下班的（欧美国家 70% 以上的通勤人口是利用私人小汽车上下班的）。城市轨道公共交通促进了城市中心功能的集中、居住地与就业地的功能分离，缩短了中心城市与周边城市、居住区与商务区之间的时间距离，并有效地减缓了汽车交通所带来的环境污染。也正是由于现代化轨道公共交通系统及其技术的发展才使得东京圈层式蔓延扩展成为可能，而且也没有出现像我国一些大城市那样因城市摊大饼出现的十分严重的城市交通阻塞问题，这是东京大都市圈土地利用既不同于欧美，也不同于我国的独特之处。

**三、东京都市圈的规划历程**

东京都市圈的空间扩展并不完全符合政府的意图。伴随着东京都市圈的发展，日本先后进行了五次首都圈规划，体现了政府对都市圈发展进行调控的意图和决心。

（一）第一次首都圈规划

1958年编制了第一次首都圈规划。该规划方案依照1944年大伦敦规划，在建成区的周围设置了宽度为5—10公里的绿化带，并在其外围布局卫星城，以控制工业用地等继续向建成区外扩散，从而达到防止首都东京规模过大的目的。然而，由于被规划为绿化带中的利益集团的联合反对，以及国家直属城市开发机构带头在规划绿带地区内开展住宅开发活动，所以类似伦敦城市周围绿化带的设想并未实现。虽然该规划对建成区中工业企业的发展有所抑制，但随着工业企业向千叶、横滨等周边地区扩散，以及规划卫星城的"卧城化"，进一步加速了城市中心区转变为大都市圈的中心区和以此为中心的大都市圈的形成。

（二）第二次首都圈规划

1968年编制了第二次首都圈规划。该规划提出将东京作为经济高速增长的全国管理中枢，并实施以实现合理中枢功能为目的的城市改造。而事实上中心区的大规模城市改造活动以及城市外围绿化带地区的开发早就全面开展，该规划实质上是对现状的确认。

（三）第三次首都圈规划

1976年编制第三次首都圈规划。鉴于对国土结构"一极集中"的反省和对大城市极限的认识，规划提出了在首都圈中分散中枢管理功能，建立区域多中心城市复合体的设想。不过，由于中央政府和地方政府在什么范围内分散中枢管理职能的问题上存在分歧，因此该规划的实施并非一帆风顺。

（四）第四次首都圈规划

1986年编制了第四次首都圈规划。该规划基本上延续了第三次规划的思想，仅仅对周边核心城市进行了调整。同时，伴随着国际化和金融时代的到来，提出了进一步强化中心区的国际金融职能和高层次中枢管理职能的设想。

（五）第五次首都圈规划

1999年编制了第五次首都圈规划。该规划提出：在国土职能分担和协作的原则下，抑制和分散东京职能的过度集中，积极构建一个工作和居住相平衡的地域结构。扭转以东京为极点的都市等级结构，推进东京都市圈与中枢据点都市圈间的职能分工和协作，加速高级都市职能在全国的发展和网络化。同时，积极地做好首都职能的迁移，促进政治中心和经济、文化中心的物理分离。通过发展业务核心城市，增进广域交通、改善通讯等基础设施和调整管理费用等，改变东京都中心地域结构，实现以据点城市为中心、彼此相对独立并互补、水平分散化的网络型区域空间结构。

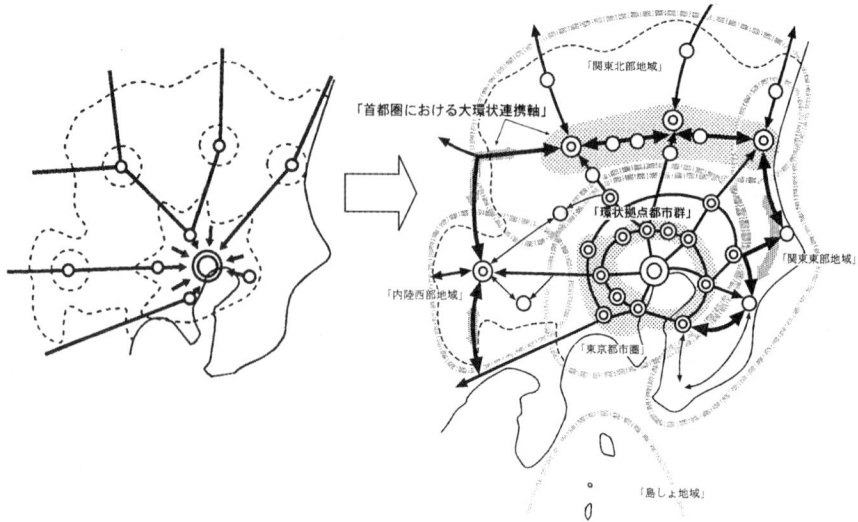

图 7 - 1    东京都市圈的地区构造

来源：日本国土厅《第 5 次首都圈基本计划》

为了细化和实施首都圈规划，2001 年 10 月制定了首都圈整备计划。该计划的构想是：（1）充实、强化各机能，旨在使该地区发展成带动全国维持国际竞争力，创造国家活力的地区。（2）形成"分散型网络结构"。将都市圈地域划分为五大片区："东京中心地区"的任务是在充实引导全国经济社会职能的同时，推进有助于强化居住职能的城市空间再造；"近郊地区"的任务是培育、整备环状据点都市群，以求适当分担东京中心部的职能；"关东北部地区"、"关东东部地区"和"内陆西部地区"的任务是促进环状方向的地域联合，推动大环状联合轴的形成。

各片区的整备对策是：（1）"东京中心地区"。通过对汐留地区、六本木 6 丁木的再开发，对秋叶原地区的整备等，充实旨在引导全国经济社会的诸机能，形成都市中心居住场；通过北新宿地区的居住环境整备，促进老朽木造密集市街区的街道综合改造；作为交通体系的整备，有东京外环线、首都高速中央环线等的整备、东京港的整备。（2）"近郊地区"。

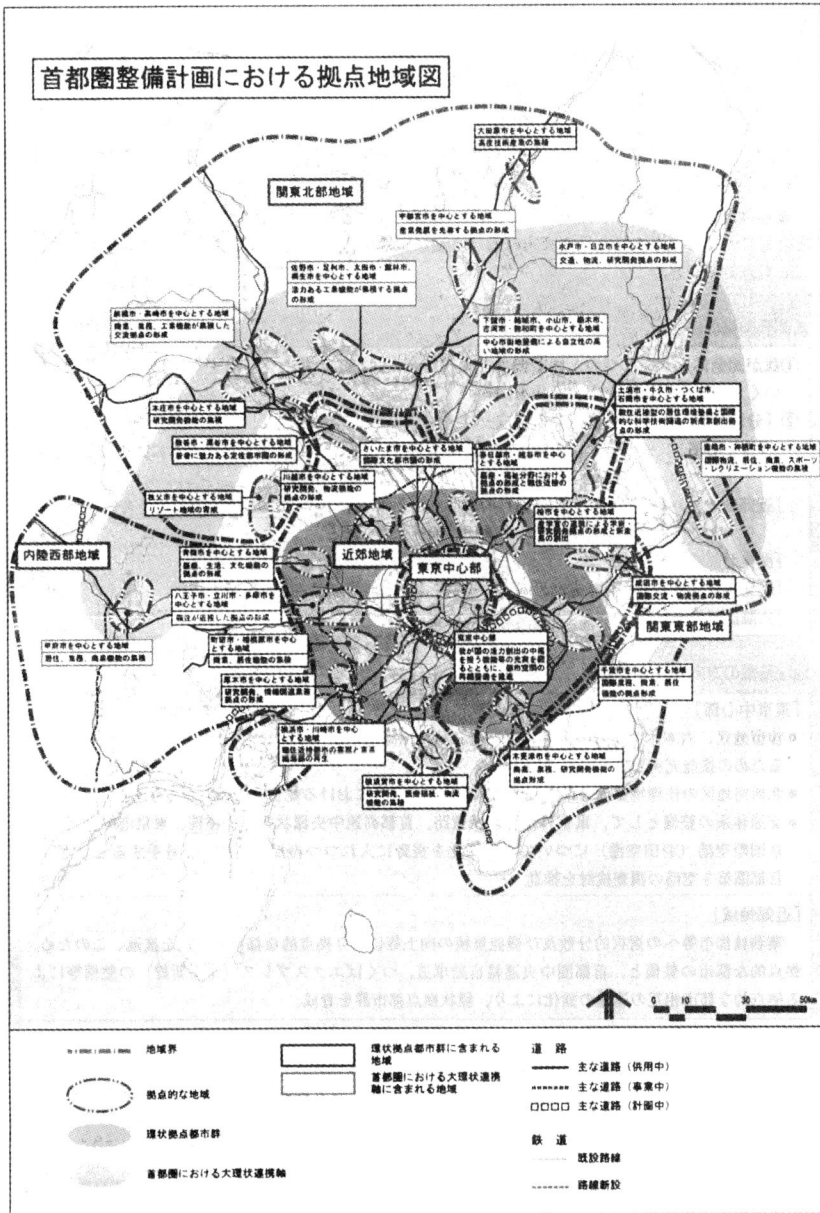

图7-2　日本首都圈整备计划中的据点地区

来源：日本国土交通厅《首都圈白皮书》，平成14年。

通过对业务核心城市的分散选择和提高机能集中度，促进据点城市的整备。通过整备据点城市、首都县中央联络自动车道、常磐新线等，加强据点城市之间的相互联系，培育环状据点都市群。（3）"关东北部地区"。在以水户市、宇都宫市、前桥市、高崎市等为中心的城市开发区域，灵活运用各自现有的集结机能，以求提高其据点性的整备，形成独立性强的区域。在此基础上，整备连接据点都市的北关东自动车道、东关东自动车道，促进相互间的合作与交流。（4）"关东东部地区"。提高该地区的独立性，促进与自然环境相调和的充满生机活力的都市环境整备。继续推进东关东自动车道、首都圈中央联络自动车道等整备，灵活利用邻近国际机场、港湾、研究开发据点的优势，加强国际交流机能。（5）"关东西部地区"。对以甲府市为中心的地区进行整备，使之成为独立性强的地区。通过整备中部横断自动车道及西关东联络公路，加强与东京圈、中部圈的交流与合作。

此外，为首都圈规划和首都圈整备计划还配套了相应的政策：（1）区域政策。旧市区在防止产业及人口过于密集的同时，应努力维持和增进城市机能；近郊整备地带因其邻近旧市区，为防止市区的无序建设，城市开发区为了合理配置首都圈内的产业及人口，应向工业城市、居住城市方面发展；近郊绿地保护区应在近郊整备地带的区域内，指定绿地保护效果好的区域，在进行新建、改建和扩建，以及建设住宅区、砍伐树木时，有义务事先呈报都道府县知事，以促进绿地保护。（2）税收政策。在城市开发区中，新增一定的工业生产设备时，其工厂建筑用地作为特别土地保有税而享受免税。另外，地方公共团体在城市开发区中所增的工业生产设备，享受固定资产税或不动产所得税优惠政策时，由国家的地方上缴税填补地方公共团体的减收。（3）财政政策。为使首都圈整备计划顺利实施，促进近郊整备地带及都市开发区的整备，有关在首都圈整备计划基础之上实施的公共基础整备，国家专门在财政上为首都圈的近郊整备地带制订了特别措施法，在此基础上，采取了提高对都县发行债券的填充率或补贴利息，对市町村的补助率等特别财政措施。

## 第二节　巴黎都市圈的战略规划

### 一、巴黎都市圈的基本概况

巴黎都市圈位于法国的北部，由巴黎市和埃松、上塞纳、塞纳－马恩、塞纳－圣德尼、瓦尔德马恩、瓦尔德瓦滋和伊夫林七省组成。区域面积12072平方公里，占全国面积的2.2%，其中自然和农业空间9900平方公里，占全区面积的82%，森林2400平方公里。区域人口1100万，占全国的18.8%。

巴黎是法国的政治、经济、文化中心，是政府、立宪机构、重要行政机关和一些国际组织的所在地。

**二、巴黎都市圈的发展历程**

巴黎都市圈经历了以下三个发展阶段：

（一）城市开发阶段

巴黎市是大巴黎地区的中心城市，早在19世纪初就已经是世界贸易和金融中心。在随后的发展中，政治、经济、文化功能得到进一步加强，特别是19世纪中期数十年间，巴黎市经历了大规模的城市建设。政府关注的也主要是巴黎市区的建设，郊区的发展还没有被引起重视。

（二）郊区开发阶段

从1890年开始，大规模的工业发展以及随之而来的人口增长促进了巴黎郊区的发展，特别是1919年后，由于在巴黎市区的发展受到了限制，巴黎郊区大片的土地被开发。二次世界大战后，巴黎城市地区非工业化趋势日趋明显。在政策的调控下，巴黎市区内的一些基础工业开始转移到大巴黎地区的边缘，甚至地区以外，而一些城市高级服务功能如管理、研究、计划等则进一步集中到城市中心。

（三）城乡协调开发阶段

郊区土地开发和权力分散化政策使城市空心化日趋明显，城区工业减少与失业人数增加，因通勤距离加大而带来的郊区交通问题以及乡村地区公共服务设施缺乏等现象也日益突出。城乡协调开发以增进大都市整体功能被提到日程上来。

**三、巴黎都市圈的发展规划**

1932年，法国第一次通过法律提出打破行政区域壁垒，根据区域开发需要设立巴黎地区，并对城市发展实行统一的区域规划，但这次规划仅将巴黎地区限定在以巴黎圣母院为中心的半径35公里之内。

第二次世界大战后，巴黎市政府对城市重新调整布局，进一步推进城区非工业化，将市区一些基础工业向外转移，城市高级服务功能则集中到市中心。

1956 年，《巴黎地区国土开发计划》完成，提出了降低巴黎中心区密度，提高郊区密度，促进地区均衡发展的新观点，建议积极疏散中心区人口和不适宜在中心区发展的工业企业，在近郊区建设相对独立的大型住宅区，在城市建成区边缘建设卫星城。在这个规划中，新建的大型住宅区和卫星城基本被安排在城市建成区内进行，以确保郊区的人口增长不会导致城市用地的继续扩大，从而达到提高郊区密度的目的。这次规划建设的 5 座新城，不是脱离巴黎独立发展，而是与市区互为补充，构成统一的城市体系，新城保持就业、住宅和人口之间的平衡，不搞单一的工业城市，信息、通信、文化、商业、娱乐等基础设施被安排在新城中心区，新城居民在工作、生活和文化娱乐方面享有与巴黎老城居民同等的水平，国家对新城优惠政策的连续性，使新城建设得以快速发展。

1960 年，《巴黎地区整治规划管理纲要》获得通过，该纲要规划沿城市主要发展轴和城市交通轴建设卫星城市，一是疏解城市中心区人口，提高城市生活质量；二是利用城市近郊发展多中心城市结构；三是沿城市主要发展轴和城市交通轴建设卫星新城；四是建设发展区域性交通运输系统；五是合理利用资源，保护自然环境。

1989 年 7 月，政府对《巴黎地区整治规划管理纲要》进行修订，并于1994 年获得议会批准，称为《巴黎大区总体规划》，该规划是目前指导大巴黎地区土地开发的纲领性规划。该规划认为，大巴黎地区具备建成世界一流大都市的条件，但也面临着经济全球化、全球性环境问题、欧盟东扩和欧洲经济重心东移的挑战。据此，规划确定了土地利用的三条原则：（1）保护自然遗产和文化遗产，取得区域内自然环境与人文环境的平衡；（2）优先发展住房，提供就业以及有利于地区协调发展的服务设施项目；（3）预留交通设施用地，预留能够促进居民参与社会活动、享受商业服务与娱乐休憩活动等项目的建设用地。规划将保护生态环境放在首要目标，将尊重自然环境与自然景观、保护历史文化古迹、保留城镇周围的森林、保留区域内的绿色山谷、保留农村景色、保护具有生态作用的自然环境等等都列入必要的措施。

规划将大巴黎地区划分为三种空间，即建成空间（城市空间）、农业空间和自然空间，并提出三种空间应兼顾，相互协调，共同发展。在城市高密度聚居区内插入"绿迹"，利用空地和水面营造绿色空间；在近郊区保留和加强"绿带"，在距城区 10—30 公里处建设 1187 平方公里的环城绿带，其中对公众开放的绿地占 49%，私有林地、旷地、农用地占 44%，大片绿地的公共活动场地占 7%；在远郊区保留和加强农业空间。城市建设应节约占用农业空间，谨慎地进行城市开发建设。规划认为交通条件是城市功能能否有效运转的重要因素，故将交通体系列入大都市地区建设的重要内容。为了平衡地区内居住与就业，减少不必要的通勤流，规划还提出在巴黎市区的周围建立多个规模不等的副中心，并保证每个副中心都有充足的公共服务设施（教育、卫生、文化、公共管理等）、商业服务以及方便的交通联系。规划还对 20 世纪 60 年代以来的新城建设进行了总结，提出了"城市需要历史，新城建设至少需要一代人的不懈努力"的重要思想。

# 第三节　纽约都市圈的战略规划

## 一、纽约都市圈的基本概况

纽约都市圈是一个综合的社会、经济区域，包括纽约州以及新泽西州与康乃狄格州的一部分，共 31 个县，总人口 1960 万，面积 33483 平方公里。其中，纽约市面积 930 平方公里，人口 800 多万人（2000 年数）。

## 二、纽约都市圈的发展历程

纽约都市圈的发展经历了以下三个阶段：

（一）中心化阶段

众所周知，曼哈顿（Manhattan）是纽约都市圈中心城市纽约市的核心。1898 年曼哈顿等五个区合并而形成了今天的纽约市，人口 336 万人。1900 年，居住、零售商业和办公业的聚集就使纽约市成为美国的金融中心。1915 年百老汇（Broadway）建设的摩天大楼剥夺了邻里享受阳光的权利，成为当时城市中心密集开发的写照。1921 年纽约市的人口发展到 618 万人，成为集金融、工业及服务业等多功能于一体的综合性城市。

（二）铺开的城市（Spread city）阶段

大量工商业聚集纽约市带来了一系列严重的城市问题，首先是住房短缺，当时纽约一住宅机构对曼哈顿东区的居住情况进行调查发现，纽约三分之一的房间里住着两个人，其余的三分之二的房间则住着 3 个人或更多；其次是工厂聚集市区引起严重的工业污染，空气污染滋生了肺气肿、肺癌等多种疾病，严重威胁到居民的身体健康。统计资料显示，1910 年，纽约市仅有 5% 的人活到 60 岁，20% 的幼儿活不到 5 岁；第三是交通拥塞，汽车涌入纽约街道，纽约市的交通变得拥挤不堪。汽车数量的增加进一步恶化交通状况。交通拥挤使居民和企业都蒙受巨大损失。据保守估计，自 20 世纪初以来，纽约每年因交通堵塞而至少损失 1.5 亿美元。此外，道德沦丧、种族骚动、吸毒卖淫、偷盗抢劫等城市犯罪在纽约市也司空见惯。这些因素有力地促进了人口的郊迁和郊区的土地开发。

二战后，纽约都市圈的土地开发进入了一个新阶段。以公路建设为先导，低密度开发的郊区在大纽约地区迅速蔓延，形成了一种典型的美国式的开发模式——"铺开的城市（Spread city）"，其特点是在郊区散布着许多新的住宅，它们之间是分割的，与城市已有的建设也是分割的，它们几乎全是低密度的。在这些住宅之间，散布着一些工厂、事务所、商店、花园公寓以及其他设施。"铺开的城市（Spread city）"是一种非常独特的土地利用方式，它不是任何城市的"郊区"，也不是那种传统的郊区，更不是一个城市，因为它铺得太开太分散；它也不是农村，因为它的设施是城市化的设施，它的人也是城市的人。这种土地开发模式是小汽车进入家庭以后出现的城市郊区化的结果。它的弊端是显而易见的：第一，土地开发无序，占用土地太多，大量休闲用地和绿色空间被侵占；第二，郊区缺乏一个公共的中心，形成一个被隔离的社会；第三，郊区的通勤量太大，造成公路交通拥塞以及区域空气质量下降。

（三）3E 阶段

3E 是指经济（economy）、环境（environment）与公平（equity），它们是生活质量的基本保证。1996 年，纽约区域规划协会以《一个处在危险中的地区》为题，警告纽约的国际金融中心地位正在下降，为了保持并提高它在世界一流城市的地位，提高地区竞争能力，提出了 3E 理念，并试图通过五大战役（five campaigns），即植被（greensward）、中心（centers）、机动性（mobility）、劳动力（workforce）、管理（governance）来整合 3E，协调城郊关系，调整土地利用方式，建立可持续发展的城乡空间结构，促进城市与区域的可持续发展。

**三、纽约都市圈的规划历程**

自 1920 年代以来，纽约区域规划协会（RPA）先后对该地区做过 3 次较大规模的区域规划：

1921—1929 年的第一次规划，RPA 便确定了十项政策和规定：(1) 通过区域（regional zoning）指导地方规划（local zoning plan）；（2）建立特殊的楔形农业用地，提供更多的开放空间，而不是公园和森林保护区；（3）为减轻交通拥塞，新的交通设施应注重整体性效果；（4）疏散那些与中心区位关系不大的活动，集聚那些不能疏散的功能，保持区域整体性；（5）高层建筑由于产生拥塞与交通需求等公共损失，一般是不可取的；（6）需要有更多的公共开放空间，特别是河流和港口边缘；（7）未来机场需要有大块土地；（8）设计要进一步细化，落实到具体区位；（9）系统地减少工业发达与不发达的城镇间不公正的财产税；（10）建立开发公司来促进工业布局调整与卫星城建设。这次规划的核心是"再中心化"。规划提出用环路系统来鼓励建设一个理想的都市景观：办公室从中心城市（曼哈顿）疏散出去；工业布置在沿着主要的郊区交通枢纽的工业园中；居住向整个地区扩散，而不是形成密集的邻里；这样，留出来的许多空地作为开放空间，吸引白领阶层到该区来生活。这一规划设想促使区域共同建立公路网、铁路网以及公园体系，这为后来区域发展提供了框架。

　　由于种种原因，演进中的纽约大都市地区并没有实现再中心化。第二次世界大战后，以公路建设为先导，低密度的郊区在纽约大都市地区迅速蔓延，形成一种典型的美国式的发展，RPA 称之为"铺开的城市"。RPA认为，如果没有规划，将造成不良的后果：铺开的城市意味着要延长通勤者的往返路程，形成一个被隔离的社会，缺乏大城市区域应提供的公共设施和交通运输设施，以及缺乏一个明确的公共中心，有一种脱离自然和乡村的感觉。

　　为了避免上述危险，1968 年 RPA 发表了第二次区域规划，其中提出了区域规划的 5 项基本原则：（1）建立新的城市中心为大量增长的新就业岗位作准备，并且集中提供高水平的公共事业，把纽约改造成为多中心的大城市；（2）修改新住宅的分区政策，以提供一个更加多样化的住宅类型和密度，让收入低的人们也能更容易住得上普通住房；（3）老城市应尽量提高服务设施的水平，从而最终改善它们的环境，重新吸引各种收入水平和各类社会阶层的人；（4）新的城市发展应当使区域的主要部分仍然保持自然状态；（5）为了使这些中心能起正常的作用，要有个更好的配套的公共交通运输规划，并使之付诸实施。可以看出，通过再集聚以阻止战后的都市区爆炸乃是第二次区域规划中最主要的内容之一；规划已注意到住房与旧城衰败的问题，并与郊区蔓延一并考虑；区域地景与交通继续为这次规划所关注。

20世纪70年代以来，纽约大都市地区的发展与事先的预测并不一致：人口出生率下降，相当多的人口从城市核心区迁至郊区，80%的住房建筑在区域的外环地带，从而消耗了大量土地，打破了传统的社区模式，出现明显的"外销内涨"。这种居住与工作地的分散致使人们更多的使用小汽车，导致公路交通拥塞和区域空气质量下降。相应地，中心城市经济衰退，城市土地得不到有效的利用，出现所谓的"空洞化"现象。

1996年，RPA以《一个处在危险中的地区》为题，发表了第三次区域规划。RPA的分析表明，纽约的国际金融中心地位正在下降，纽约、新泽西、康涅狄格3州大城市地区处于危险之中；经济增长缓慢，波动不定；社会分化现象严重；郊区蔓延侵蚀乡村地区，空气和水体受到严重污染等。RPA主张对基础设施、社会、环境与劳动力进行新的投资，同时指出：生活质量正日益成为评判区域在国内外竞争力的标准；力图通过整合3E来提高纽约的国际竞争力。

纵观纽约大都市地区三次规划：第一次规划的核心是"再中心化"，重点是中心城市的发展；第二次规划针对城市蔓延，将重点放在新城的建立，通过人口的再集聚，改变郊区低密度扩展，阻止都市区爆炸；第三次规划时，环境问题已相当突出，社会公平引人注目，因此，该规划的基本目标是重建"3E"，提高城市与区域的生活质量，强调可持续发展。

# 第四节　伦敦都市圈的战略规划

## 一、伦敦都市圈的基本概况

在过去的三个世纪中，伦敦的角色从贸易中心转换到金融中心，作为世界上主要的金融中心，它拥有掌控全球经济运作的功能。伦敦都市圈就是平常所说的大伦敦地区，它由33个区组成。伦敦是大伦敦地区的核心，现状总人口750万左右，占地面积约1580平方公里。

## 二、伦敦都市圈的发展历程

伦敦都市圈的发展经历了一个集中、疏散、再集中的过程。早在17世纪60年代，伦敦就成为英国的政治和经济中心，当时城市人口45万。18世纪初，伦敦人口达到49万，成为欧洲最大的城市。1801年，伦敦的人口达到95.9万，1885年伦敦成为世界上最大的城市，它的总人口大于巴黎，是纽约人口的三倍。到 1851 年，它的人口为 236.3 万，是 1800 年的两倍多。1901 年人口达到 453.6 万。1939 年达到人口最高峰，为 860 万。1944 年设立了伦敦外围的绿化带，伦敦的空间扩张被约束在绿化带内。1945 年英国政府开始开发新城，以疏散大伦敦的人口。1970 年代中期，伦敦外围 129 公里周长范围内，分散了 11 个新城。新城开发主要由政府投资，工业项目也优先安排在新城，大伦敦人口持续下降。1985 年后重新集中，人口增长迅速，主要是人口自然增长和海外移民，金融和商务服务业发展迅速。

### 三、伦敦都市圈的发展规划

1937 年，英国政府成立"巴罗委员会"。1942 年，委员会遵循"调查—分析—规划方案"的方法开始编制伦敦规划，1944 年完成轮廓性规划报告，其后又陆续制订了伦敦市和伦敦郡规划。当时的规划方案是在距伦敦中心半径约为 48 公里的范围内建设 4 个同心圈：第一圈是城市内环，第二圈是郊区圈，第三圈是绿带环，第四圈是乡村外环。

大伦敦的规划结构为单中心同心圆封闭式系统，采取放射路与同心环路直交的交通网络连接。

1946 年《新城法》通过后，掀起了新城建设运动，到 20 世纪 50 年代末，在离伦敦市中心 50 公里的半径内建成 8 个被称为伦敦新城的卫星城。建设 8 个卫星城是为了解决城市人口集中，住房条件恶化，工业发展用地紧缺等问题，目标是"既能生活又能工作，内部平衡和自给自足"。为了达到这个目标，新城千方百计引进工业，并注意避免工业部门单一化，为新城居民提供相当数量的工作岗位。在新城区，配有完善的基本生活服务设施，以满足居民工作和日常生活需要。20 世纪 60 年代中期，大伦敦发展规划编制，该规划试图改变同心圆封闭布局模式，使城市沿着三条主要快速交通干线向外扩展，形成三条长廊地带，在长廊终端分别建设三座具有"反磁力吸引中心"作用的城市，以期在更大的地域范围内解决伦敦及其周围地区经济、人口和城市的合理均衡发展问题。20 世纪 70 年代，英国政府调整了疏散大城市及建设卫星城的有关政策，1978 年通过《内城法》，开始注重旧城改建和保护。

1992 年，伦敦战略规划委员会提出了伦敦战略规划白皮书，突出体现了四点指导思想：第一，重视经济的重新振兴；第二，强化交通与开发方向的关联性；第三，重视构筑更有活力的都市结构；第四，重视环境、经济和社会可持续发展能力的建设。

1994 年该委员会又发表了新的伦敦战略规划建议书，其基本前提是强化伦敦作为世界城市的作用和地位，另外也明确指出伦敦大都市圈和东南部地方规划圈之间的关系和发展战略。这次建议书的主要内容也包括四个方面：第一，重视经济的重新振兴；第二，提高生活质量；第三，提升面向未来的持续发展能力；第四，为每个人提供均等发展机会。

关于城市结构的组织和发展，在保持原有政策的基础上，该建议书强化了城市中心的重振，城市间网络的联系以及绿化带和河流在城市景观中的作用。

关于交通规划，该建议书以削减总的交通流量为发展目标，具体措施是促进交通方式的改变；有效利用能源；提高环境质量；对中心区交通进行管制，减少中心区的噪音；提倡发展公共交通等。

在 1994 年规划中，强化伦敦作为世界城市的作用和地位，明确了伦敦都市圈和地方规划圈之间的关系和发展战略。

1997 年，民间规划组织"伦敦规划咨询委员会"发表了为大伦敦做的战略规划，该战略规划涵盖伦敦经济、社会、空间和环境的发展，目标旨在确定伦敦如何面对挑战、抓住机遇，规划提出了四重目标组成的指导思想，包括强大的经济、高水准的生活质量、可持续发展的未来、为所有人提供机遇。这次规划根据伦敦不同区域发展水平的差异，制定了不同的发展战略：伦敦中心区是交通最为便利的地区，对商务、商业、政府、文化活动最具有吸引力，应该平衡办公楼、商业、文化娱乐等各项活动与住宅之间的发展；在这一区域，要改善环境质量，建立安全的居住社区，增加低价住宅数量和提高公共交通能力。这次规划特别注重社区更新和公共交通安排，如提倡步行和骑自行车，限制机动车，特别是私人小汽车的使用。这次规划对环境给予了较高关注，除大气、水体、噪声等问题外，还包含了对一些重要空间要素的整治，如开放公园、广场绿带、泰晤士河、历史遗产等地的空间、街道和广场，改善交通方式和建设便捷的交通廊道。

# 第五节　首尔都市圈的战略规划

## 一、首尔都市圈的基本概况

首尔都市圈包括首尔特别市、仁川广域市和京畿道，土地总面积

11726 平方公里，占韩国国土总面积的 11.8%，人口 2000 多万，占韩国总人口的近一半。其中，首尔特别市的土地面积 605.5 平方公里，1999 年人口 1032 万人，占首尔都市圈总人口的一半多。首尔都市圈的形成开始于 20 世纪 70 年代中期，1982 年颁布的《首都圈管理法》首次确定了这一区域的边界。

### 二、首尔都市圈的发展历程

首尔是世界上最具活力和发展最快的城市之一。早在 1394 年，它就成为李氏王朝的统治中心。但在接下来的 500 年间，首尔基本上处于停滞状态，变化不大。1890 年，首尔特别市有人口 25 万人，1940 年达到 114 万人，1960 年达到 244.5 万人。自 1960 年代工业化以来，首尔特别市的人口增长进入了加速阶段，1970 年达到 554 万人，1980 年达到 689 万人，1990 年达到 1073 万人，1992 年达到最高峰 1097 万人。首尔特别市的人口密度也由 1970 年的 9147 人/平方公里提高到 1992 年的 18121 人/平方公里。城市集中开发造成房地产价格过快上涨、环境污染、交通拥塞以及由此而来的城市运行效率下降和竞争能力弱化等问题。自 20 世纪 80 年代以来韩国政府采取了一系列政策限制城市规模的过快膨胀，但效果并不理想。

自 20 世纪 90 年代以来，首尔都市圈的发展面临着双重任务：一是在经济全球化的冲击下，如何提高国际竞争能力？二是如何解决人口规模过分膨胀造成的"大城市病"？韩国政府选择了开发新区，通过新区开发，疏解旧城的人口压力，促进旧城改造，为高级服务业的聚集开辟新的空间。

### 三、首尔都市圈的发展规划

面对首尔都市圈发展中出现的各种矛盾，韩国中央政府采取了一系列强有力的规划和政策措施。其中包括：区域规划和绿化带建设、分散城市职能、新城建设、新村促进运动、区域协调政策等。这些规划和政策的作用点是分散经济活动、控制人口流入首尔，同时促进韩国其他地区迅速增长，与首尔都市圈达到协调发展。

（一）区域规划

为了实现首尔都市圈人口和经济活动的合理再布局，1984 年，按照《首都地区管理法》（1982）的要求，韩国政府制定了"首都圈整治规划"。该规划将都市圈分为 5 个分区，对各地区实施不同的发展战略。各地区申请项目由"首都地区管理委员会"审查决定。规划的主要目的是根据不同地区的基础条件，制定和限制各自行为，通过开发鼓励发展地区，吸纳从限制和控制发展地区分散出来的人口和工业。

1993 年，首都圈整治规划进行了修改，将 5 个区合并为 3 个区，即拥挤限制区、增长管理区和自然保护区。在新规划中，由首尔和其郊区组成的拥挤限制区受到严格控制，主要以工业和人口的疏散为主，生产性设施、办公楼和其他发展项目只有满足特定要求，才能允许建设；在增长管理区，大型工厂外只允许建立一般的工厂，以及满足基本需要的办公、研究机构、企业、居住等设施；而在汉江上游的自然保护区，则基本保持原状，不进行开发。修正后的规划相对放宽了先前过于严格的地区划分，使之有利于私营企业的发展和灵活设施的建设。

（二）绿化带建设

为防止大城市市区的无序扩张，参考英国大伦敦规划，即在大城市周围设置绿化带、开发卫星城市的做法，1963 年，韩国制定了设置绿带的规划，但是直到 20 世纪 60 年代末，当爆炸性的城市扩张成为公众关注的一个主要问题时，它才受到认真对待。1970 年，韩国的城市规划法颁布，该部法律是创造开发限制区（主要就是绿带）的法律基础。1971 年开始设置开发限制区域，首先设置在以首尔为首的大城市周边区域，然后逐步扩大设置于中小城市周边地区。首尔的绿带由农田和林地构成，设在围绕城市密集区 15 公里半径处，总计 1567 平方公里，占首都地区的 29%。首尔绿带政策成功地控制了城市向周围农村地区的蔓延，并且保护了城区周围的自然和半自然环境。这项政策的成功是由于政府对指定地区土地使用强有力的法律控制。

关于绿带政策，也存在一些问题。1985 年，国家对绿带政策进行问卷调查，超过 85% 的韩国市民支持该政策，然而，对绿带内私有土地的严格控制严重影响了土地所有者和农民的利益。调查显示，住在绿带内的市民有 67% 对开发限制政策持反对意见。而且，首尔增长的严格控制反过来鼓励了绿带外围卫星城市的蔓延。绿带对限制首尔的规模膨胀起了很大的作用，但是对于首都圈的膨胀却贡献不大。

（三）分散城市职能

韩国政府认为城市的生产部门和政教机构是首尔市吸引人口的主要因素，为此，韩国政府制定了一系列政策分散工业、学校和政府机关。

1964 年的《控制快速城市增长的国务决策》就提出"不鼓励首尔的新工业开发"以及"二级政府机构在地方城市的重新分布"。1967 年颁布

"地方工业促进法"，鼓励生产设施向人口较少的省区转移。1972年的《首尔土地利用控制》又提出了"减少首尔居住和工业用地的区划"和"在首尔外重新安排政府机构"。1977年，韩国制定《工业分散法》，规定与城市土地利用规划相违背的工厂必须进行搬迁。同年，颁布《环境保护法》，该法将污染工业强行迁至首尔西南的安山新城。为了加速外迁的过程，韩国政府还通过税收杠杆来刺激工业布局的调整。它对首都圈迁出的公司和企业实行减免税，而对都市区企业的建立和扩张征以3—5倍的重税。经过多年的努力，上述政策措施已在实践中初见成效，首尔制造业比率正逐步下降，但京畿道在20世纪80年代却出现了增长的趋势。与制造业相比，政府机构的重置并未取得多大的进展。20世纪70年代后期，韩国在首尔南部的广川建立了一个政府办公城，容纳了包括建设部在内的许多部级机关。但由于广川与首尔相去不远，故实际对首尔的疏散作用不大。韩国政府曾先后拟订过四次向首都圈外分散公共机关的计划，其中第四次计划——大田屯山政府大楼搬迁计划涉及搬迁公务员4000余人，是历次计划中规模最大、实施最有力的。

在分散其他职能的同时，韩国政府也越来越意识到高等院校对首尔人口控制的重要性。自1970年开始，政府颁布了几个相关的政策法规。在首尔，不仅严格控制学生的数量，而且禁止建设新的学校和对现有大学进行扩建。

（四）新城建设

从20世纪60年代至80年代，韩国政府一直在推行新城政策，以分散过度集中的首尔。新城政策在各个阶段有不同的具体任务和目标。60年代初韩国的新城市政策是根据当时的区域振兴政策而推进的，开发了昌元、骊川、丘尾等新城市。70年代新城市建设政策是以重化工业的疏散为重点，首尔西南部区域的安山新城市就是为了转移首尔市内中小工厂以及公害企业而建设的。进入80年代以后，为解决严重的住宅不足和土地、住宅价格上涨等问题，1988年韩国建设部决定在首尔的绿带外建设五个新城市，即盆唐（Pundang）、一山（1lsan）、坪村（Pyongchon）、山本（Sanpon）和中洞（chungdong），这五个新城的规划人口120万，占地4500公顷。这些新城不同于以往的卫星城开发，主要以第三产业为主。

（五）新村促进运动

20世纪70年代初期，韩国曾经实施了"新村促进运动"，主要通过政府投资建设农业基础设施和公用设施，提高农产品价格，在农村创造就业机会，提高农民收入，以减少农村向城市的移民。"新村促进运动"虽取得了进展，使农村向城市的移民数量一度有所减少，但是由于农村产业结构未作根本性调整，加上稻米生产已达技术极限，农村家庭收入仍未达到城市家庭的水平，从 70 年代后期起还是产生了更大规模的农村向城市的移民浪潮。

（六）区域协调政策

20 世纪 70 年代，为了从根本上解决向大城市过度集中的问题，从而均衡开发国土，同时为了建立国家重化学工业基地，韩国政府提出培育相对于首尔的增长极，在具有区位优势的东南沿海地区蔚山、浦项、马山、温山等地建设机械、石油化学、钢铁、输出自由基地等产业园地，并为有效地开发建设工业园地，韩国政府制定了《产业基地开发促进法》（1973）。

20 世纪 80 年代初期，为了实现全面发展，培育更多的成长据点城市，《第二次国土综合开发规划》（1982—1991）中韩国政府提出国土多中心开发构想，并出台了两个战略规划——整体生活圈战略（the integrated living sphere）和增长中心战略（the growth center）。但是，由于中央政府的财力不足，以及这些中小城市的区位竞争力低下等原因，在实施规划过程中政府意识到原规划不能按时促进，于是，1987 年政府修改制定《第二次国土综合开发修订规划（1987—1991）》，取消成长据点城市和地区生活圈中心城市开发模式，把首都圈以外的地区划分为与首都圈相对应的西南圈、东南圈、中部圈，采取以培育这些圈域中心大城市为主的政策。

1982 年，韩国颁布《首都地区管理法》，目的是对整个首都地区的经济发展、土地使用和基础设施安排进行统一部署和管理，取代先前局部的管理和控制方法。该法确定了首都地区的边界，即将迅速发展的城市化了的地区作为首都地区，范围包括中心城市首尔市以及仁川、京畿道行政区和 64 个低级别的地方行政区；该法提出要制定首都地区规划，设置了首都地区管理委员会。

20 世纪 90 年代，进入全球化时代，韩国政府在区域发展政策上引进"地方广域圈开发战略"，认为如果把具有职能联系的城市捆绑在一起，即以城市群为单位进行开发时，就可以互补职能上的不足，提高投资效率，更为重要的是可以获得开发共生效果，从而能够发展成为多少可与首都圈相竞争的、与国际社会直接接轨的城市圈（区域）。基于上述认识，韩国政府决定促进可与首都圈相竞争的具有规模经济的地方广域圈的开发，并于 1994 年制定《有关区域均衡开发及中小企业培育法律》，以奠定法制基础。

## 第六节　国外都市圈战略规划的经验启示

### 一、规划有法律保障

规划是在法律的基础上完成的，确保了规划的权威性和严肃性，也确保了规划实施中的强制性。如日本东京都市圈规划是在《国土规划法》和《首都圈整备法（1956 年法律第 83 号）》的基础上制定的；韩国首尔都市圈规划是在《首都地区管理法》（1982）的基础上制定的；英国政府为了规划建设伦敦都市圈的新城，于 1946 年颁布了《新城法》。中国目前开展的都市圈战略规划，尚缺乏法律的支撑，是政府积极运作的结果。

### 二、规划体系完善

规划要有层次性，上下级规划要协调，同级规划也要协调。日本东京都市圈规划清晰地反映了规划的层次性，比如，在全国一层，有《全国国土综合规划》；在都市圈层次，有《首都圈基本计划》；在都市圈内部，有《首都圈整备计划》和《首都圈事业计划》。《全国国土综合规划》侧重于长期性、宏观性和战略性，是都市圈战略规划的指导和依据；《首都圈基本计划》侧重于构想和前瞻，可以视为中期规划；《首都圈整备计划》是五年计划，比《首都圈基本计划》详细；《首都圈事业计划》是年度计划，侧重于落实。自上而下，体系完善。

### 三、规划因时制宜

不同时期，都市圈发展面临的问题不同，规划的理念和思路以及侧重点也有所不同。体现了规划的因时制宜和与时俱进。综观上述都市圈规划案例发现，在都市圈发展初期，都市圈核心过密与都市圈外围地区过疏是面临的主要问题，疏解中心区功能、发展边缘区新城是主要任务；在都市圈发展的中后期，人口压力减缓，而核心竞争能力的提升与保护历史文化遗存以及维护良好的生态环境成了都市圈发展规划要解决的主要问题。

### 四、规划因地制宜

在都市圈内部，不同地区承担着不同的功能，也面临着不同的问题。

都市圈战略规划要因地制宜，区别对待。这在国外都市圈战略规划中都有体现。比如，日本东京都市圈规划将都市圈域划分为五大片区，即"东京中心地区"、"近郊地区"、"关东北部地区"、"内陆西部地区"和"关东东部地区"，每个片区有不同的发展策略；韩国首尔都市圈规划将都市圈域最初划分为 5 个区，后来合并为 3 个区，即拥挤限制区、增长管理区和自然保护区，对每个区也有不同的发展策略；巴黎都市圈规划将大巴黎地区划分为三种空间，即建成空间（城市空间）、农业空间和自然空间，并提出三种空间应兼顾，相互协调，共同发展。

## 五、规划与政策结合

规划的目的是实施，实施要依靠政策；同样，政策要有依据，政策的依据就是规划。从国外都市圈战略规划的案例来看，规划与政策完美结合。比如，日本东京都市圈规划方案中，有配套的区域政策、税收政策和财政政策；韩国首尔都市圈规划也是如此。

## 六、规划以人为本

规划和发展的终极目标是以人为本，这在国外都市圈战略规划中有很好的体现。比如，东京都市圈战略规划提出的"工作与居住相平衡的就业结构"、巴黎都市圈战略规划提出的"保护自然遗产与文化遗产，取得自然环境与人文环境的平衡"和"预留能促进居民参与社会活动的建设用地"、伦敦都市圈战略规划提出的"注重生活质量，为每个人提供平等的发展机会"、纽约都市圈战略规划提出的"3E"理念等，都很好地诠释了"以人为本"的规划理念。

# 第八章 国内都市圈战略规划案例

自本世纪初以来，国内一些地方先后掀起了都市圈战略规划的热潮。与国外相比较，中国的都市圈战略规划有自己的鲜明特色。从不同地区的案例研究来看，有许多值得我们思考的地方。

## 第一节 大北京地区战略规划①

### 一、地域范围

大北京地区指由北京、天津、唐山、保定、廊坊等城市所管辖的京津唐和京津保两个三角形地区，土地面积约7万平方公里，总人口4000多万。该地区相当于历史上的"京畿"地区，现在也称作"首都圈"。

### 二、发展策略

（一）以城市地区的观念，塑造合理的区域结构形态

大北京地区范围广阔，行政单元众多。为满足世界城市建设和地区可持续发展的迫切需要，必须制定一个整体性战略和多种可能的发展模式。

（二）实行双核心/多中心都市圈战略

对核心城市无序的过度集中进行"有机疏散"，缓解空间压力。与此相配合，在区域范围内实行"重新集中"，努力使区域发展由单中心向多中心形态转变。

当前核心城市空间发展仍处于膨胀与无序蔓延之中。必须从区域空间结构、城市的合理布局、就业与居住等城市功能便捷联系、现代城市交通体系发展的可能等规划概念中，寻找大北京地区合理的空间结构。

类似北京这样的城市，城市日常功能的疏解范围应该是在距离城市的

---

① 摘自：邹军等主编《都市圈规划》，中国建筑工业出版社2005年版，第11页。

1—2 小时的车程，也就是 100—200 公里的范围之内。

目前北京城市空间疏解的主要方向应该是充分利用沿京津、京广（深）、京秦等交通条件较好、生态相对健全的地区优先发展。将来其他地区也需要在对城市地区交通体系、生态安全格局以及功能格局的科学研究的基础上逐步发展。天津"发展扩散中心城市，大力发展区县所在中小城市，重点发展中心镇，普及发展生态村"，形成 50 公里左右、30 分钟的交通大都市圈。

目前北京、天津等城市正处于快速发展时期，河北省宜利用这一机遇，与北京、天津核心城市的有机疏散配套发展。建议开发北京（包括远郊区等）及河北省燕山南麓冀东平原上的三河、蓟县、丰润以及南戴河、北戴河、秦皇岛一线（生态环境较为健全的地区）的小城镇，缓解北京、天津中心城的压力。

（三）强化生态建设

以环境容量为前提，大力保护生态环境敏感区与生态服务功能区，明确划定保护地区或限制发展地区，进行区域生态环境建设和流域综合治理，保护缺水地带的农田和林地，发展生态绿地，改善地表覆盖状态。

（四）优选城镇走廊

结合生态环境保护与建设，沿燕山与太行山山前、滨海、交通干线，开拓城镇发展地带，优选城镇走廊。

**三、空间组织**

（一）构造双核心/多中心的区域空间结构

在发展中谋求多方面动态的相对平衡，以京、津双核为主轴，以唐、保为两翼，根据需要与可能，疏解大城市功能，调整产业布局，发展中等城市，增加城市密度，构建大北京地区组合城市，优势互补，共同发展。

（二）建设综合交通运输体系

要积极推进城际快速轨道网络建设，强化大能力通道，为城市布局的扩展和城市体系的组织创造新的条件。通过构筑区域交通网络来调控区域空间布局，引导土地的合理开发与利用。

（三）塑造区域人居环境的新形态

采取"交通轴＋城镇＋组团生态绿地"的发展模式，塑造区域人居环境的新形态。

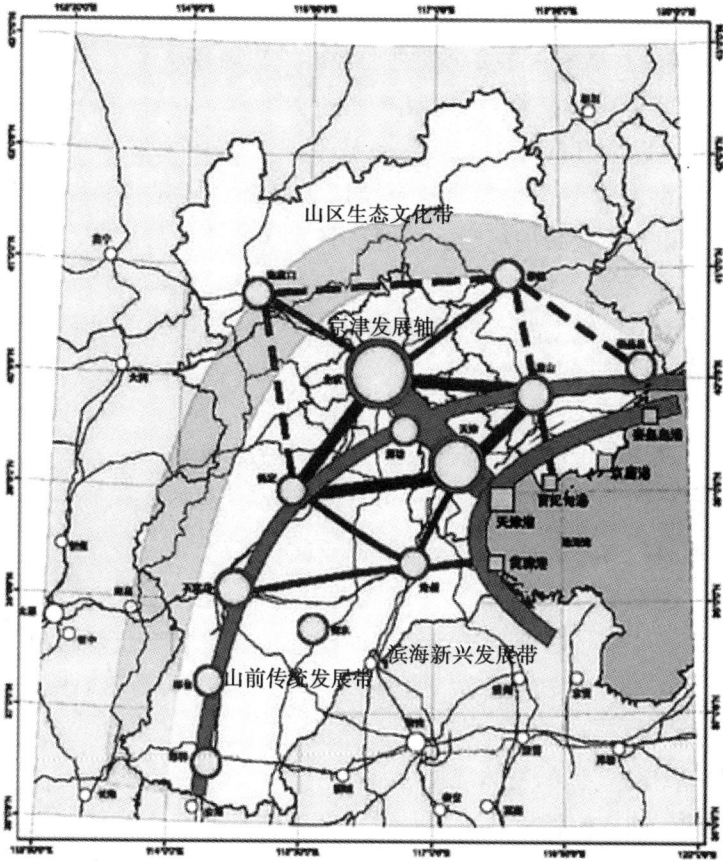

图8-1　大北京地区的空间战略

图片来源：http：//news. tom. com，2006-10-21。

## 第二节　环杭州湾地区城市群空间发展战略规划①

### 一、地域范围

　　环杭州湾地区城市群范围包括杭州市、宁波市、绍兴市、嘉兴市、湖州市和舟山市六市，以及六个城市下辖的25个县和县级市及21个区，土地面积约4.54万平方公里。

　　①　来源："《浙江省环杭州湾地区城市群空间发展战略规划》解读"，湖北省建设厅网站（http：//www. hbsjst. gov. cn）。

## 二、发展策略

(一) 园区整合——夯实建设先进制造业基地的载体

1. 开发区（园区）整合与扩容

区域内将以现有的经国务院、省政府批准的国家级、省级经济（技术）开发区为主体，以现有的各类园区为基础，依托"沿路、环湖、滨海"三大城市与产业带的组织，通过对开发区的整合与扩容，构建三大片共12个产业重点发展区域。

嘉湖片承担接轨上海，实现区域产业向中西部传递的重要功能。具体包括嘉兴沿路产业区、嘉兴滨海产业区、湖州环太湖产业区和湖州临杭产业区。

杭绍片是环杭州湾地区产业布局的核心空间，承担打造先进制造业基地和带动区域产业发展的重要功能。具体包括杭州东部产业区、杭州西部产业区、绍兴滨海产业区和绍兴南部产业区。

甬舟片突出海洋资源和港口资源的开发利用，提高对海洋的利用水平，大力发展临海、临港型产业经济，打造先进的制造业基地和现代化海洋经济区。具体分为宁波沿海（临港）产业区、宁波沿湾产业区、宁波沿路产业区和舟山产业区。

2. 控制产业新区的总体规模

随着城市结构调整，城市工业绝大部分往产业新区转移，规划要求产业新区与城市用地应保持在 1∶0.6 的比例关系。产业新区空间总体规模控制在 1200 平方公里内。

3. 整合乡镇工业区

设立集中工业区，整合土地资源，将乡镇工业区纳入城镇总体规划与土地利用总体规划，邻近省级以上开发区的乡镇工业区纳入上述区块，统一规划布局。

(二) 重大基础设施——在共建共享中全面对接上海

在重大基础设施建设方面，环杭州湾地区将以一体化的形象出现，在共建共享的基础上与上海全面对接。

在交通网络的建设上，从公、铁、水到航空，环杭州湾地区都将以多通道、多方位的交通发展模式主动对接上海，融入"长三角"区域交通一体化进程。

以"加密、成网、贯通"为原则，环杭州湾地区规划建设"七接、三通、二绕"的高速公路网络，高速公路市县区覆盖率达到100%。

"七接"分别为沪杭甬高速公路、杭州湾临江滨海高速公路、申嘉湖杭高速公路、申苏浙皖高速公路、杭宁高速公路、乍嘉苏高速公路、杭州湾跨海大桥慈溪通道北岸接线延伸高速公路。

### 三、空间组织

以"三、三、四、六"为总体框架构造城市群，即以一个杭州湾城市连绵带为基础，形成嘉湖、杭绍、甬舟三片城市集群、四类生态控制区、六个都市区的格局。

**图8－2 环杭州湾地区城市群空间战略**

图片来源：人民网（www. people. com. cn），2005－2－19。

具体来讲，第一个"三"指构筑三条接轨上海的城市带，即沿沪杭甬高速城市带、滨海城市带、环南太湖城市带。

第二个"三"指的是形成三大城市集群。即依托上海的嘉兴、湖州城市群，依托杭州的杭州、绍兴城市群，依托宁波的宁波、舟山城市群。到规划期末的2020年，区域内城市化水平将达到70%—75%，真正实现城乡一体化。

"四"指四类重大生态保护区。一是杭州湾滨海生态保护区；二为西部、南部水土保持与水资源涵养保护区；三是环太湖周边区域，严格控制农业生产污染、城镇建设污染与产业基地污染；四为平原水网密集地区生态保护区。

"六"就是指呈"V"形连续分布的六个都市区，即杭州、绍兴、宁波、舟山、嘉兴、湖州六个都市区。其中杭州、宁波为大都市区。按照规划，到2020年，杭州、宁波将成为人口规模分别为500万和350万左右的特大城市，绍兴、舟山、湖州、嘉兴成为人口规模分别为200万、100万、150万、200万左右的大城市。

# 第三节　长株潭城市群区域规划[①]

## 一、地域范围

长株潭城市群地域范围包括三市市域，合计28088平方公里，其中长株潭三市城市群核心地区4500平方公里。

## 二、发展策略

（一）产业发展

1. 第一产业

根据市场需求和地域特点，调整农业产业结构，形成优质高效的现代农业生产体系。在城市群核心地区发展都市型农业，建立现代化农业示范工程和现代农业经济示范区，在丘陵山地大力发展特色农业、观光农业、林果业，建立若干农副产品生产基地。

2. 第二产业

全面改造传统工业，大力发展电子信息技术与设备、交通与电机设备制造、食品与制药、文化等四大产业群和若干主导产业，开发大批具有较强国际、国内竞争力的特色产品。

3. 第三产业

依托城市群的交通、区位优势，战略地位以及文化特色，以资源共享、互利互惠为原则，通过对城市群内各类大型跨区域服务设施的整合发展，构建功能完善、竞争有序、全面协调发展的城市群现代服务业体系和旅游产业体系。

---

① 摘自：卢庆沙"解读《长株潭城市群区域规划》"，区域与旅游规划空间站（http://www. plansky. net），2005 − 08 − 12。

4. 产业布局

长沙作为长株潭最具潜力的产业增长中心,以高新技术产业和第三产业为重点,特别是要发展壮大以电子信息为主的高新技术产业。加快发展金融、科技、教育、文化、信息、旅游业,着重构筑现代科教中心、商贸中心、文化中心及信息中心。

株洲作为有基础优势的工业中心,要依托自身的交通中心地位,增创工业新优势,重点改造提升交通设备制造、有色冶金业、化工业、食品加工业、陶瓷业、建材业,并且培育发展新材料、医药保健制品、电子信息业、先进制造技术和环保节能降耗等高新技术产业。

湘潭要加速黑色冶金、精细化工、机电、机械制造、建材、纺织及原料等传统工业的优化升级,努力培育光机电一体化、新兴材料、生物制药等高新技术产业和教育、文化、旅游等第三产业,力争建成新型的制造工业中心和新兴的科教基地。

（二）交通运输体系建设

建成以长沙公路主枢纽、长沙主枢纽港、黄花空港和株洲铁路枢纽为中心,以公路干线、铁路干线、湘江干流航道、黄花机场为骨架,由公路、铁路、水运、航空等多种运输方式构成的布局合理、快速便捷、连接区域内外的满足国家、湖南省以及长株潭区域经济发展和客货增长需求的综合交通运输系统。

构筑长株潭三市交通骨架;形成带动区域整体发展的南北向交通走廊;强化区域东西向交通联系,带动湘江西侧欠发达地区的发展;巩固和强化湘江东岸已有的交通优势;促进长株潭交通网络同城化;建设联系三个中心城市主城区和重要功能区的快速城际轨道交通网络,加强区域内部城镇之间的联系。

建成由公路、铁路、水运、航空、管道等运输方式构成的四通八达的满足国家、湖南省和区域客货运输增长需要的对外综合运输大通道。

（三）生态建设

1. 生态功能分区

根据长株潭区域生态格局的基本特征与土地利用现状,划定四类生态功能分区:

（1）周边低山丘陵水土保持与水源涵养林生态区。该区以恢复地带性原生植被为主,建立合理的植物群落结构,提高水土保持与水源涵养能力，增强森林景观的生态环境功能，使之成为区域环境功能的保护屏障。

（2）湘江河谷生态区。该区以水风景建设为主，集生态绿化、防洪堤建设、水污染治理、江心洲防护、湿地保护为一体，应综合规划、分段布局，使滨江地区成为一个环境优美，集休闲娱乐、旅游观光、自然保护为一体的景观生态区。

（3）盆地内部丘间低地与缓岗丘陵农业生产及人文生态交错过渡区。丘间低地以农业利用为主，发展生态农业经济；缓岗丘陵以发展经济园林为主，辅之以速生用材林。在树种选择上，应注意物种多样性与经济效益相结合，速生林与原生林相结合，风景林与生态林相结合；在空间布局上，应使不同林种的植被相间分布，注意相对集中与适当分散的关系、方便生产与美化居住环境的关系、人居环境建设与生态建设之间的关系，以提高抗御各种自然灾害的能力，改善生产与生活环境。

（4）城市人文生态区。该区分别位于长沙、株洲、湘潭盆地的中部，濒临湘江两岸，是人口高度集中、社会经济发达的人文景观区。该区生态建设的重点是充分利用区内自然地物的结构特征，合理规划布局公共绿地系统，增加市区绿地面积，改善城市生态环境。应避免"摊大饼"式的城市发展模式，在合理调整城市功能分区的同时，以合理的生活圈为组织框架，走"组团"式发展道路。

2. 生态空间管制

长株潭城市群核心地区是区域生态整体系统的有机组成部分，对核心区生态空间实施有效的管治是保证核心地区城市功能系统有效运转和可持续发展的安全保障。

主要分为五类：

（1）禁止开发区域（属于城市群的绿色生态空间）

A. 保护区：主要有自然保护区、水源保护区、湿地保护区、有严重地质灾害的地区、地下有宝藏的地区、生态环境极端脆弱地区。

B. 水域：湘江、其他河流、湖泊。

C. 郊野公园：主要风景名胜区、森林公园、动植物园和度假区（含国家级、省级、市级）。

D. 生产防护绿地：主要包括交通线两侧的绿地、苗圃、果园和楔形绿地。

E. 特殊的绿地：包括特殊地质地貌区、泄洪区、滞洪区。

（2）限制开发区域（属于城市群的边缘型空间）

A. 基本农田保护区。

B. 大面积乡村地区空间，包括乡集镇驻地、农村居民点、道路、水利、小型生产性建筑和公共建筑，不允许搞工业的区域。

C. 湘江两岸100米以内地区，项目重复建设的地区等。三市城市总体规划中按功能明确限制和控制蔓延的地区。

（3）远景开发建设区域（属于城市群的备用空间）

三城市的远景建设用地及重点镇的远景建设用地，以及部分区域性交通干线及沿线用地。属于战略性空间发展地区。

区内的土地开发必须按行政区划经市城市规划管理部门或县城市规划主管部门批准方可进行。严格保护生态环境、禁止开发有污染的工业门类。

（4）规划期内可建设区域（属于城市群的增量空间）

合理布局城市发展和各类建设用地，分期、分批进行建设用地开发，一是为了防止圈地废耕行为、防止农用地的减少，起到保护农用地的作用；二是为了防止零星开发造成的浪费行为，控制建设用地的增长，达到控制城市地价的目的。规划以较低密度的开发和用地性质的限制控制该类用地。

城镇建设用地范围内的农用地在批准改变用途之前，应按照原用途使用，禁止荒芜土地。

（5）城市（镇）已建成区域（城市和建制镇）（属于城市群的存量空间）

包括三市、县城和重点城镇现状已建成区、已经有发展基础的地区，"七通一平"等基础设施已经到位的地区，已经有外商或投资商意向投资开发的地区，被省政府在"十五"期间列为重点开发区的地区，主要指拥有的国家级高新技术产业开发区、国家经济技术开发区，省级高新技术产业开发区和经济技术开发区，各种类型的农业高新园区、工业园区和开发基地等等。属于优先发展地区。

城市建设必须符合三市城市总体规划、各县城市总体规划。城镇中的村庄，提倡由居民自发的、循序渐进的逐步改造。对城乡结合部的村落，将严格控制其规模进行，提倡村民向城镇转移。为保证城市群区域整体协调发展，区域经济持续、健康发展，人居环境优良，规划要求在下一步的生态次区域规划中要分别制定不同的发展策略进行具体的指导控制。

这部分空间涵盖了核心地区的三主四次十五片区组团和 29 个小城镇以及三市区域内的规划次中心城市、规划重点城镇地区。

### 三、空间组织

保持和加强以京广铁路、京（武）广客运专线铁路、京珠高速公路、107 国道及湘江生态经济带为主轴线的突出地位，继续促进这条轴线的集聚和辐射作用，以这条轴线为核心和纽带促进三市经济的一体化；

积极打造两条次轴线（即以 319 国道、320 国道和上瑞高速公路为轴带），作为次级密集发展轴带和主轴线的补充，规划期内较大幅度地推动沿线经济发展水平的提高，促进区域城镇的协调发展和城镇等级结构的改善；

同时，以两条辅轴（即湘乡—韶山公路和 106 国道）为纽带，联系和辐射广大的三市市域地区。

形成以长沙、株洲、湘潭为核心和中心结点的放射状城镇布局，以三纵两横（即一主两次两辅）夹绿心的“'冉'字形结构”支撑起整个区域的城镇发展空间

长株潭城市群核心地区的空间结构框架为："以周边良好的生态环境为背景，以长株潭北、西南、东南三个功能区为主次核心，三市结合部金三角地区为绿心，突出长沙城区（即长株潭北核）作为核中核的地位，城市中心组团、片区组团和小城镇构成发育相对完善，区域基础设施网络发达，各类空间协调发展，生态循环良好的网络型的城市化地域，概括为'一主两副环绿心'的空间结构"。"一主两副环绿心"的空间结构，包括了三个主中心组团、四个次中心组团以及十五个片区组团和 29 个小城镇组团。

# 第四节　南京都市圈战略规划①

### 一、地域范围

南京都市圈的地域范围包括：南京市、镇江市、扬州市、马鞍山市、滁州市、芜湖市的全部行政区域，淮安市的盱眙县、金湖县和巢湖市的市

---

① 摘自《南京都市圈规划》，江苏省建设厅等 2002 年版。

区、和县、含山县。土地面积 44058 平方公里，总人口 2325 万人。

**二、发展策略**

（一）产业发展

1. 区域一体化：面向市场，依托制度创新、技术创新以及发达的区域性基础设施网络，与上海、苏锡常等地区错位发展，加强圈内各城市之间主导产业发展的横向联系，实现优势互补、共同发展。

2. 市场导向：应以市场为导向大力发展现代农业，吸引国际制造业转移，"做大做强"本地优势企业，积极发展区域性产业集群，改造提升传统服务业，积极发展新兴服务业，构建面向整个都市圈的服务业体系。

3. 提升发展水平：以信息化带动工业化，以工业化促进信息化。大力发展科技含量高、经济效益好、资源消耗低、环境污染少、人力资源优势得到充分发挥的新型工业。推进产业结构优化升级，形成以高新技术产业为先导，基础产业和制造业为支撑，服务业全面发展的产业格局。

4. 保障就业和提高农民收入：都市圈产业发展取向应充分强调就业优先和提高农民收入，要与推进城市化、深化改革、扩大开放相结合，正确处理发展技术密集型产业和劳动密集型产业的关系，拓展发展领域，创造更多的就业岗位。加速农村剩余劳动力的转移，加快农业产业结构调整，切实提高农民的收入水平，形成产业发展、城市化、全面小康建设互动发展的良好局面。

（二）产业空间组织

加强各行政区域、各景区景点的协调，结合资源特点进行旅游布局和开发，形成点、线、面结合，有利于组织都市圈旅游线路的大旅游空间布局。重点建设沿长江旅游带、沿城镇发展轴线旅游带、沿运河旅游带、环南京休闲度假旅游带，进一步密切与苏锡常都市圈环太湖地区旅游发展的联系。

沿江地区的旅游开发应突出密集的城市人文优势，发挥众多过江通道及周边地区潜在的旅游价值，保护风景旅游岸线，发挥沿江港口的旅游联动作用，大力发展观光旅游、都市旅游、文化旅游、商务旅游，将南京都市圈沿江旅游带建设成为我国重要的旅游目的地之一。

沿城镇发展轴线旅游带的开发应结合旅游对地方经济的带动作用，突出丰富的自然资源、地方特色农副产品等资源优势，大力发展休闲度假旅游、农业观光旅游、地方特色旅游等。促进沿城镇发展轴线生态旅游开发与沿江人文旅游开发的联动。

沿运河旅游带是江苏大运河旅游带的核心和精华，应突出沿运河地区丰富的历史文化和特有的民俗风情，挖掘扬州、镇江、高邮等历史文化名城在京杭运河历史上高品位的人文胜迹，从地域上、文化上、主题上整合沿线的旅游产品，形成独特的竞争优势，成为都市圈开拓国际旅游市场的重要品牌。

环南京休闲度假旅游带要结合当前短距离休闲度假旅游的兴起，加快整合南京都市圈核心圈层以及镇江、扬州的部分地区的相关旅游资源，集中发展休闲度假旅游品牌产品。

进一步密切南京旅游圈与苏锡常都市圈旅游核心区域环太湖地区旅游发展的联系，加快建设南京至环太湖地区的旅游专用道路，增加沪宁线区域性快速通道，快速便捷地联系南京、苏锡常两大都市圈重点旅游区域。

（三）产业空间引导

按照市场经济的发展要求，创造有利于都市圈各类产业发展的物质环境、政策环境、空间环境。结合生产要素跨市域优化配置，促进产业的集群化发展，提高产业空间的集约化程度和综合效益，统筹规划发展多层次的产业园区，使其成为南京都市圈发展产业、引进外资、研发创新的主要空间。建设具有区域特色和较强竞争力的产业发展带，发挥南京都市圈产业空间与城镇空间的整体效应。

1. 产业园区

各级、各类开发区和产业园区的设立，要以城镇为依托，按照城镇总体布局和功能要求选址，统一规划，合理配套，集中建设，滚动开发。乡镇工业园选址布局必须符合新一轮县（市）域城镇体系规划确定的乡镇撤并规划和城镇、产业发展的空间格局，以规划择优培育的重点中心镇为依托合理集聚，镇、园统一规划，综合配套，提高土地利用和产业开发的效益，防止乡镇工业遍地开花、浪费资源。产业园区的发展强调开放型、跨地域、专业化特征，淡化地域概念，营造良好的投资环境。

2. 产业发展带

重点建设沿江产业带、沿轴线产业带、沿通道产业带。

沿江地区建成沿江基础产业带、高新技术产业带、物流产业带和旅游产业带。依托现有基础，进一步发展沿江基础产业，形成以石化、建材、造纸、家电、车辆制造为支柱的基础产业带，建成一批竞争优势明显的产业园区；发挥区域内雄厚的科研、教育实力，大力发展电子信息、生物与医药、新材料等产业，形成具有较强集聚能力和国内竞争力的高新技术产业带；依托沿江交通区位优势和产业集群优势，大力发展现代物流业，建成沿江物流产业带；依托沿江城市带，整合沿江各类旅游资源，大力发展观光旅游、都市旅游、文化旅游、商务旅游等，完善相关产业和旅游配套设施建设，建成都市圈沿江旅游产业带。

沿轴线地区建成传统制造业产业带、资源型农副产品加工业产业带、现代农业产业带。依托都市圈南北向城镇发展轴线，利用丰富的劳动力资源、水土资源、特色农副产品资源，大力发展劳动密集型产业。呼应沿江现代制造业的发展与传统制造业的转移与扩散，突出发展传统制造业、资源型农副产品加工业，同时利用交通、区位优势，加大招商引资力度，大力发展新型制造业；利用生态环境资源和农业资源优势，发展都市农业、观光农业、休闲度假旅游等，建设农副产品专门化生产基地、现代农业生产示范推广基地、外向型农业生产示范推广基地等。

沿通道地区建成休闲度假旅游产业带、生态农业产业带。依托大区域交通发达、生态环境优良、特色旅游资源丰富等要素，大力发展服务于都市圈以及长江三角洲其他区域的休闲度假旅游产业带；充分利用良好的农业资源条件，发挥生态环境优势，建成生态农业产业带。

（四）基础设施建设

建设满足都市圈整体发展要求的基础设施网络，推进都市圈城市化与区域一体化发展进程；按照市场规则，促进区域基础设施共建共管和共用共享，避免重复建设和资源浪费；按照适度超前的原则，进一步完善基础设施；发挥基础设施对城乡建设、产业布局、要素流动的引导作用，集聚发展、集约经营；改善人居环境和投资环境，促进都市圈率先基本实现现代化。

（五）生态建设与环境保护

1. 生态分区

依据生态环境结构特征、生态功能要求、人类活动与生态环境的相互作用以及环境的区域分异规律，都市圈规划范围内划分为沿江生态区、低山丘陵生态区、沿湖（运河）生态区及里下河平原水网生态区四类生态功能区。

（1）沿江生态区

重点保护长江沿岸区域供水水源、南水北调（东线工程）取水水源、长江水生态系统。合理进行城镇空间布局，在城镇不同组团以及不同产业群间建立生态防护隔离带，尤其是加强沿江重化工、钢铁、造纸等产业带与其他城镇功能区之间的生态防护隔离带建设；有效控制入江污水及污染物总量，根据水体污染物允许负荷，确定污染物排放量削减目标和允许排放量指标，保证长江 II 类水标准；建设扬州夹江及芒稻河沿线南水北调（东线工程）取水源头水生态功能保护区；实施沿江水体富营养化防治工程、湿地保护工程、平原绿化工程、防护林体系建设工程；实施沿江排污综合整治，增加污水处理能力，逐步实施区域污水集中治理；筹建沿江危险固体废弃物区域性集中处置中心（包括安全填埋场、焚烧装置等）；合理利用长江岸线资源，防护冲刷岸段；高标准建设防洪排涝设施，加固、维修和提高防洪堤及圩堤，疏浚河道，提高防洪能力。

（2）低山丘陵生态区

重点保护陆生生态系统物种的多样性、山林资源。保护与建设并重，破坏预防与治理修复相结合。建设自然保护区、森林公园、风景名胜区等不同级别和类型的保护网络，逐步形成生物多样性自然保护体系；加强丘陵山区水利工程建设，增加山区蓄水，涵养水土，防止滑坡发生，减轻水旱灾害；封禁治理和造林种草相结合，提高林草覆盖率，保护土壤免受冲刷；限制开山采石，划定禁采区和限采区，限制采石规模；加强城市外围生态廊道建设，保证城市良好的环境质量；大力发展生态农业；开展成熟林改造工程、风景林建设工程和高效经济林建设工程。

（3）沿湖（运河）生态区

重点保护南水北调输水走廊、集中式饮用水源、湖泊湿地及运河湿地。建设沿京杭运河水生态功能控制区；划定高邮、宝应、溧水、高淳等集中式饮用水源保护区；实施湖泊水环境治理工程，控制围网养殖面积，防止湖泊富营养化；建设沿高邮湖、洪泽湖、石臼湖、固城湖湿地保护区，实施湿地保护工程；加强低洼圩区的生态环境建设。

（4）里下河平原水网生态区

重点保护平原水网湿地生态系统、水乡生态。充分挖掘未利用滩地、河堤、圩堤、沟渠等土地资源，选择速生、适生树种进行造林绿化；因地制宜实行林渔、林农相结合，实现农田林网化、河沟渠坡面植被化，建设生态防护林体系；大力发展生态农业、特色农业、节水农业，依靠高科技改造传统农业，促进生态良性循环；合理利用丰富的农业资源条件，形成以生态食品的生产、加工、仓储、集散为基本环节的生态产业带；复垦废弃地，增加耕地面积，保护土地资源，维护生态平衡。

2. 环境综合整治

重点保护长江、高邮湖、邵伯湖、京杭运河、石臼湖、固城湖、丘陵山区水库等集中式饮用水源。严格控制长江、京杭运河、滁河、水阳江、秦淮河等流域性河流的市界断面水质，全面防止和控制跨境污染。合理调整工业结构和工业布局，使各区域的产业与排污负担逐步与水环境容量和净化能力相适应。推行循环经济模式，建立生态工业园，做到资源共享，减少废物排放。综合整治沿江排污，对现有的排污口进行整治、归并，不得在长江沿岸随意新增排污口，实施长江两岸近岸污染严重的城市江段污水截流工程。发展生态农业，减少化肥、农药使用量，加强畜禽养殖污染治理，减轻农业面源污染。

建设区域性污水处理厂，集中处理城镇综合污水。引导城镇集聚发展，统一建设污水收集、处理设施，推动污水处理逐渐由重点处理、分散处理过渡到区域集中处理，提高污水处理厂运行效率，合理调度尾水排放。

结合"西电东送"、"北电南送"、"西气东输"等国家能源调整重大工程，优化能源结构，提高能源利用效率。加强电力、化工、冶金和建材等重点行业的污染治理。逐步提高并严格执行机动车尾气污染排放标准，建筑、拆迁和市政等施工现场采用湿法作业等方法，控制交通尾气和扬尘污染。加强道路绿化，减少路面积尘量，控制道路和运输扬尘污染。制定酸雨和二氧化硫污染综合防治规划以及二氧化硫总量控制计划，加强"两控区"建设。

**三、空间组织**

（一）总体结构

形成一个核心、两个圈层的空间结构，重点发展一带一轴三通道。

一个核心：包括南京主城和以主城为核心、半径约30公里范围的城镇和潜在的城镇发展地区，即规划中的南京都市发展区。

该区域是南京城市功能重组和集聚新兴城市功能的重点区域。

两个圈层：包括核心圈层和紧密圈层。

核心圈层：与核心城市联系紧密、接受核心城市强烈辐射，城市间相互作用最强、最广泛的区域。规划范围包括核心城市和距核心城市中心约50公里范围内的城市（镇）和区域，包括南京市、仪征市、句容市、马鞍山市、滁州市区、来安县、全椒县。

紧密圈层：与核心城市联系密切，接受核心城市的辐射，圈层地带节点城市具有相当的发展规模，且相互之间具有较强的经济社会联系的功能地域。规划范围为核心圈层外围、距核心城市中心约100公里范围内的城市（镇）和区域，包括扬州市、镇江市、芜湖市、滁州市的北部、巢湖市的北部、淮安市的南部地区。

一带一轴三通道：沿江城市带：包括南京、扬州、镇江、马鞍山、芜湖五个设区市以及仪征、江都、当涂、和县等县（市）。城镇发展轴：北从金湖、盱眙开始，经天长、南京、溧水至高淳。三条通道：南京至句容并延伸到苏锡常都市圈环太湖地区、宜（兴）溧（阳）金（坛）丘陵山区通道，南京至滁州、明光、凤阳通道，南京至全椒、合肥通道。

（二）空间发展策略

空间发展策略："强化核心，提高沿江，带动纵深"。

强化核心：进一步强化核心城市的辐射带动能力，引导核心圈层各项功能的合理扩散与集聚，建设充满发展活力、空间秩序优良的核心城市功能一体化地域。

提高沿江：协调沿江地区各类用地的空间布局，建设符合沿江城市带整体发展要求、高效运行的基础设施网络，建成具有国际水平的整体协调发展的沿江城市带。

带动纵深：培育都市圈城镇发展轴线，完善都市圈辐射通道，加强沿轴、沿通道地区与都市圈核心城市、节点城市的联系，提高核心城市、沿江城市带对纵深地带的辐射强度，带动都市圈南北两翼纵深地区的发展。

（三）远景空间组织

形成网络化与极化共同发展的都市圈空间结构。核心圈层与沿江地区呈网络化发展态势，核心圈层发展成为以现代服务业为支撑，通勤发达、高度协作、联系密切的大都市地区，沿江地区发展成为国际一流的先进制造业产业带和发达的城市化地区；紧密圈层成为集中型城市与开敞型休闲度假胜地、优质无污染农产品生产基地和生态敏感空间相融合的区域，沿城镇发展轴、沿通道极化发展趋势进一步加强。都市圈内部交通、通信网络高度发达，形成基础设施网络化格局；大区域性通道网络逐步完善，都市圈空间形态更加开放，与周边区域的联系更加紧密。

（四）空间分区引导

南京都市圈按四个空间分区进行组织：沿江地区、沿轴线地区、沿通道地区和其他地区。沿江地区为城市化促进区，是都市圈城镇发展的主要空间；沿轴线地区为都市圈仅次于沿江地区的城镇发展空间，要加强城镇沿轴线集聚发展；沿通道地区引导城镇点状布局，控制沿交通线无序蔓延；其他地区要特别重视保护农业生产空间和生态环境，发挥对都市圈空间的生态支撑作用。

1. 沿江地区

空间利用以城镇布局为主，重点发展先进制造业和现代服务业。保障自然风景区、森林公园、防护绿带的合理布局，积极引导非农产业向沿江地区集聚，省内结合沪宁城镇发展轴、宁通城镇发展轴的建设，形成制造业、服务业高度集聚，经济发达，城市空间与生态空间有机结合的高度发达的城市化地区。

综合考虑沿江地区城镇发展趋势和产业布局、环境协作、交通组织等的发展要求，加强镇江与扬州段、南京段、沿江上游区域等分段空间管治与协调。

2. 沿轴线地区

重点依托高速公路、铁路，引导非农产业、城镇沿轴线集聚发展，强化都市圈南北向经济联系；在加强核心城市南北向辐射通道建设的基础上，以多种交通方式来加强核心城市与轴线地区城镇以及沿线城镇之间快速、便捷的联系，增强核心城市对轴线地区的辐射带动作用。

3. 沿通道地区

保障沿线交通的高速、便捷、安全，重视通道地区的生态环境功能、旅游休闲功能和农业功能，选择适当区域作为城镇与非农产业的集聚发展点，严格限制规划城镇建设区域以外的建设活动。

4. 其他地区

都市圈主要的农业生产空间、生态开敞空间，承担都市圈农副产品生产和生态环境调节功能。要加强网络状的联系，提高这些区域的交通可达性和对外经济联系强度；集聚发展城镇和工业区，服务于广大农村地域。

# 第五节　武汉都市圈战略规划[①]

## 一、地域范围

武汉都市圈包括武汉市和周边的鄂州、黄冈、黄石、孝感、咸宁、仙桃、天门、潜江八个城市，土地面积约 5.8 万平方公里。通过产业经济的集群化、交通的网络化、资源配置的合理化，把武汉都市圈建设成为经济活跃、生态环境优越、城镇体系完善的一体化发展区域。

## 二、发展策略

### (一) 划定城镇职能分工

按城市职能把都市圈内城市划分为都市圈核心城市、都市圈副中心城市、地区性中心城市、县（市）中心城市、重点镇和一般镇六个等级。

武汉市是都市圈的核心城市，全国重要的工业基地和金融商贸中心、科教文化中心、交通物流中心和通讯信息中心。都市圈副中心城市为黄石，是武汉都市圈的冶金、建材、高新产业基地。

地区性中心城市为仙桃、孝感、鄂州、黄冈、麻城、咸宁、天门。其中，仙桃是都市圈的纺织、电子、化工、机械工业基地；孝感是都市圈的汽车、食品、高新技术产业基地；黄冈是都市圈的科教和工业基地；鄂州是钢铁、服装、食品工业基地；麻城是旅游服务基地；咸宁是工业贸易、旅游城市；天门是纺织、化工、食品工业基地；潜江是轻纺、石油化工、冶金、机械制造等基地。

### (二) 构建高速城际铁路

改造和利用现有的铁路资源，开行至孝感、随州、襄樊、荆门、宜昌、鄂州、黄石、咸宁和麻城的城际铁路；新建武潜线开行至仙桃、潜江的城际列车。建成以武汉为中心的开放式城际快速铁路通勤圈。武汉城市圈内所有的县级城市能够在一到两小时内到达武汉市区。

同时，形成 8 条高速公路与武汉中环、外环共同组成"环型放射状"。升级完善区域二级路网，重点筹建或加快建设黄陂—红安、武汉—荆州、武汉—天门、武汉—葛店等公路干线的升级。

---

① 来源："湖北武汉城市圈城镇布局规划：9 城市联动发展"，城市规划网（http://www.upla.cn），2006 - 12 - 27。

### 三、空间组织

#### （一）三个圈层

武汉都市发展区为核心圈层，武汉中心区周边50公里区域；以"一小时交通圈"为目标，以武汉为中心，周边约100公里范围，构筑紧密圈；影响圈以2小时交通为限，以武汉为圆心200公里为半径，包括武汉城市圈的全部和圈外的岳阳、九江、信阳、随州和荆州。

#### （二）一核、三轴

"一核"为武汉都市发展区，建设生产性服务、先进制造业中心、知识创新中心和人居中心。

"三轴"包括西向发展轴、西北发展轴和东南发展轴。其中，西向发展轴为武汉汉阳—武汉开发区向西延伸，涵盖武汉蔡甸南部地区、汉南区，包括仙桃、天门和潜江，以及多个小城镇。西北发展轴由汉口城区向西北延伸，涵盖了东西湖区、蔡甸城关以及黄陂南部地区，包括孝感、应城、汉川、安陆、云梦等多个县级市。东南发展轴是武汉武昌城区—东湖开发区向东延伸，涵盖江夏北部地区，包括黄石、鄂州、黄州、浠水、蕲春等多个城镇。

#### （三）九个重点生态保护区

构建都市圈"两带、五核、一线、网状廊道"的区域生态框架。其中，"两带"为大别山脉、幕阜山脉等山系作为两条山地森林生态带。"五核"是规划五个重点保护生态核，分别是环梁子湖地区、环斧头湖—西凉湖地区、环刁汊湖地区、环野猪湖—王母湖地区和环涨渡湖等。"一线"是指长江生态走廊。"网状廊道"则指通过汉江、汉北河、滠水、倒水、举水、巴河、浠水、蕲河、富水、金水、隽水等河流形成网络状的水系生态隔离廊道。

在都市圈中设立天堂寨、九宫山、梁子湖、斧头湖、西凉湖、刁汊湖、野猪湖、王母湖、涨渡湖九个重点生态保护区。

#### （四）十多个旅游区

在孝感、黄冈设立红色文化教育旅游区；在武汉、黄冈、黄石、鄂州、洪湖规划大武汉都市旅游核心区；在天门、潜江、仙桃设江汉平原旅游区；在黄冈设大别山生态旅游区、宗教文化旅游区；在咸宁规划咸宁旅游核心区、历史文化名镇旅游区、九宫山生态旅游区。

# 第六节　济南都市圈战略规划①

## 一、地域范围

济南都市圈包括济南、淄博、泰安、莱芜、聊城、德州、滨州，辖区总面积为 5.23 万平方公里，共包括 7 个设区城市、6 个县级市、28 个县城、428 个建制镇。

## 二、发展策略

（一）强化济南市的中心地位

重点推进济南 CBD（中央商务区）建设、实施济南"北跨"战略、建设济南科学城、打造鲁西北门户城市带、实施"引岱入济"、培植五大产业基地、构筑出海通道、打通济西通道、建设城际交通网、创意齐鲁文化产品十大项目。

（二）为七城市科学定位

济南：山东省政治、文化、教育和科技研发中心，济南都市圈以及省际区域交通枢纽和经济中心，国家历史文化名城，以现代服务业和总部经济为主导，以机械装备与交通设备制造、高新技术产业两大产业链为内核的制造业发达的综合性省会城市。

淄博：济南都市圈的经济副中心，以石油化工及其制品、陶瓷及新材料、生物医药、机电、纺织服装等五大产业链为内核的服务业相对发达的现代化制造业城市。

泰安：世界著名的风景文化旅游胜地，国家历史文化名城，在泰山服务区外以机械制造、精细化工、非金属材料、生物医药等四大产业链为现代制造业内核，科教、物流、商贸服务及休闲度假娱乐业发达的旅游目的地城市。

莱芜：以钢铁冶炼、板材深加工、新材料及其钢铁制品产业链为内核的制造业专业化城市。

聊城：鲁西和济南都市圈西部的门户和交通枢纽城市，综合性工业城市和物流基地，山东省重要的电力能源基地，以国家历史文化名城、"江

---

① 来源："'济南都市圈'通过评审，济南淄博当'双核'"，人民网（http://www.people.com.cn），2006 - 09 - 01。

北水城"文化为内涵的休闲旅游城市。

德州：鲁西北和济南都市圈北部的门户和交通枢纽城市，以机械及新能源设备制造、纺织及服装制品、化工造纸及其制品、食品深加工等四大产业链为内核的，以"中国太阳城"为其形象特色的综合性现代化工业城市和物流基地。

滨州：鲁北和济南都市圈北部的门户和交通枢纽城市，以纺织及服装制品、石油化工—盐化工—生物化工及其制品、汽车—飞机—轮船交通设备制造及零部件、农副产品加工等四大产业链为内核的，黄河三角洲腹地的综合性制造业中心城市。

（三）构建十大产业链

• 依托济南、聊城、莱芜、德州、滨州、淄博等城市，发展延伸汽车产业链。

• 依托济南、淄博、滨州、德州等城市，发展延伸电子信息产业链。

• 依托济南、莱芜、聊城、德州、泰安等城市，发展延伸钢铁产业链。

• 依托聊城、济南、淄博、德州等城市，发展延伸有色冶金产业链。

• 依托淄博、滨州、济南、泰安、聊城、德州、莱芜等城市，发展延伸石油天然气化工产业链。

• 依托滨州、淄博、德州、聊城等城市，发展延伸盐化工产业链。

• 依托济南、德州、聊城、泰安等城市，发展延伸煤化工产业链。

• 依托滨州、淄博、济南、聊城、莱芜、泰安、德州等城市，发展延伸纺织服装产业链。

• 依托济南、淄博、德州、聊城等城市，发展延伸建材产业链。

• 依托济南、聊城、德州、滨州、淄博等城市，发展延伸食品饮料产业链。

（四）建设城际轨道交通

在规划中期，建成济南—淄博、济南—泰安城际轨道交通线路，并在规划中远期建设如下城际轨道交通干线和支线：

干线包括京沪线（德州、陵县、禹城、齐河、济南、泰安），济青线（济南、历城、章丘、周村、淄博、临淄）和平商线（济南、长清、平阴、历城、遥墙、济阳、商河）。

支线分别为滨莱线（滨州、博兴、恒台、张店、淄川、博山、莱芜），章莱线（章丘、莱芜），平聊线（平阴、聊城），齐桓线（齐河、济南北部新城、济阳、遥墙、邹平、桓台）。

在聊城—淄博（青岛）、德州—泰安（枣庄）、滨州—莱芜、平阴—商河的直线之间开行多趟快速城际列车，并在历城—遥墙—邹平—桓台—淄博（张店）—周村—章丘—历城，济南—齐河—济南北部新城—济阳—遥墙—邹平—桓台—淄博（张店）—周村—章丘—历城—济南的内外两个环线，分别开行多趟快速城际列车。

### 三、空间组织

都市圈空间结构布局为"一极、一区、六轴"，城市中心体系结构为"双核、多心、网状支撑"。其中，"双核"即两个都市圈核心城市，分别为济南市市区和淄博市市区（一为主核、一为次级核心）；"多心"即多个次区域中心城市，包括泰安、莱芜、聊城、德州、滨州等5个城市的中心城区。

# 第七节 哈尔滨都市圈战略规划[①]

### 一、地域范围

以哈尔滨市主城区为中心，"一小时"车程（100公里左右）为半径，主要包括哈尔滨市区及周边的阿城、双城、五常、尚志、宾县、肇东等6个县（市）范围，总面积34284平方公里。

### 二、发展策略

（一）发展特色工业，避免无序竞争

采取工业开发区综合调整的方式，变无序工业分散为定位发展工业。各周边城市发展各自特色工业，使城市整体竞争力得到提升，配以网状交通格局，让工业分布实现有机分组，避免传统工业方式的无序状况。

核心圈内的产业发展方向是"退二进三"；紧密圈主要调整现有产业园区布局和接纳中心区转移出来的产业；拓展圈为哈尔滨市承接老工业基地改造和接纳城市功能产业扩散的区域。

---

① 来源："黑龙江：《哈尔滨都市圈总体规划》通过专家评审"，城市规划网（http://www.upla.cn），2006-11-22。

（二）构建生态廊道，保证城市发展空间

在都市圈内建立以农田和山地为生态环境的都市圈的基底，以三环、四环快速路为都市圈的两大生态环，以哈大、哈伊、哈同、哈双、哈阿高速公路和哈五铁路为六大生态廊道，保证城市发展空间。

### 三、空间组织

在规划的空间结构上，形成"一主：哈尔滨市区；三副：阿城、双城和肇东；三核：宾县、尚志和五常"的中心地等级体系。依据公路、铁路形成六条"城镇—产业"共生轴带体系，最终形成核心圈、紧密圈、扩展圈三个垂直、分工明确的圈域体系。

# 第八节　中原城市群总体规划①

### 一、地域范围

中原城市群是以郑州为中心，一个半小时经济圈含洛阳、开封、新乡、焦作、许昌、平顶山、漯河、济源共9市在内的城市密集区。区划内现辖14个县级市、33个县、340个建制镇；地跨黄河、淮河、海河、长江四大流域；土地面积5.87万平方公里，占河南全省面积的35.1%。

### 二、发展策略

（一）明确城市功能定位

根据统筹规划、合理分工、优化资源配置以及强化城市群整体竞争力等原则，《中原城市群总体规划研究报告》对各大城市进行了功能定位。

郑州：将发展为中原城市群的中心城市，全国区域性中心城市，全国重要的现代物流中心，区域性金融中心和现代服务业中心，先进制造业和高新技术产业基地。

洛阳：将成为中原城市群的副中心，河南省重要的科研基地，全国重要的装备制造业、原材料基地和先进制造业基地，中国以历史文化和花卉为主的旅游中心城市。

开封：定位是中国历史文化名城，国际文化旅游城市，中原城市群重要的轻纺、食品、医药和精细化工基地，郑州都市圈的重要功能区。

---

① 来源："焦点：中原城市群发展规划详解"，城市规划网（http://www.upla.cn），2006 - 06 - 14。

新乡：将发展为中原城市群的高新技术产业和加工制造业基地，河南省职业培训基地，中国现代农业示范基地，中原城市群北部区域物流中心。

焦作：定位为中原城市群的能源、重化工、汽车零部件制造基地，国际山水旅游城市。

许昌：定位为中原城市群高新技术产业、轻纺、食品、电力装备制造业基地，农业科技示范基地和生态观光区。

平顶山：定位为中国中部化工城，中原城市群化工、能源、原材料、电力装备制造业基地，河南省历史文化和自然旅游基地。

漯河：立足于成为中国食品城，中原城市群轻工业基地，生态农业示范基地，中原城市群南部区域物流中心。

济源：将成为中原城市群能源和原材料为主的加工制造业基地，以历史文化和自然景观为主的旅游城市。

**（二）强化郑州市的中心地位**

中原城市群将大力实施中心城市带动战略，强化郑州市的中心定位，提升洛阳市的副中心地位，发展壮大其他支点城市，积极发展中小城市和中心城镇。

**（三）构建四大产业带**

《规划纲要》要求推动优势产业向基地化方向发展，传统产业和劳动密集型产业向集群化方向发展，高新技术产业向园区化方向发展，通过产业基地化、集群化、园区化发展，带动城市空间布局和城市外围空间形态的变化，努力培育形成四大产业发展带：

郑汴洛城市工业走廊：这是我国陇海产业带上城镇和产业密集度最高的区段之一，也是东部地区产业转移和西部地区资源输出的战略通道。其规划建设布局将按三个层面展开，一级层面为郑州、洛阳、开封市区；二级层面为巩义、偃师两个重要的节点城市；三级层面为义马、新安等其他九个节点市（县）。

新—郑—漯（京广）产业发展带：这是我国京广产业带的重要区段，以京广铁路、京港澳高速、107国道和即将开工建设的北京至广州铁路客运专线为依托，自北向南依次分布着新乡、郑州、许昌、漯河四市和所属的卫辉、原阳、新郑、长葛、尉氏、临颍六个县（市），承担着辐射鹤壁、安阳、濮阳等豫北地区和驻马店、信阳等豫南地区的功能。

新—焦—济（南太行）产业发展带：该产业带是我省豫西北地区重化工业密集区，产业基础比较好，背靠山西能源基地，紧揽晋煤外运通道，水资源和煤炭等重要矿产资源丰富，具有集中连片发展能源、原材料工业和重化工业得天独厚的优势条件。

洛—平—漯产业发展带：该产业带以洛阳—南京高速公路、省道、焦枝线中段、孟宝铁路为依托，依次穿越洛阳、平顶山、漯河三个市区和所辖的汝州、宝丰、叶县、舞钢等市（县），向西南连接辐射南阳等豫西南地区，向东连接辐射周口等豫东地区。

（四）形成五大快速通道

为推动郑洛互动发展，积极建成郑州至西安铁路客运专线，全面完成连霍高速郑州至洛阳段拓宽改造和310国道郑州至洛阳段一级公路改造升级任务，连同郑少和少洛高速公路及既有陇海铁路，在郑洛之间形成五条快速通道。

### 三、空间组织

中原城市群九市通过在空间、功能、产业、体制、机制等方面的有机结合，努力形成作为一个城市群体发挥作用的集合城市。在空间上形成三大圈层——以郑州为中心的都市圈（开封作为郑州都市圈的一个重要功能区）、紧密联系圈（其他七个结点城市）和辐射圈（接受城市群辐射带动作用的周边城市）。在产业上，发展重点向郑汴洛城市工业走廊、新郑漯（京广）、新焦济（南太行）、洛平漯等四大产业发展带集聚，通过"产业簇群化"发展，努力形成带动区域产业发展的核心增长极。

构建以郑州为中心、洛阳为副中心，其他省辖市为支撑，大中小城市相协调，功能明晰、组合有序的城市体系。

# 第九节　太原经济圈构想[①]

### 一、地域范围

太原经济圈是以太原市为龙头，以晋中盆地及吕梁、忻州、阳泉三市部分区市县为腹地的经济区域。具体范围包括太原市市域全部，阳泉市市

---

① 来源："构建'大太原'经济区，加快太原都市圈发展"，城市规划网（http://www.upla.cn），2006-11-30。

区及其郊区，晋中市的榆次区、寿阳县、太谷县、平遥县、祁县、介休市，忻州市的忻府区、定襄县、原平县，吕梁市的交城县、文水县、孝义市和汾阳市。

**二、发展策略**

**（一）实施"城市优化战略"，科学调整产业布局**

太原市要调整经营重心，由能源、重化工中心向品牌、研发、销售中心转移，制造部分通过外包、外购与委托加工的方式，逐渐向周边市县区以至省外的西部转移，通过分工合作，优势互补形成互动的产业发展格局。要适应现代市场经济和高技术经济在生产过程中呈现出的生产要素多元化的趋势，除了把劳动力、工具力、对象力作为生产过程的有效因素外，还要把科学力、管理力、环境力等作为重要的生产力要素，发挥它们在产业调整升级和集聚扩散中的作用。太原作为中心城市，可以利用科技、管理、资金、市场、信息等优势担当研发、管理、销售等中心的角色，而周边地区利用原料、燃料、水电、土地、环境和劳动力等方面的优势担当生产基地和仓储、会展等场所的角色。

**（二）统筹发展旅游业**

旅游业应确定为区域主导产业。以太原市区为中心，以榆次、介休、平遥、晋源区、娄烦、清徐为支撑，以开发晋阳湖、把汾河公园扩大到市区南北两面和建设太原市北部景区为中心，构建旅游带和旅游产业集群，实行资源共享、联合开发、优势互补，实现经济区旅游产业的对接和整合。

**（三）构建优势产业集群**

以区域优势骨干企业为依托，属地为中心，以交通干线为构建轴线，以各种类型开发区、园区为载体，紧紧围绕优势产业及其核心产品，在横向上加快产业整合，在纵向上完善和拉长产业链条，最终形成簇群式发展。依据太原经济圈的产业构成特点，可以考虑构建5大优势产业集群。即装备制造业产业集群——钢铁产业集群——新型建材产业集群——高新技术产业集群——农产品深加工优势产业集群。

**（四）推动环保合作**

保护和改善环境和生态，是建设太原经济圈的首要任务。要健全区域环境、资源补偿机制，全面加强区域内的生态建设和环境监测。积极推进综合整治，加强区域污染治理和生态环境工作。进一步健全完善污染物排放总量控制制度和交界控制断面水质达标制度，加大对解决重点环境问题的协调和督促，尽快修订水质保护规划，合理确定污水、垃圾处理等设施的规模和布局，加快推进城市污水、垃圾处理设施的产业化发展。

### 三、空间组织

太原经济圈的总体结构为：一个核心、两个圈层构成的空间形态。

一个核心：即太原都市圈的核心区，由太原市区和晋中市榆次区构成。总面积 2772.8 平方公里，占经济圈的 12%。

核心区是高科技产业和高等级中心城市的集中发展区。以目前的建成区为主，发展以现代化服务业为重点的第三产业。其范围包括太原市的迎泽、杏花岭、小店、尖草坪、万柏林、晋源六区城内部分和晋中市的榆次区。

两个圈层：内圈层（紧密层）与外圈层（松散层）。

内圈层（紧密层），是指与核心城市联系紧密，接受核心城市强烈辐射，城市功能、产业结构受核心城市强烈影响。范围包括距核心城市中心较近，与核心城市联系较为密切的城市、城镇和区域，主要包括太原市行政辖区内的古交市、清徐县、阳曲县、娄烦县，晋中市的太谷、祁县的西部和北部以及吕梁交城县东部的局部地域。面积为 8561.45 平方公里，占经济圈的 36%。

紧密圈层将发展成为核心城市的工业生产区、都市农业区和都市功能外延区。

外圈层（松散层），是指核心区和紧密圈层以外的都市圈范围，包括阳泉市的市区和郊区，忻州市的忻府区以及原平、定襄，吕梁市的汾阳、文水、孝义，晋中的介休等市县。面积 12293.71 平方公里，占经济圈的 52%。

## 第十节 兰州都市圈战略规划[①]

### 一、地域范围

以兰州市为中心半径约 100 公里，或从兰州出发 1 小时的车程，或兰

---

① 来源："兰州都市圈规划编制完成"，城市规划网（http：//www.upla.cn），2007 - 08 - 10。

州对外日发车次超过 24 次的公路客运线路等方式所覆盖的区域。经过界定为 8 区 16 县（市），即兰州市 5 区 3 县（城关区、七里河区、安宁区、西固区、红古区、永登县、皋兰县、榆中县），白银市 2 区 3 县（白银区、平川区、靖远县、会宁县、景泰县），定西市 1 区 1 县（安定区、临洮县），临夏州 1 市 7 县（临夏市、永靖县、东乡族自治县、广河县、康乐县、和政县、临夏县、积石山保安族东乡族撒拉族自治县），武威市 1 县（天祝藏族自治县）。行政辖区总面积为 55825 平方公里，占甘肃全省土地总面积的 12.30%。目前人口总量为 804.91 万人，占甘肃全省人口的 31.03%，城市化水平为 33%。

**二、发展策略**

**（一）实施三步走战略**

第一步：以兰州四区为核心，把城关、安宁、七里河、西固四区打造好。

第二步：积极实施"退二进三"的战略，将工业等污染企业退出核心区，积极发展第三产业，把核心区人居环境建设好。

第三步：实施"东扩西拓、南延北展"战略，扩张核心区用地。

**（二）建设好都市圈核心**

以兰州四区为核心，坚持走新型工业化道路，实施"工业强市"和"项目带动"战略；放手发展非公有制经济，加快发展现代服务业；实施工业反哺农业，城市带动乡村战略，全方位调整城乡产业和所有制结构，促进区域经济协调发展。

**（三）构建六大产业带**

构建六大产业带，即以有色冶金、能源电力为龙头的兰州—白银产业带；以装备制造业、高新技术产业为龙头的兰州—定西产业带；以现代农业产业链为引导的兰州—临洮产业带；以地方特色工业和旅游业为主导的兰州—临夏产业带；以石油化工、有色冶金、能源与新材料为主导的兰州—红古产业带；以建材、旅游为主的兰州—永登产业带。

**（四）发展七大产业中心**

兰州产业中心，重点发展装备制造、石油化工、有色冶金、农产品加工、中医药及生物医药、能源电力、高新技术等产业。围绕发展大产业、形成大市场、建设大兰州，着力打造中央商务区、东部商贸经济带和西部商贸经济圈。大力发展现代服务业，全力构建西北区域性金融中心，提高服务型经济在全市经济中所占的比重。

白银产业中心，重点发展精细化工、有色金属新材料、新能源技术、生态恢复材料与技术、环保材料五大高新技术产业。

定西产业中心，重点发展食品开发和中医药产业。建成全国最大的马铃薯种薯基地、加工基地。加快中药材基地建设和成品药开发。

临洮产业中心，重点发展农副产品加工、矿产开发及水电开发，将其打造成为核心区南部工业承接平台和仓储管理企业集群。

临夏产业中心，大力发展民族用品、特色医药、清真食品、电力电缆、工程塑料、农副产品深加工、冶炼铸造等产业。

红古产业中心，重点发展煤、电联合开发，硅、铁、铝、碳素制品、电石等原材料工业。

永登产业中心，重点发展花卉、玫瑰、中药材、优质杂粮、珍稀动物及草食畜养殖，建设特色优质瓜果、蔬菜基地。以中川空港循环经济产业园为依托，重点发展机械加工、轿车生产、生物技术、精细化工和高新农业。

（五）搞好生态建设

沿黄河建立以森林植被为主体的流域水生态安全体系，加快刘家峡水库、盐锅峡水库、八盘峡水库、柴家峡水库的绿化和湿地景观建设。

重点建设兰州白塔山—九州台风景区、五泉山—皋兰山风情区、仁寿山—天斧沙宫风景区、永靖黄河明珠风景区—炳灵寺风景区等风景名胜区。

（六）加强交通网建设

都市圈的交通以"高速公路网"作为交通体系骨架，核心圈以城市公交优先，核心至节点城市高速公路便捷，形成放射状＋环状交通运输网。

公路：强化建设兰州—西安、兰州—成都、兰州—重庆、兰州—西宁、兰州—银川、兰州—新疆的区域性快速路系统；建设兰州南北过境高速公路；建设定西—平凉、定西—天水、定西—陇西、临夏—合作等高速路；建设白银—中川机场、景泰—中川机场高速路，兰州—刘家峡、白银—景泰黄河石林的旅游专线。

铁路：改造兰青铁路河口南至西宁段，包兰铁路惠农至兰州东段扩能改造；加快陇海、兰新、包兰、兰青铁路干线改造，完成兰武二线、兰青二线、包兰二线改扩建，陇海线快速客运专线延伸至兰州，扩建兰州站，改建兰州西为第二客运站。完成兰渝铁路建设，争取开工白银—平川—同心铁路，形成陇海与宝中、包兰与宝中铁路新通路。

### 三、空间组织

#### （一）空间结构

兰州都市圈规划为三圈五区：

三圈：半小时生活圈；1小时经济圈；3小时城市圈

五区：兰州综合性都市型服务区；东北部白银工业区；连城—海石湾—永登综合性功能区；临夏后花园区；定西高新、特色农业区。

单核核心区：城关、安宁、七里河、西固四区

#### （二）职能结构

**1. 核心区职能**

核心区（城关、七里河、安宁、西固四区）是甘肃省的政治、经济、文化、信息中心；是西北地区重要的金融商贸中心和综合交通枢纽，黄河上游多民族地区中心城市；兼有国际货运、联系亚欧大陆的内陆口岸中心城市；国家能源储备基地；以石油化工、装备制造业为主，机械电子、轻纺和冶金工业等协调发展的综合型工业基地，是区域性科技、研发、创新中心；是区域性旅游、现代服务业中心。

**2. 节点城市职能**

白银区：国家重要的有色金属生产、研发基地；甘肃省重要的能源、化工、建材工业基地；以面向宁夏、内蒙古为主的都市圈北部物流中心，依托中科院高技术产业园，建成都市圈科技产业新城。

安定区：以面向天水—陇东和我国东中部城区为主的都市圈东部物流中心；现代制药、冶金机电、化工建材等产业综合发展，是都市圈的绿色食品生产和劳务输出基地。

临夏市：以面向甘南、青海、川北等民族地区为主的都市圈南部商贸物流中心；清真食品和民族特需品生产基地；是都市圈重要的民族休闲旅游度假基地。

红古区：连接兰州—西宁两个省会城市的纽带，都市圈进入青藏的门户。以冶金、煤炭等为主导的新型工业区；以面向青藏为主的都市圈物流中心；都市圈无公害蔬菜供应基地。

永登县：都市圈的西北门户。以面向河西、新疆为主的都市圈西北部物流中心；以机械、水泥、农副产品加工为主导，是都市圈电力、建材

基地。

临洮县：都市圈的"南大门"和"后花园"。以面向甘、川为主的都市圈南部物流中心之一；建设成为都市圈的核心区外迁工业基地和鲜切花生产、种球繁育、无公害蔬菜生产基地；建设成为都市圈特色休闲旅游度假基地。

3. 其他城市职能

榆中县：都市圈"东扩"战略的主要发展，是都市圈重要的旅游、休闲、度假基地和高原夏菜供应基地；国家亚高原体育训练基地。

皋兰县：兰州市重要的卫星城，是都市圈的绿色食品和田园风光游览地。

平川区：都市圈煤电能源和建材产业基地。

靖远县：都市圈特色农副产品供应基地和化工、能源基地。

景泰县：都市圈重要的建材、能源、酿造和加工工业基地，是都市圈北部重要的铁路运输枢纽。

会宁县：都市圈重要的绿色产业基地和劳务输出地之一。

永靖县：都市圈重要的休闲旅游度假基地；都市圈水电能源基地；最大的鱼类产品供应基地；无公害瓜果蔬菜的供应基地之一。

临夏县：都市圈内以水电能源开发、畜产品及农副产品加工为主的民族特色县。

广河县：都市圈内民营商贸特色县、民族民俗特色县，茶叶集散地和皮革、毛纺产业基地。

和政县：都市圈内特种农业资源的保护、开发和特色农产品的加工销售基地，休闲旅游度假基地之一和国家史前考古基地。

康乐县：都市圈主要休闲旅游度假基地之一。

东乡族自治县：都市圈内良种土豆和良种羊繁育基地。

积石山保安族东乡族撒拉族自治县：都市圈南部连接青海的回藏风情旅游精品线中的重要节点。

天祝藏族自治县：都市圈内生态旅游避暑胜地，雪域高原绿色食品生产加工基地，藏药研发和生产基地。

# 第十一节　济宁都市圈战略规划[①]

## 一、地域范围

济宁都市圈的地域范围包括济宁市、枣庄市、菏泽市三个地级市所辖范围，共计8区、4县级市、15县。总面积27451平方公里。

## 二、发展策略

### （一）选择正确的发展战略

实施城市化带动战略，强化城市的发展能力和带动作用。通过规划和政策引导，促进生产要素向城市聚集，快速提高城市的发展能力；以济宁都市区的快速发展促进鲁西南整体实力的增强与壮大、整体地位的提升和城镇体系的发展，形成对周边地区有一定影响力的山东省第三大经济板块和都市圈。

实施优势产业带动战略。通过培育优势产业集群和建设产业基地等措施，打造基地支撑、优势产业带动、竞争力强、产业特色鲜明的都市圈。

实施"承东联西、融南汇北"的外联战略，打造开放度高、吸引力强的都市圈。

实施鲁西南内部团结合作战略，营造整体品牌优势和团体竞争力。集聚济宁市、枣庄市、菏泽市三市之力，统筹城市、产业发展以及基础设施、环境建设，优化资源配置，营造能源基地、旅游业和农产品加工基地的整体品牌优势。

实施可持续发展战略。以"统筹城乡经济协调发展"为指导，实现城市间和城乡间的要素集聚与合理扩散，构建大中小城市和小城镇协调发展、城乡关系融合、经济文化发达、空间管制有序、内聚力强的都市圈。

### （二）明确产业发展方向

"以完善一个体系、培育壮大六个集群、扶持两大系列、形成三大基地"为都市圈产业的发展方向。

以现代农业为主要发展方向，构建完善的农业产业体系。

大力发展现代制造业，培育壮大机械制造、医药、食品、建材、能源

---

① 来源：《济宁都市圈规划（2004—2020）》，中国科学院地理科学与资源研究所、山东省建设厅，2004年10月。

化工和具有特色的高新技术产业群。

扶持以旅游业和现代生产服务业两大系列为主的现代服务业。

形成我国北方重要的能源化工基地、区际优势突出的现代农业与农产品深加工基地，具有国际影响的旅游业发展基地。

（三）优化产业布局

1. 农业布局

菏泽市重点发展优质粮食、棉花、畜牧、农区林业和花卉，树立"牡丹"产业和"农区林业"品牌。

济宁市重点建设优质商品粮基地、特色与绿色产品基地；积极发展县域农业产业化和都市型农业，加强农业产品流通领域建设，建设区域性农产品批发市场和特色农产品批发市场；树立"优质粮食"、"特色蔬菜"、"都市农业"品牌。

枣庄市重点建设优质商品粮基地、特色与绿色产品基地和山区林果业基地；发展优质粮食、蔬菜、林果等产业，扶持滕州、台儿庄等农产品市场发展；树立"林果"和"优质蔬菜"品牌。

2. 工业布局

以都市圈各圈层的城市为载体，依托东西、南北两条发展轴线，构建"一心两轴"的工业布局格局。

都市区为产业空间组织与引导的核心。集中优势资源，引导产业向都市区集聚。重点发展机械、高新技术、医药化工、能源、轻纺等产业，提升核心城市的产业集聚和辐射能力。积极营造区域创新环境和有利于新兴产业集聚的发展空间，以开发区为平台，打造都市圈新兴产业增长极。

以新兖石铁路—日东高速公路沿线为依托，打造以能源化工、农产品加工、现代制造业等为主体的东西产业主轴，通过产业分工与合作，促进济宁都市区、菏泽城市间产业的分工与协作。

以京沪铁路—京福高速公路沿线为依托，通过紧密型、疏散型的产业分工和合作，构建以旅游业、机械制造、电子信息、建材、纺织服装、农产品深加工、建材、造纸为核心的产业带。

3. 第三产业布局

都市区集中发展技术研发、中介、技术服务、信息服务和为生产者提供必要支撑的金融服务业，大力发展旅游业和新型业态的商贸流通业。

将曲阜—邹城建成专业特色的旅游基地、国际旅游名城和东方文化圣城。

将济宁市建成以运河文化为特色、以度假旅游业为主要旅游产品的新兴旅游目的地。

将枣庄市建设成为山东省和全国具有较高知名度的特色农业旅游目的地。

将菏泽建设成为我国最大的牡丹花卉旅游基地、苏鲁豫皖四省边界地区的休闲旅游目的地。

（四）强化交通基础设施规划

构建以都市区为核心、"三纵两横"运输通道为主骨架的综合交通网络，形成"通畅、舒适、可靠、智能"的现代化交通运输体系。

京沪铁路、京沪高速铁路、京福高速公路组成都市圈东部纵向运输通道，京九铁路和德州—商丘高速公路构成西部纵向通道，京杭运河及济微公路构成中部纵向通道。

新兖石铁路和日东高速公路构成都市圈北部横向运输通道，临沂—枣庄—微山—丰县—单县—菏泽公路与枣庄—临沂铁路构成南部横向运输干线。

强化兖州—济宁、菏泽集疏运中心，形成区域性物流中心和交通枢纽，促进都市圈物流业发展。

（五）搞好生态建设

建设以"绿山"为核心的低山丘陵生态保护区，以"绿水"为核心的南四湖水域与湿地生态保护区，以"绿原"为核心的平原农业生态功能区和以"绿心"为核心的都市经济生态功能区。

高速公路和国道两侧规划建设30—50米的绿化带；都市区快速道路两侧规划建设30—50米的绿化带，其他公路两侧绿带单侧宽达到20米；京沪、日菏铁路和京沪高速铁路两侧建成50—100米的绿化隔离带；大运河、泗河两侧林带宽度不低于100米；高压线绿化走廊宽度不少于30米。

水资源、土地资源、森林资源、矿产资源等自然资源的开发利用应在保持生态平衡的条件下进行。

湖泊湿地、河流、水源保护地和原始次生林等特殊生态功能区得到有效保护，保持生态系统的良性循环。

煤层塌陷区得到有效治理，生态得到恢复。

### 三、空间组织

（一）规划空间结构

规划"一核、两圈、两轴、三线、多中心"空间结构。

一核为济宁都市区。

两圈为与核心城市密切联系的紧密圈层和核心城市具有重要影响力的影响圈层。

两轴为京沪铁路沿线和新兖石铁路沿线发展轴。

运河、国道 105 线、京九铁路为三条发展线。

多中心包括菏泽与枣庄（含薛城）两个区域性中心城市和重点县城。

（二）圈层结构

按照核心城市、紧密圈层、影响圈层三个圈层组织都市圈的发展层次。

核心城市即目前的济宁都市区，包括目前的济宁市中区、任城区、兖州市、邹城市和曲阜市。采取集聚优势的发展战略和措施，加快发展，尽快形成整体实力。

紧密圈层包括济宁市下辖的梁山、汶上、泗水、嘉祥、金乡、微山和鱼台七县，菏泽市下辖的巨野、郓城两县，枣庄市下辖的滕州市，基本上在都市区的 1 小时交通圈之内。重点是培育、扶持轴带上的城镇，强化与都市区的联系。

影响圈层空间范围包括枣庄市和菏泽市的其他区县以及泰安、临沂、濮阳、开封、商丘、徐州的相邻部分。把菏泽市区、枣庄市区—滕州市作为都市圈的两翼和区域性中心，重点引导城镇发展和产业布局。

（三）发展轴线

以济宁都市区—枣庄（滕州、薛城）—徐州轴线、菏泽—济宁市区—临沂轴线作为都市圈的一级发展轴线，发挥其集聚、辐射和带动作用，形成城镇密集、经济发达的地带；以梁山—济宁市区—微山—徐州运河沿线、汶上—济宁市区—金乡—单线—商丘国道 105 沿线、梁山—菏泽—定陶—曹线—商丘京九沿线作为都市圈发展的三个二级轴线，培育相关城镇和经济增长点。

# 第十二节　国内都市圈战略规划评介

## 一、政府高度关注都市圈战略规划

20世纪末，中国经历了都市圈概念的引进、内涵的界定、案例的研究之后，都市圈作为一种有效推进中国城市化战略的地域组织形式得到了社会的认可。21世纪初，政府作为都市圈战略规划的组织者开始登上历史舞台。截至目前，在政府的组织下，中国已经完成了十多项都市圈战略规划，如国家发展和改革委员会组织的《京津冀都市圈战略规划》，江苏省建设厅组织的《南京都市圈战略规划》、《苏锡常都市圈战略规划》、《徐州都市圈战略规划》，山东省建设厅组织的《济南都市圈战略规划》、《青岛都市圈战略规划》、《济宁都市圈战略规划》，黑龙江省建设厅组织的《哈尔滨都市圈战略规划》，湖南省建设厅组织的《长株潭城市群规划》，山西省政府组织的《大太原经济圈规划》，湖北省政府组织的《武汉都市圈规划》，四川省政府组织的《成都都市圈规划》，甘肃省建设厅组织的《兰州都市圈战略规划》，等等。都市圈战略规划在国内正如火如荼地开展着。

## 二、都市圈战略规划的作用正在发挥

一些已经完成都市圈战略规划的地方，在城市与区域规划以及重大问题的解决思路上，明显体现出了超前性和战略性。比如，在重大基础设施的建设上，开始考虑跨行政区的共建共享；在促进生产要素跨行政区流动上，考虑到了如何实现"同城化"；在生态建设与环境保护上，考虑到了如何实现区域合作；在经济社会发展问题上，考虑到了如何按照都市圈的时空战略配置资源。这些情况说明，都市圈战略规划正在发挥积极作用。

## 三、都市圈战略规划的内容有中国特色

对比国内外都市圈战略规划，发现中国的都市圈战略规划在编制内容上偏重经济、空间、交通、生态环境等物质规划，而国外更注重政策、社会、环境、区域协调等内容；中国的都市圈战略规划强调的是宏观性、战略性和全局性，注重获取整体利益；而国外则注重居民的生活福利，强调的是尊重个人生活方式。这些差别说明，中国的都市圈战略规划与中国的政治制度和价值观念高度相关，体现的是鲜明的中国特色。

### 四、一些地方都市圈战略规划有"拔苗助长"的嫌疑

都市圈是城市化发展到高级阶段的产物。并不是所有的大城市都有可能形成都市圈。中国的都市圈战略规划是在政府的推动下开展起来的。一些地方不顾客观条件限制，不考虑经济社会发展水平和城市化发展的阶段，盲目提出高标准建设××大都市圈，企图在发展机会、发展资源的取得、行政区划的调整等方面得到上级政府的特殊关照。在实践中，要警惕"拔苗助长"现象，科学评价都市圈的发展条件和发展阶段，既不人为压制，错失都市圈战略规划的时机，也不拔苗助长，或者搞"拉郎配"，强行撮合实际并不存在的都市圈。

### 五、都市圈战略规划与政策制定脱节

中国已经开展的都市圈战略规划，都是由专业规划研究部门制定的，由于专业知识的局限，多侧重于物质建设规划，对规划实施的法律、制度与政策环境不甚了解；而且，规划组织部门由于自身业务的局限，也没有制定规划实施政策的强制要求，导致都市圈战略规划成了都市圈的物质建设规划。而都市圈范围内掌握法律、制度与政策制定权力的有关部门，心目中从来也没有都市圈的概念，更不可能按照都市圈的战略安排来制定有针对性的政策，这既是中国都市圈战略规划的特色，也是中国都市圈战略规划的缺陷，更是中国都市圈战略规划需要改进的方向。

### 六、都市圈战略规划缺乏法治保障

中国已经开展的都市圈战略规划，要么是在上级政府的指令下进行的，要么是地方政府"规划意识"的觉醒和自觉自愿下进行的，缺乏法律和制度的保障，没有形成长效机制。过去的《城市规划法》和2007年全国人大审议通过的《城乡规划法》都没有明确提出都市圈战略规划的法律地位，这不能不说是一种缺憾。建议国家有关部门专门制定法律条文，给都市圈战略规划提供法律保障。

# 第九章　若干重要结论

## 一、要正确认识都市圈

都市圈作为城乡经济高度融合的城市化地区，既是经济、社会、环境、规划、建设、管理等矛盾交织的地区，也是当前解决"三农"问题和实现可持续发展的战略突破口之一，已成为当前城市学理论界和规划界的热点。

进入 21 世纪以后，我国区域经济发展发生了翻天覆地的变化，主要大中城市的扩张正在突破行政区划的限制，区域城市化和城市区域化方兴未艾。对都市圈区域经济发展重要性的认识已经不再局限于学术界，城市管理与规划部门都逐渐重视起来，各地纷纷组织力量开展都市圈战略规划。

但是，我们应该清醒地看到，当前都市圈的理论概念比较混乱，划分方法不一，导致一些人质疑都市圈的概念和形成规律，进而认为都市圈概念纯属炒作，战略规划可有可无。

笔者认为，都市圈是以城市为中心的城乡密切联系、交互融合的城市地区，它破除了就城市论城市，就区域论区域，就"三农"论"三农"的观念束缚，树立了全面统筹城乡经济和区域经济协调发展的科学发展观。所以，研究都市圈的形成规律，并采用科学方法界定都市圈，既是当前推进城镇化战略的理论需要，也是全面落实城乡经济和区域经济统筹发展的现实需要。

城市化发展到今天，形成大小不等的都市圈已经是不争的事实。都市圈是城市化由聚集阶段发展到聚集与扩散相结合阶段的必然产物，是城市化客观规律的具体空间表现。对都市圈发展，应有一个正确的认识和判断，一是避免一哄而起，拔苗助长，争相构造都市圈；二是避免不承认客观事实，压制都市圈成长。

## 二、要科学界定都市圈

中国的城市化已经进入了都市圈发展的新阶段。都市圈的数量、地域范围和空间分布有待科学界定。科学、简便易行的都市圈界定标准，是正确评估中国都市圈的战略地位和作用的基础。

中国的城市化实践已经推动都市圈由学术研究进入规划实施阶段，政府的组织、引导和实施规划成了都市圈发展的重要推动力。由于学术研究和政府决策之间尚有较大距离，政府在推动都市圈发展规划实施中有较大的盲目性。

都市圈的形成和发展服从自然和经济规律。并不是所有的城市都可能形成都市圈。要正确掌控政府作用的空间和尺度，既要防止一些城市不切实际地提出高标准地建设都市圈，也要防止一些城市以"大城市病"为借口人为压制都市圈的形成和发展。科学合理的都市圈界定标准是规范政府推动都市圈发展的行为准则。

中国都市圈的界定标准，一要符合中国国情，不能盲目照搬国外的标准；二要进行扎实的理论分析和大量实证研究，并进行必要的归纳总结；三要简便易行，有可操作性。

根据中国国情特点，笔者认为都市圈的形成应具备三个特征：一是中心城市人口达到50万以上，而且出现城市郊区化现象。郊区人口增长速度高于城市中心区，城市中心区的人口在绝对或相对减少。二是郊区经济发展速度高于城市中心区。城市资源向郊区流动，城乡统筹协调发展，改变原来城乡二元对立的状态。三是城、郊联系密切。

根据上述三个方面的特征，笔者选取了与之相关的一系列指标，对中国都市圈的发展状况进行了实证研究，得出如下结论：（1）都市圈发育成熟的城市有4个，即北京、天津、上海、广州。（2）都市圈发育基本成熟的城市有13个，即重庆、南京、长春、哈尔滨、郑州、武汉、温州、福州、厦门、深圳、合肥、贵阳、乌鲁木齐。（3）都市圈发育尚不成熟的城市有25个，即沈阳、大连、吉林、齐齐哈尔、呼和浩特、包头、大同、太原、石家庄、开封、济南、青岛、苏州、无锡、徐州、杭州、宁波、湛江、南宁、柳州、南昌、长沙、昆明、成都、西安。从发展趋势看，重庆等13个城市有望在未来10年左右形成成熟的都市圈；沈阳等25个城市有望在未来15年左右形成成熟的都市圈。

### 三、对都市圈的形成规律要有科学认识

自然条件是都市圈形成的自然基础。在都市圈孕育和发展的历史过程中，包括地质、气候、水文、地形和土壤肥沃程度等在内的自然条件，不仅是人们聚居的基本条件，还直接影响着工农业生产和交通运输的布局，进而影响到人口密度和城市规模，从而影响到都市圈的发育。都市圈大都发育在自然条件优越的地区，比如气候适宜、水源充足、土地肥沃的地区就可能首先出现大的城市，然后逐步发展成为都市圈。高寒地区、干旱缺水地区、地形陡峭和破碎地区，一般不会出现大的城市，也不会形成都市圈。

区位条件是都市圈形成的空间基础。在人类社会发展进程中，区位条件始终是影响人们定居和从事社会经济活动的基本因素之一。在人类社会早期，由于生产力水平低下和为获取生存资料的便利，人们选择了以沿海（或沿江、沿河）和相对靠海的地区定居，导致沿海区域城市迅速发展而成为当今社会经济活动的主要区域，也使都市圈主要发育于沿海地区。

市场经济是都市圈形成和发展的制度因素。在计划经济体制下，政府是决策的中心，也是生产要素的实际掌控者和配置者。行政联系取代了经济联系，企业和个人没有自主决策权。导致市场供求关系失衡，生产要素价格失灵。尽管政府为了解决"大城市病"，曾经把若干企业搬迁到郊区选址发展，并且造成了一定的通勤流，具备了都市圈的某些特征，但是这种联系是行政主导下的经济联系，不是企业和个人自主决策选择的结果，不具有持续性，因而不可能形成都市圈。在市场经济体制下，生产要素的流动更多地受市场调节。生产要素的集聚与扩散有了经济规律可循，可以说市场经济体制是都市圈催生的摇篮。

大城市是都市圈形成的核心。都市圈一般都有大的经济中心城市作为核心，驱动整个都市圈经济的运行。这个核心所发挥的作用是：（1）聚集作用。通过规模效益和聚集效益吸引生产要素的聚集。（2）过滤作用。有针对性地选择中心城市所需要的生产要素，排挤不需要的生产要素。（3）扩散作用。将过滤后的生产要素向都市圈域内扩散，带动城市边缘地区开发。（4）创新作用。在聚集生产要素的基础上，创新出新观念、新制度、新技术、新产业，推动都市圈向更高级阶段演化。

交通网络是都市圈形成的骨架。交通技术（包括交通工具、交通设施）的发展和完善，将导致客货空间位移过程中时间和费用的节约，有利

于加快城市地域扩展。不同运输方式下城市地域扩展的范围是不同的，步行通勤约 5 公里/小时，公共汽车 15 公里/小时，小汽车可达 50 公里/小时。交通运输速度提高，交通时间成本下降，交通成本对城市发展的约束将降低，产生的效果是：一方面，城市聚集效应增加，资源要素更大规模、更大范围的集中，将使城市在更大范围内得到发展；另一方面，交通通信条件改善后，企业和居民的空间移动和聚集更加自由方便，有利于生产要素的空间扩散。无疑，现代化的交通网络是都市圈形成必不可少的骨架。

城市郊区化是都市圈形成的先决条件。世界城市化历史进程表明：城市化过程经历了城市化、郊区化、逆城市化和再城市化四个阶段。城市化阶段主要以向心集聚为主，郊区化和逆城市化阶段主要以离心扩散为主，再城市化是世界许多大都市在信息化和全球化时代表现的新特征。西方国家伴随城市郊区化出现了都市区这种空间地域形态绝不是偶然的，而是必然的。只有进入城市郊区化阶段，离心扩散才占据主导地位，才能真正促进城市边缘地区的开发和新城（或卫星城）的发展，才具备形成都市圈的客观条件。

研究发现，都市圈的发育起步于城市郊区化，在城市化率 50%—70% 期间处于发展壮大期，在城市化率超过 70% 时进入稳定发展期。都市圈的形成与经济发展水平的提高、生产要素的自由流动、私人汽车的普及、道路交通网络的完善、政府的规划和政策引导等息息相关。中国自改革开放以来，实现了连续近 30 年的高速经济增长，目前城市化率超过 40%，在发达的大城市已经出现了城市郊区化现象，并出现了若干都市圈。可以说，中国已经进入了都市圈形成和发展的伟大时代！

**四、对都市圈的战略地位与作用要有充分认识**

2005 年，北京、天津、上海、广州四大都市圈面积 27087 平方公里，总人口 4898 万，GDP 总量 23272 亿元，分别占全国土地面积的 0.28%、总人口的 3.75% 和 GDP 总量的 12.76%；四大都市圈人均 GDP 4.75 万元，地均 GDP 0.86 亿元/Km$^2$，分别是全国平均水平的 3.42 倍和 43 倍。四大都市圈以较少的土地，承载了较多的人口以及规模庞大的经济产出，体现出了集约发展和显著的聚集经济效益，对中国国民经济发展贡献突出。估计未来 10—15 年，随着结构调整和功能整合，四大都市圈在中国经济社会发展中的地位还将进一步上升。

随着城市化发展，越来越多的城市将进入城市郊区化发展阶段，从而为新的都市圈的形成创造有利条件。可以说，尽管中国目前仍然处于城市化加速发展阶段，向心聚集是主流趋势，但是城市化水平较高的城市，正在发育和形成都市圈。中国已经进入了都市圈发育和形成的新时代，都市圈经济将主导城市经济的发展方向，并将逐步占据国民经济的主体。

中国都市圈的形成和发展在城市化发展史上具有划时代的意义。实践已经证明：中国的大城市鉴于其巨大的聚集经济效益，普遍获得了超常规的发展。没有大城市的率先发展，就不会有中、小城市和小城镇的大发展。正因为如此，一些人担心大城市发展过快，造成资源环境危机、优质耕地被占用、城乡差距扩大、城市交通拥堵、外来人口众多而带来的治安隐患等，力图在"可持续发展的名义下"控制大城市的发展。大城市发展是否已经走到了尽头？实践是最好的回答。当大城市发展遇到规模不经济的问题时，一种崭新的大城市地域形态——都市圈横空出世，它不是对大城市发展的自我否定，而是大城市根据实际发展情况进行的自我完善。都市圈的出现，较好地解决了大城市出现的集聚与扩散、功能与结构、城市与区域、发展与可持续发展等方面的矛盾，代表了中国城市化发展的大方向，在中国城市化发展史上具有里程碑式的意义。

都市圈是中国参与全球竞争的主力军。在经济全球化发展的今天，国家之间的经济竞争首先表现在全球城市之间的竞争，而支撑全球城市发展的正是大小和规模不等的都市圈。都市圈以其独特的功能结构，不仅有效地规避了大城市发展带来的种种弊端，而且将大、中、小城市与小城镇有机地联系在一起，形成了功能互补、结构完善的高度城市化地区，是中国参与全球竞争的主力军。

**五、开展都市圈战略规划意义非凡**

开展都市圈战略规划有理论意义。都市圈是城市化加速发展阶段出现的一种城市地域形态，是城市化发展阶段中的必然产物。国内外城市化实践证明，通过都市圈这种独特的城市功能与结构调整，城市实现了自我完善和新陈代谢，提高了城市可持续发展的能力。开展都市圈战略规划，不仅是对城市化理论认识的深化，更是对城市规划体系的完善。

开展都市圈战略规划更有现实意义。中国人口众多、地域辽阔，困扰着中国现代化进程的一个重要因素是人口和产业布局太分散，生产要素优化配置和交易的成本太高，乡镇企业"遍地开花"和小城镇"遍地发展"

就是真实写照。因此，推进城市化进程，降低生产要素优化配置和交易的成本应该成为中国的国家战略。令人遗憾的是，社会上对中国的城市化战略的现实意义认识不够，当城市问题引起社会的高度关注时，反对城市化的声音就不绝于耳。目前，城乡矛盾突出、土地利用秩序混乱、城市生态环境危机、社会不和谐、大城市过分拥挤等问题的出现，社会上多归因于城市化超前，试图从新农村建设上找到答案。很显然，在这种背景下，开展都市圈战略规划有很强的现实指导意义。第一，开展都市圈战略规划是解决大城市问题的有效途径。在大城市地区，生存空间狭小，人口拥挤、住房短缺、交通拥挤、环境污染、人居环境质量下降，要解决这些问题，抑制大城市发展不可取，寻求区域解决途径，开展都市圈战略规划是唯一途径。第二，开展都市圈规划是城市与区域一体化发展的客观要求。众所周知，城市与区域是有机联系的统一体，城市是区域发展的核心，区域是城市发展的依托。在大城市地区，随着城市功能向区域扩散，在城市外围地区出现了与城市发展密切相关的"区域性功能区"，如高新技术产业园区、经济开发区、港口、机场，以及区域性游憩地等，它们正成为区域经济发展、功能成长最活跃的区位。对这类地区，传统的城市规划无能为力，开展都市圈战略规划，整合城市与区域的关系是现实选择。第三，开展都市圈战略规划是优化区域资源配置的有效手段。大城市发展需要各种资源，在城市规划区范围内无法保障供给。如果局限在城市规划区范围内配置资源，其弊端是显而易见的。相反，如果在区域范围内配置资源，则可以发挥各种资源的比较优势。都市圈战略规划的着眼点，既不是单一的城市，也不是泛泛而谈的区域，而是高度整合城市与区域关系的城市地区，它可以有效地解决优化区域资源配置的问题。第四，开展都市圈战略规划是城市地区基础设施衔接的前提。在发达的城市化地区，由于行政分割而造成的基础设施建设问题比比皆是，其一是重复建设问题，如港口、机场等的重复建设；其二是不衔接问题，如公路等级标准不一，断头公路遍布，给排水管道、供汽管道、供水管道、电网等互不衔接。开展都市圈战略规划，可以对城市及其周围的城市化地区的基础设施进行统筹安排，有利于城市化地区的整体发展。第五，开展都市圈战略规划，有利于解决城市地区的生态环境问题，实现城市地区的可持续发展。在大城市地区，城市存在着"点污染"，而城市外围地区面临着"面污染"。解决"点污染"，如果局限在城市空间内，以防止对城市周围地区的污染扩散，基本上没有成功的可能；如果向城市外围地区疏解城市功能，可能解决了"点污染"，但又会造成新的"面污染"。这说明，城市和区域都无法单独解决环境问题。环境污染具有跨区域性质，城市和区域必须共同行动起来，采取联合行动，才能解决城市地区的生态环境问题。而都市圈战略规划正是这样一种致力于城市地区可持续发展的规划，可以为有效地解决城市地区的生态环境问题创造有利条件。

### 六、要科学构建都市圈战略规划体系

都市圈战略规划的出发点，一是要突出规划的战略性；二是要突出规划的协调性；三是要突出规划的综合性；四是要突出规划的政策性。

在规划体系中，都市圈战略规划定位于中观层次的区域规划。就整个规划体系来说，可以明显地分为三个层次的规划：一是宏观层次的战略性规划，以国土规划为代表；二是中观层次的指导性规划，以区域规划为代表；三是微观层次的实施性规划，以城市规划、土地利用规划、国民经济和社会发展规划为代表。很显然，都市圈战略规划属于中观层次的区域规划。

在规划内容上，都市圈战略规划定位于空间战略性规划。都市圈战略规划应该体现战略性、中观性、区域性、综合性和前瞻性的特点，并在空间规划体系中发挥承上启下的作用，即对上，是国土规划的深化和延续；对下，是城市规划、土地利用规划、国民经济社会发展规划的指导。在这个区间范围内，根据各个都市圈的具体情况，确定规划的内容。一般地说，都市圈战略规划首先应该进行都市圈空间发展战略研究，并对空间结构进行战略安排，包括都心、内边缘区、外边缘区、新城（卫星城）的战略安排。在空间规划的基础上，应该对都市圈的基础设施进行战略规划，特别是对都市圈发展有重大影响的基础设施，应该做出战略安排。生态环境保护也是都市圈战略规划的重要内容，都市圈战略规划应该特别针对重大的、或者跨区域性质的生态环境保护问题做出战略安排。产业布局以及主体功能区的建设布局也是都市圈战略规划的重要内容。虽然经济发展很大程度上需要发挥市场配置资源的基础作用，但是产业布局和主体功能区的建设布局是市场竞争无法优化配置的，需要发挥政府的宏观调控作用。这种类型的空间布局规划是政府空间管制的重要手段，也是都市圈战略规划的重要内容。人口布局以及社会服务设施供给的战略规划也是都市圈战略规划的重要内容。人口数量及其特征是社会服务设施供给的引导，二者

在空间布局上应该相互匹配。在都市圈内部，人口的空间布局不是固定不变的，而是随着经济社会发展水平和人们生活水平的提高发生有规律的变动的。为了使二者最大限度地实现匹配，需要在都市圈内部统筹规划，综合协调，这正是都市圈战略规划的内容之一。土地利用方向与战略以及土地利用分区规划也是都市圈战略规划的重要内容。一切经济社会发展规划最终都要落实在土地上，否则就成了空中楼阁。在严格执行国家土地政策的前提下，根据都市圈的自然条件和经济社会发展等实际情况，确定都市圈的土地利用方向与战略以及土地利用分区规划既是都市圈战略规划的重要内容，也是土地利用规划与都市圈战略规划的接口。

在规划实施上，都市圈战略规划定位于政策指导性规划。都市圈战略规划所涉及的规划内容很大程度上需要通过规划实施的制度安排与政策设计来实现。以往规划多注重规划本身，轻视规划的实施研究，很大原因是对规划实施的制度安排与政策设计的重要性缺乏足够的认识。实践已经证明，规划就是利益的重新调整，是公共政策执行的导向，需要有一个利益协调机制、制度安排和政策调控来体现。所以，都市圈战略规划是一个政策指导性规划，制度安排与政策设计是规划必不可少的配套措施。

都市圈战略规划要有科学的指导思想：一方面是以科学发展观为指导，统筹协调都市圈发展；另一方面是坚持有作为、有所不为，把握都市圈战略规划的重点；三是坚持因地制宜、因时制宜，体现都市圈战略规划的个性。

都市圈战略规划要体现科学的原则：一是可持续发展原则；二是一体化发展原则；三是综合协调原则；四是以人为本原则；五是可操作性原则。

都市圈战略规划要有科学的规划路径：一是确定都市圈形成和发展的阶段。开展都市圈战略规划，首先要确定都市圈是否已经发育成型，接着需要判断都市圈发展的阶段。都市圈的发展规模有大小之分，经济社会发展水平有高低之分，经济结构和空间结构也有优劣之分。按照都市圈发育程度和发展水平，可以将都市圈划分为不同的发展阶段，这是都市圈战略规划的基础工作。二是发现都市圈发展中存在的问题。在都市圈发展壮大的过程中，必然存在这样或者那样的问题，比如水资源供需不平衡、土地利用效率低下、交通拥堵、环境污染、生态破坏、住房短缺、就业机会不足、政策不配套、经济发展缺乏活力、社会服务设施不配套等，这些问题看似孤立，实则有一定的内在联系。通过梳理都市圈发展中存在的问题，并发现各种问题之间的内在联系，就可以判断出都市圈发展中存在问题的症结所在。三是提出都市圈战略规划的目标。任何规划都应该有一个明确的规划目标，都市圈战略规划也不例外。与各种专项规划目标不同，都市圈战略规划的目标应该突出综合性和战略指导性。以此而言，都市圈战略规划的目标不应该是单一的，而应该是多目标的，或者说由多个目标构成的规划目标体系，以体现与国民经济社会发展规划、城市规划、土地利用规划的衔接。具体来说，都市圈战略规划的目标体系应该包括：经济发展目标、社会发展目标、人口发展目标、环境保护目标、生态建设目标、资源利用与保护目标（包括土地、水资源、节能减排等）、空间发展目标、基础设施建设目标等。这些目标不仅应该有时序发展上的要求，而且也应该有空间布局上的要求。四是确定都市圈优化的空间结构。都市圈战略规划应该突出空间整合、优化和协调。什么样的空间结构是最优或者次优？需要开展都市圈空间发展战略研究，不仅应该考虑都市圈的宏观战略地位、在区域发展中的作用，还要考虑都市圈内部的发展条件、发展阶段以及发展特点，并与发展条件相似的都市圈进行对比研究，确定都市圈最优或者次优的空间结构，以此作为都市圈空间整合和规划的基础骨架。五是统筹区域人口布局。在都市圈内部，应该以规划的空间结构为依据，统筹安排区域人口布局。具体来说，都市圈现状空间结构并非最优，人口布局也并非合理。根据都市圈战略规划确定的空间结构，引导人口空间布局做出相应的调整，以体现人口布局与空间结构相协调。如果二者不能协调一致，就应该从两个方面进行思考：一是引导人口空间布局调整的政策措施是否到位？二是规划的空间结构是否合理？有没有可操作性？只有人口空间布局与空间结构相协调，都市圈战略规划的目标才有可能实现。六是统筹区域基础设施和社会服务设施的空间布局。都市圈战略规划确定的空间结构和人口布局方案能否实现，还需要基础设施和社会服务设施给予支持。一些城市在新区开发过程中，只注意盖楼房，忽略了基础设施和社会服务设施的同步配套，造成人民群众生活很不方便。为了扭转这种局面，应该要求区域基础设施和社会服务设施与空间结构、人口布局规划相协调。七是提出生态环境及自然与人文资源保护与利用的要求。生态环境及自然与人文资源属于公共物品，在市场竞争条件下，在追逐经济利益的驱动下，很难得到妥善保护，只有政府出面，通过都市圈战略规划，提出生态环境及自然与人文资源保护与利用的要求，才能切实有效地保护这种公共物品。因此，在都市圈战略规划中，要认真研究需要保护的生态环境及自然与人文资源，并落实到具体的空间，通过规划方案的编制，实现保护与利用的目的。八是提出都市圈内部不同功能区的发展目标和方向。都市圈经济不同于一般区域经济之处在于，内部形成了高度分工协作的功能区，打破了传统的小而全、大而全的区域经济发展模式。各个功能区发展方向不同，发展思路和发展模式不同，但又构成一个分工协作有序的都市圈域经济整体。从某种程度上说，都市圈经济是放大了的城市经济，只不过传统的城市经济聚集在城市建成区以内，而都市圈经济则分布在都市圈域内。都市圈战略规划所设计的空间结构，需要不同性质的功能区予以填充。提出都市圈内部不同功能区的发展目标和方向是都市圈战略规划深入进行的标志。九是提出政府作用的空间及其对空间开发管制的思路。都市圈发展中存在的许多问题，有的可以通过市场竞争解决，不需要政府的过多干预。如果政府取代市场竞争进行干预，可能会使简单的问题复杂化，反而不利于问题的解决。但是，有的问题是市场竞争无法解决的，必须通过政府干预解决。如果政府置若罔闻，可能会严重损害公共利益。都市圈战略规划，就是要解决市场竞争条件下如何维护公共利益的问题，这种公共利益具体体现在各种公共物品的数量、质量及其空间布局上，以及公共物品之间或者公共物品与私人物品之间的组合关系上。都市圈战略规划，在有关私人物品的供给上，没有必要大肆渲染，应该尽力发挥市场机制配置生产要素的基础作用；在有关公共物品的供给上，应该给予高度关注。公共物品供给的数量、质量及其空间布局，以及政府如何发挥宏观调控作用，确保公共物品供给在空间上落地等等，是都市圈战略规划必须解决的问题。十是提出都市圈战略规划配套的公共政策。都市圈战略规划方案的出台，意味着各种利益关系的大调整，包括公共利益与私人利益之间、部门利益与部门利益之间、地方利益与地方利益之间、上级政府利益与下级政府利益之间、政府利益与居民利益之间的利益关系。这种利益关系的调整，必然有利益得到者，也有利益受损者。如何在保证都市圈发展这个公共利益最大化的前提下，使利益受损者得到合理的补偿，使利益得到者付出应有的代价，是都市圈战略规划的操纵者——政府必须解决的现实问题。都市圈战略规划，不仅要强调规划方案的科学性，还要强调规划方案的可操作性，也就是要对规划方案的执行研究配套的公共政策。

　　要构建有中国特色的都市圈规划实施体制。由于中国与西方国家在政治制度、文化传统和价值观念上存在不同程度的差异，因此西方国家大都市治理模式不能完全照搬，各级政府的职能定位、角色转换也不能不加改造地"洋为中用"，应有选择地加以吸收。一是都市圈治理模式不求同一化；二是都市圈政府之间的职能分工要明确；三是广大民众的意愿要尊重；四是中央政府的适当介入必不可少。

都市圈战略规划编制的法定地位要确定。针对现有规划地位的不确定，笔者提出如下建议：一是都市圈战略规划的编制审批建议。对都市圈这种城市—区域规划应该有特别的要求。在各省、市完成所在行政区域城镇体系规划的基础上，凡是达到都市圈这种城市地域形态的地区，都应该积极开展都市圈战略规划。都市圈范围不超过所在城市行政辖区的，由所在城市政府组织编制都市圈战略规划；都市圈范围超过所在城市行政辖区的，由上一级政府组织编制都市圈战略规划。也可以在上一级政府的督促和协调下，由相关城市（或县、区）政府共同组织编制都市圈战略规划。凡是应该组织编制而没有组织编制都市圈战略规划的地方政府，不得组织编制城市总体规划。都市圈战略规划应当注重规划的战略性和长期性，编制期限一般以20—30年为宜。二是都市圈战略规划的实施操作建议。都市圈战略规划具有超越城市总体规划、土地利用规划、国民经济和社会发展规划的地位。城市总体规划、土地利用规划、国民经济和社会发展规划要自觉服从都市圈战略规划。要在都市圈战略规划的指导下编制城市总体规划、土地利用规划、国民经济和社会发展规划。城市总体规划、土地利用规划、国民经济和社会发展规划与都市圈战略规划不一致的地方，要以都市圈战略规划为主。都市圈范围内的一切城乡建设活动和招商引资活动不得违背都市圈战略规划。凡是违背都市圈战略规划的主体，应该责令其更正，并给予其相应的行政处罚与经济处罚，构成犯罪的，要依法追究刑事责任。三是都市圈战略规划的调整和修编建议。都市圈战略规划一经批准，就应该维护规划的严肃性和权威性，保持规划的延续性，不得擅自修改。但有下列情形之一的，可以按照合法程序组织修改：(1)上级人民政府制定的城乡规划发生变更，提出修改规划要求的；(2)因国务院批准重大建设工程确需修改规划的；(3)都市圈扩展，经评估确需修改规划的；(4)都市圈战略规划审批机关认为应当修改规划的其他情形。修改都市圈战略规划应当先向原审批机关提出专题报告，经同意后方可编制修改方案。修改后的规划应当按照原审批程序报批。

**七、要认真吸取国外都市圈战略规划的经验**

国外开展都市圈战略规划较早，积累了丰富的经验，值得我们学习：

一是规划有法律保障。规划是在法律的基础上完成的，确保了规划的权威性和严肃性，也确保了规划实施中的强制性。二是规划体系完善，确保了上下级规划和同级规划的协调。三是规划因时制宜。综观国外都市圈规划案例发现，在都市圈发展初期，都市圈核心过密与都市圈外围地区过疏是面临的主要问题，疏解中心区功能、发展边缘区新城是主要任务；在都市圈发展的中后期，人口压力减缓，而核心竞争能力的提升与保护历史文化遗存以及维护良好的生态环境成了都市圈发展规划要解决的主要问题。四是规划因地制宜。将都市圈地域划分为不同的功能区，实施不同的发展策略。五是规划与政策结合，极大地推进了规划的实施。六是规划以人为本，体现了先进的发展理念。

### 八、要及时总结国内都市圈战略规划的得失

中国开展都市圈战略规划起步较晚，但积累的经验和教训值得总结：一是政府高度关注都市圈战略规划。在政府的组织下，中国已经完成了十多项都市圈战略规划，而且呈现出方兴未艾的趋势。二是都市圈战略规划的作用正在发挥。一些已经完成都市圈战略规划的地方，在城市与区域规划以及重大问题的解决思路上，明显体现出了超前性和战略性。比如，在重大基础设施的建设上，开始考虑跨行政区的共建共享；在促进生产要素跨行政区流动上，考虑到了如何实现"同城化"；在生态建设与环境保护上，考虑到了如何实现区域合作；在经济社会发展问题上，考虑到了如何按照都市圈的时空战略配置资源。这些情况说明，都市圈战略规划正在发挥积极作用。三是都市圈战略规划的内容有中国特色。中国的都市圈战略规划在编制内容上偏重经济、空间、交通、生态环境等物质规划，强调的是宏观性、战略性和全局性，注重获取整体利益，体现的是鲜明的中国特色。四是一些地方都市圈战略规划有"拔苗助长"的嫌疑。一些地方不顾客观条件限制，不考虑经济社会发展水平和城市化发展的阶段，盲目提出高标准建设××大都市圈，企图在发展机会、发展资源的取得、行政区划的调整等方面得到上级政府的特殊关照。在实践中，要警惕这种现象。同时，也要防止人为压制都市圈的发展壮大。五是都市圈战略规划与政策制定脱节。规划只考虑规划本身的内容，很少考虑与规划匹配的政策，导致规划的执行效果并不理想，政策制定也缺乏规划的依据。六是都市圈战略规划缺乏法治保障，要尽快扭转这种局面，以便形成规划开展的长效机制。

# 附录一  城镇体系规划编制审批办法

第一条  为推动城镇体系规划编制和审批工作，根据《中华人民共和国城市规划法》，制定本办法。

第二条  本办法所称城镇体系是指一定区域范围内在经济社会和空间发展上具有有机联系的城镇群体。

第三条  城镇体系规划的任务是：综合评价城镇发展条件；制订区域城镇发展战略；预测区域人口增长和城市化水平；拟定各相关城镇的发展方面与规模；协调城镇发展与产业配置的时空关系；统筹安排区域基础设施和社会设施；引导和控制区域城镇的合理发展与布局；指导城市总体规划的编制。

第四条  城镇体系规划一般分为全国城镇体系规划，省域（或自治区域）城镇体系规划，市域（包括直辖市、市和有中心城市依托的地区、自治州、盟域）城镇体系规划，县域（包括县、自治县、旗域）城镇体系规划四个基本层次。

城镇体系规划区域范围一般按行政区划划定。根据国家和地方发展的需要，可以编制跨行政地域的城镇体系规划。

第五条  城镇体系规划应同相应区域的国民经济和社会发展长远计划、国土规划、区域规划及上一层次的城镇体系规划相协调。

第六条  城镇体系规划的期限一般为二十年。

第七条  全国城镇体系规划，由国务院城市规划行政主管部门组织编制。

省域城镇体系规划，由省或自治区人民政府组织编制。

市域城镇体系规划，由城市人民政府或地区行署、自治州、盟人民政府组织编制。

县域城镇体系规划，由县或自治县、旗、自治旗人民政府组织编制。

跨行政区域的城镇体系规划，由有关地区的共同上一级人民政府城市规划行政主管部门组织编制。

第八条　编制城镇体系规划应具备区域城镇的历史、现状和经济社会发展基础资料以及必要的勘察测量资料。资料由承担编制任务的单位负责收集，有关城市和部门协助提供。

第九条　承担编制城镇体系规划任务的单位，应当符合国家有关规划设计单位资格的规定。

第十条　城镇体系规划上报审批前应进行技术经济论证，并征求有关单位的意见。

第十一条　全国城镇体系规划，由国务院城市规划行政主管部门报国务院审批。

省域城镇体系规划，由省或自治区人民政府报经国务院同意后，由国务院城市规划行政主管部门批复。

市域、县域城镇体系规划纳入城市和县级人民政府驻地镇的总体规划，依据《中华人民共和国城市规划法》实行分级审批。

跨行政区域的城镇体系规划，报有关地区的共同上一级人民政府审批。

第十二条　全国城镇体系规划涉及的城镇应包括设市城市和重要的县城。

省域（或自治区区域）城镇体系规划涉及的城镇应包括市、县城和其他重要的建制镇、独立工矿区。

市域城镇体系规划涉及的城镇应包括建制镇和独立工矿区。

县域城镇体系规划涉及的城镇应包括建制镇、独立工矿区和集镇。

第十三条　城镇体系规划一般应当包括下列内容：

1. 综合评价区域与城市的发展和开发建设条件；

2. 预测区域人口增长，确定城市化目标；

3. 确定本区域的城镇发展战略，划分城市经济区；

4. 提出城镇体系的功能结构和城镇分工；

5. 确定城镇体系的等级和规模结构；

6. 确定城镇体系的空间布局；

7. 统筹安排区域基础设施、社会设施；

8. 确定保护区域生态环境、自然和人文景观以及历史文化遗产的原则和措施；

9. 确定各时期重点发展的城镇，提出近期重点发展城镇的规划建议；

10. 提出实施规划的政策和措施。

第十四条　跨行政区域城镇体系规划的内容和深度，由组织编制机关参照本《办法》第十二条、第十三条规定，根据规划区域的实际情况确定。

第十五条　城镇体系规划的成果包括城镇体系规划文件和主要图纸。

1. 城镇体系规划文件包括规划文本和附件。

规划文本是对规划的目标、原则和内容提出规定性和指导性要求的文件。

附件是对规划文本的具体解释，包括综合规划报告、专题规划报告和基础资料汇编。

2. 城镇体系规划主要图纸：

（1）城镇现状建设和发展条件综合评价图；

（2）城镇体系规划图；

（3）区域社会及工程基础设施配置图；

（4）重点地区城镇发展规划示意图。

图纸比例：全国用 1：250 万，省域用 1：100 万—1：50 万，市域、县域用 1：50 万—1：10 万。重点地区城镇发展规划示意图用 1：5 万—1：1 万。

第十六条　本办法由建设部负责解释。

第十七条　本办法自 1994 年 9 月 1 日起施行。

［注］本办法第十一条内容已经国务院同意。

# 附录二 中华人民共和国城乡 规划法（2007 年）

## 第一章 总则

第一条 为了加强城乡规划管理，协调城乡空间布局，改善人居环境，促进城乡经济社会全面协调可持续发展，制定本法。

第二条 制定和实施城乡规划，在规划区内进行建设活动，必须遵守本法。

本法所称城乡规划，包括城镇体系规划、城市规划、镇规划、乡规划和村庄规划。城市规划、镇规划分为总体规划和详细规划。详细规划分为控制性详细规划和修建性详细规划。

本法所称规划区，是指城市、镇和村庄的建成区以及因城乡建设和发展需要，必须实行规划控制的区域。规划区的具体范围由有关人民政府在组织编制的城市总体规划、镇总体规划、乡规划和村庄规划中，根据城乡经济社会发展水平和统筹城乡发展的需要划定。

第三条 城市和镇应当依照本法制定城市规划和镇规划。城市、镇规划区内的建设活动应当符合规划要求。

县级以上地方人民政府根据本地农村经济社会发展水平，按照因地制宜、切实可行的原则，确定应当制定乡规划、村庄规划的区域。在确定区域内的乡、村庄，应当依照本法制定规划，规划区内的乡、村庄建设应当符合规划要求。

县级以上地方人民政府鼓励、指导前款规定以外的区域的乡、村庄制定和实施乡规划、村庄规划。

第四条 制定和实施城乡规划，应当遵循城乡统筹、合理布局、节约土地、集约发展和先规划后建设的原则，改善生态环境，促进资源、能源节约和综合利用，保护耕地等自然资源和历史文化遗产，保持地方特色、民族特色和传统风貌，防止污染和其他公害，并符合区域人口发展、国防建设、防灾减灾和公共卫生、公共安全的需要。

在规划区内进行建设活动，应当遵守土地管理、自然资源和环境保护等法律、法规的规定。

县级以上地方人民政府应当根据当地经济社会发展的实际，在城市总体规划、镇总体规划中合理确定城市、镇的发展规模、步骤和建设标准。

第五条　城市总体规划、镇总体规划以及乡规划和村庄规划的编制，应当依据国民经济和社会发展规划，并与土地利用总体规划相衔接。

第六条　各级人民政府应当将城乡规划的编制和管理经费纳入本级财政预算。

第七条　经依法批准的城乡规划，是城乡建设和规划管理的依据，未经法定程序不得修改。

第八条　城乡规划组织编制机关应当及时公布经依法批准的城乡规划。但是，法律、行政法规规定不得公开的内容除外。

第九条　任何单位和个人都应当遵守经依法批准并公布的城乡规划，服从规划管理，并有权就涉及其利害关系的建设活动是否符合规划的要求向城乡规划主管部门查询。

任何单位和个人都有权向城乡规划主管部门或者其他有关部门举报或者控告违反城乡规划的行为。城乡规划主管部门或者其他有关部门对举报或者控告，应当及时受理并组织核查、处理。

第十条　国家鼓励采用先进的科学技术，增强城乡规划的科学性，提高城乡规划实施及监督管理的效能。

第十一条　国务院城乡规划主管部门负责全国的城乡规划管理工作。

县级以上地方人民政府城乡规划主管部门负责本行政区域内的城乡规划管理工作。

## 第二章　城乡规划的制定

第十二条　国务院城乡规划主管部门会同国务院有关部门组织编制全国城镇体系规划，用于指导省域城镇体系规划、城市总体规划的编制。

全国城镇体系规划由国务院城乡规划主管部门报国务院审批。

第十三条　省、自治区人民政府组织编制省域城镇体系规划，报国务院审批。

省域城镇体系规划的内容应当包括：城镇空间布局和规模控制，重大基础设施的布局，为保护生态环境、资源等需要严格控制的区域。

第十四条　城市人民政府组织编制城市总体规划。

直辖市的城市总体规划由直辖市人民政府报国务院审批。省、自治区人民政府所在地的城市以及国务院确定的城市的总体规划，由省、自治区人民政府审查同意后，报国务院审批。其他城市的总体规划，由城市人民政府报省、自治区人民政府审批。

第十五条　县人民政府组织编制县人民政府所在地镇的总体规划，报上一级人民政府审批。其他镇的总体规划由镇人民政府组织编制，报上一级人民政府审批。

第十六条　省、自治区人民政府组织编制的省域城镇体系规划，城市、县人民政府组织编制的总体规划，在报上一级人民政府审批前，应当先经本级人民代表大会常务委员会审议，常务委员会组成人员的审议意见交由本级人民政府研究处理。

镇人民政府组织编制的镇总体规划，在报上一级人民政府审批前，应当先经镇人民代表大会审议，代表的审议意见交由本级人民政府研究处理。

规划的组织编制机关报送审批省域城镇体系规划、城市总体规划或者镇总体规划，应当将本级人民代表大会常务委员会组成人员或者镇人民代表大会代表的审议意见和根据审议意见修改规划的情况一并报送。

第十七条　城市总体规划、镇总体规划的内容应当包括：城市、镇的发展布局，功能分区，用地布局，综合交通体系，禁止、限制和适宜建设的地域范围，各类专项规划等。

规划区范围、规划区内建设用地规模、基础设施和公共服务设施用地、水源地和水系、基本农田和绿化用地、环境保护、自然与历史文化遗产保护以及防灾减灾等内容，应当作为城市总体规划、镇总体规划的强制性内容。

城市总体规划、镇总体规划的规划期限一般为二十年。城市总体规划还应当对城市更长远的发展作出预测性安排。

第十八条　乡规划、村庄规划应当从农村实际出发，尊重村民意愿，体现地方和农村特色。

乡规划、村庄规划的内容应当包括：规划区范围，住宅、道路、供水、排水、供电、垃圾收集、畜禽养殖场所等农村生产、生活服务设施、公益事业等各项建设的用地布局、建设要求，以及对耕地等自然资源和历史文化遗产保护、防灾减灾等的具体安排。乡规划还应当包括本行政区域内的村庄发展布局。

第十九条　城市人民政府城乡规划主管部门根据城市总体规划的要求，组织编制城市的控制性详细规划，经本级人民政府批准后，报本级人民代表大会常务委员会和上一级人民政府备案。

第二十条　镇人民政府根据镇总体规划的要求，组织编制镇的控制性详细规划，报上一级人民政府审批。县人民政府所在地镇的控制性详细规划，由县人民政府城乡规划主管部门根据镇总体规划的要求组织编制，经县人民政府批准后，报本级人民代表大会常务委员会和上一级人民政府备案。

第二十一条　城市、县人民政府城乡规划主管部门和镇人民政府可以组织编制重要地块的修建性详细规划。修建性详细规划应当符合控制性详细规划。

第二十二条　乡、镇人民政府组织编制乡规划、村庄规划，报上一级人民政府审批。村庄规划在报送审批前，应当经村民会议或者村民代表会议讨论同意。

第二十三条　首都的总体规划、详细规划应当统筹考虑中央国家机关用地布局和空间安排的需要。

第二十四条　城乡规划组织编制机关应当委托具有相应资质等级的单位承担城乡规划的具体编制工作。

从事城乡规划编制工作应当具备下列条件，并经国务院城乡规划主管部门或者省、自治区、直辖市人民政府城乡规划主管部门依法审查合格，取得相应等级的资质证书后，方可在资质等级许可的范围内从事城乡规划编制工作：

（一）有法人资格；

（二）有规定数量的经国务院城乡规划主管部门注册的规划师；

（三）有规定数量的相关专业技术人员；

（四）有相应的技术装备；

（五）有健全的技术、质量、财务管理制度。

规划师执业资格管理办法，由国务院城乡规划主管部门会同国务院人事行政部门制定。

编制城乡规划必须遵守国家有关标准。

第二十五条 编制城乡规划，应当具备国家规定的勘察、测绘、气象、地震、水文、环境等基础资料。

县级以上地方人民政府有关主管部门应当根据编制城乡规划的需要，及时提供有关基础资料。

第二十六条 城乡规划报送审批前，组织编制机关应当依法将城乡规划草案予以公告，并采取论证会、听证会或者其他方式征求专家和公众的意见。公告的时间不得少于三十日。

组织编制机关应当充分考虑专家和公众的意见，并在报送审批的材料中附具意见采纳情况及理由。

第二十七条 省域城镇体系规划、城市总体规划、镇总体规划批准前，审批机关应当组织专家和有关部门进行审查。

## 第三章 城乡规划的实施

第二十八条 地方各级人民政府应当根据当地经济社会发展水平，量力而行，尊重群众意愿，有计划、分步骤地组织实施城乡规划。

第二十九条 城市的建设和发展，应当优先安排基础设施以及公共服务设施的建设，妥善处理新区开发与旧区改建的关系，统筹兼顾进城务工人员生活和周边农村经济社会发展、村民生产与生活的需要。

镇的建设和发展，应当结合农村经济社会发展和产业结构调整，优先安排供水、排水、供电、供气、道路、通信、广播电视等基础设施和学校、卫生院、文化站、幼儿园、福利院等公共服务设施的建设，为周边农村提供服务。

乡、村庄的建设和发展，应当因地制宜、节约用地，发挥村民自治组织的作用，引导村民合理进行建设，改善农村生产、生活条件。

第三十条 城市新区的开发和建设，应当合理确定建设规模和时序，充分利用现有市政基础设施和公共服务设施，严格保护自然资源和生态环境，体现地方特色。

在城市总体规划、镇总体规划确定的建设用地范围以外，不得设立各类开发区和城市新区。

第三十一条 旧城区的改建，应当保护历史文化遗产和传统风貌，合理确定拆迁和建设规模，有计划地对危房集中、基础设施落后等地段进行改建。

历史文化名城、名镇、名村的保护以及受保护建筑物的维护和使用，应当遵守有关法律、行政法规和国务院的规定。

第三十二条　城乡建设和发展，应当依法保护和合理利用风景名胜资源，统筹安排风景名胜区及周边乡、镇、村庄的建设。

风景名胜区的规划、建设和管理，应当遵守有关法律、行政法规和国务院的规定。

第三十三条　城市地下空间的开发和利用，应当与经济和技术发展水平相适应，遵循统筹安排、综合开发、合理利用的原则，充分考虑防灾减灾、人民防空和通信等需要，并符合城市规划，履行规划审批手续。

第三十四条　城市、县、镇人民政府应当根据城市总体规划、镇总体规划、土地利用总体规划和年度计划以及国民经济和社会发展规划，制定近期建设规划，报总体规划审批机关备案。

近期建设规划应当以重要基础设施、公共服务设施和中低收入居民住房建设以及生态环境保护为重点内容，明确近期建设的时序、发展方向和空间布局。近期建设规划的规划期限为五年。

第三十五条　城乡规划确定的铁路、公路、港口、机场、道路、绿地、输配电设施及输电线路走廊、通信设施、广播电视设施、管道设施、河道、水库、水源地、自然保护区、防汛通道、消防通道、核电站、垃圾填埋场及焚烧厂、污水处理厂和公共服务设施的用地以及其他需要依法保护的用地，禁止擅自改变用途。

第三十六条　按照国家规定需要有关部门批准或者核准的建设项目，以划拨方式提供国有土地使用权的，建设单位在报送有关部门批准或者核准前，应当向城乡规划主管部门申请核发选址意见书。

前款规定以外的建设项目不需要申请选址意见书。

第三十七条　在城市、镇规划区内以划拨方式提供国有土地使用权的建设项目，经有关部门批准、核准、备案后，建设单位应当向城市、县人民政府城乡规划主管部门提出建设用地规划许可申请，由城市、县人民政府城乡规划主管部门依据控制性详细规划核定建设用地的位置、面积、允许建设的范围，核发建设用地规划许可证。

建设单位在取得建设用地规划许可证后，方可向县级以上地方人民政府土地主管部门申请用地，经县级以上人民政府审批后，由土地主管部门划拨土地。

第三十八条 在城市、镇规划区内以出让方式提供国有土地使用权的，在国有土地使用权出让前，城市、县人民政府城乡规划主管部门应当依据控制性详细规划，提出出让地块的位置、使用性质、开发强度等规划条件，作为国有土地使用权出让合同的组成部分。未确定规划条件的地块，不得出让国有土地使用权。

以出让方式取得国有土地使用权的建设项目，在签订国有土地使用权出让合同后，建设单位应当持建设项目的批准、核准、备案文件和国有土地使用权出让合同，向城市、县人民政府城乡规划主管部门领取建设用地规划许可证。

城市、县人民政府城乡规划主管部门不得在建设用地规划许可证中，擅自改变作为国有土地使用权出让合同组成部分的规划条件。

第三十九条 规划条件未纳入国有土地使用权出让合同的，该国有土地使用权出让合同无效；对未取得建设用地规划许可证的建设单位批准用地的，由县级以上人民政府撤销有关批准文件；占用土地的，应当及时退回；给当事人造成损失的，应当依法给予赔偿。

第四十条 在城市、镇规划区内进行建筑物、构筑物、道路、管线和其他工程建设的，建设单位或者个人应当向城市、县人民政府城乡规划主管部门或者省、自治区、直辖市人民政府确定的镇人民政府申请办理建设工程规划许可证。

申请办理建设工程规划许可证，应当提交使用土地的有关证明文件、建设工程设计方案等材料。需要建设单位编制修建性详细规划的建设项目，还应当提交修建性详细规划。对符合控制性详细规划和规划条件的，由城市、县人民政府城乡规划主管部门或者省、自治区、直辖市人民政府确定的镇人民政府核发建设工程规划许可证。

城市、县人民政府城乡规划主管部门或者省、自治区、直辖市人民政府确定的镇人民政府应当依法将经审定的修建性详细规划、建设工程设计方案的总平面图予以公布。

第四十一条 在乡、村庄规划区内进行乡镇企业、乡村公共设施和公益事业建设的，建设单位或者个人应当向乡、镇人民政府提出申请，由乡、镇人民政府报城市、县人民政府城乡规划主管部门核发乡村建设规划许可证。

在乡、村庄规划区内使用原有宅基地进行农村村民住宅建设的规划管理办法，由省、自治区、直辖市制定。

在乡、村庄规划区内进行乡镇企业、乡村公共设施和公益事业建设以及农村村民住宅建设，不得占用农用地；确需占用农用地的，应当依照《中华人民共和国土地管理法》有关规定办理农用地转用审批手续后，由城市、县人民政府城乡规划主管部门核发乡村建设规划许可证。

建设单位或者个人在取得乡村建设规划许可证后，方可办理用地审批手续。

第四十二条　城乡规划主管部门不得在城乡规划确定的建设用地范围以外作出规划许可。

第四十三条　建设单位应当按照规划条件进行建设；确需变更的，必须向城市、县人民政府城乡规划主管部门提出申请。变更内容不符合控制性详细规划的，城乡规划主管部门不得批准。城市、县人民政府城乡规划主管部门应当及时将依法变更后的规划条件通报同级土地主管部门并公示。

建设单位应当及时将依法变更后的规划条件报有关人民政府土地主管部门备案。

第四十四条　在城市、镇规划区内进行临时建设的，应当经城市、县人民政府城乡规划主管部门批准。临时建设影响近期建设规划或者控制性详细规划的实施以及交通、市容、安全等的，不得批准。

临时建设应当在批准的使用期限内自行拆除。

临时建设和临时用地规划管理的具体办法，由省、自治区、直辖市人民政府制定。

第四十五条　县级以上地方人民政府城乡规划主管部门按照国务院规定对建设工程是否符合规划条件予以核实。未经核实或者经核实不符合规划条件的，建设单位不得组织竣工验收。

建设单位应当在竣工验收后六个月内向城乡规划主管部门报送有关竣工验收资料。

## 第四章　城乡规划的修改

第四十六条　省域城镇体系规划、城市总体规划、镇总体规划的组织编制机关，应当组织有关部门和专家定期对规划实施情况进行评估，并采取论证会、听证会或者其他方式征求公众意见。组织编制机关应当向本级人民代表大会常务委员会、镇人民代表大会和原审批机关提出评估报告并附具征求意见的情况。

第四十七条　有下列情形之一的，组织编制机关方可按照规定的权限和程序修改省域城镇体系规划、城市总体规划、镇总体规划：

（一）上级人民政府制定的城乡规划发生变更，提出修改规划要求的；

（二）行政区划调整确需修改规划的；

（三）因国务院批准重大建设工程确需修改规划的；

（四）经评估确需修改规划的；

（五）城乡规划的审批机关认为应当修改规划的其他情形。

修改省域城镇体系规划、城市总体规划、镇总体规划前，组织编制机关应当对原规划的实施情况进行总结，并向原审批机关报告；修改涉及城市总体规划、镇总体规划强制性内容的，应当先向原审批机关提出专题报告，经同意后，方可编制修改方案。

修改后的省域城镇体系规划、城市总体规划、镇总体规划，应当依照本法第十三条、第十四条、第十五条和第十六条规定的审批程序报批。

第四十八条　修改控制性详细规划的，组织编制机关应当对修改的必要性进行论证，征求规划地段内利害关系人的意见，并向原审批机关提出专题报告，经原审批机关同意后，方可编制修改方案。修改后的控制性详细规划，应当依照本法第十九条、第二十条规定的审批程序报批。控制性详细规划修改涉及城市总体规划、镇总体规划的强制性内容的，应当先修改总体规划。

修改乡规划、村庄规划的，应当依照本法第二十二条规定的审批程序报批。

第四十九条　城市、县、镇人民政府修改近期建设规划的，应当将修改后的近期建设规划报总体规划审批机关备案。

第五十条　在选址意见书、建设用地规划许可证、建设工程规划许可证或者乡村建设规划许可证发放后，因依法修改城乡规划给被许可人合法权益造成损失的，应当依法给予补偿。

经依法审定的修建性详细规划、建设工程设计方案的总平面图不得随意修改；确需修改的，城乡规划主管部门应当采取听证会等形式，听取利害关系人的意见；因修改给利害关系人合法权益造成损失的，应当依法给予补偿。

## 第五章　监督检查

第五十一条　县级以上人民政府及其城乡规划主管部门应当加强对城

乡规划编制、审批、实施、修改的监督检查。

第五十二条　地方各级人民政府应当向本级人民代表大会常务委员会或者乡、镇人民代表大会报告城乡规划的实施情况，并接受监督。

第五十三条　县级以上人民政府城乡规划主管部门对城乡规划的实施情况进行监督检查，有权采取以下措施：

（一）要求有关单位和人员提供与监督事项有关的文件、资料，并进行复制；

（二）要求有关单位和人员就监督事项涉及的问题作出解释和说明，并根据需要进入现场进行勘测；

（三）责令有关单位和人员停止违反有关城乡规划的法律、法规的行为。

城乡规划主管部门的工作人员履行前款规定的监督检查职责，应当出示执法证件。被监督检查的单位和人员应当予以配合，不得妨碍和阻挠依法进行的监督检查活动。

第五十四条　监督检查情况和处理结果应当依法公开，供公众查阅和监督。

第五十五条　城乡规划主管部门在查处违反本法规定的行为时，发现国家机关工作人员依法应当给予行政处分的，应当向其任免机关或者监察机关提出处分建议。

第五十六条　依照本法规定应当给予行政处罚，而有关城乡规划主管部门不给予行政处罚的，上级人民政府城乡规划主管部门有权责令其作出行政处罚决定或者建议有关人民政府责令其给予行政处罚。

第五十七条　城乡规划主管部门违反本法规定作出行政许可的，上级人民政府城乡规划主管部门有权责令其撤销或者直接撤销该行政许可。因撤销行政许可给当事人合法权益造成损失的，应当依法给予赔偿。

## 第六章　法律责任

第五十八条　对依法应当编制城乡规划而未组织编制，或者未按法定程序编制、审批、修改城乡规划的，由上级人民政府责令改正，通报批评；对有关人民政府负责人和其他直接责任人员依法给予处分。

第五十九条　城乡规划组织编制机关委托不具有相应资质等级的单位编制城乡规划的，由上级人民政府责令改正，通报批评；对有关人民政府负责人和其他直接责任人员依法给予处分。

第六十条　镇人民政府或者县级以上人民政府城乡规划主管部门有下列行为之一的，由本级人民政府、上级人民政府城乡规划主管部门或者监察机关依据职权责令改正，通报批评；对直接负责的主管人员和其他直接责任人员依法给予处分：

（一）未依法组织编制城市的控制性详细规划、县人民政府所在地镇的控制性详细规划的；

（二）超越职权或者对不符合法定条件的申请人核发选址意见书、建设用地规划许可证、建设工程规划许可证、乡村建设规划许可证的；

（三）对符合法定条件的申请人未在法定期限内核发选址意见书、建设用地规划许可证、建设工程规划许可证、乡村建设规划许可证的；

（四）未依法对经审定的修建性详细规划、建设工程设计方案的总平面图予以公布的；

（五）同意修改修建性详细规划、建设工程设计方案的总平面图前未采取听证会等形式听取利害关系人的意见的；

（六）发现未依法取得规划许可或者违反规划许可的规定在规划区内进行建设的行为，而不予查处或者接到举报后不依法处理的。

第六十一条　县级以上人民政府有关部门有下列行为之一的，由本级人民政府或者上级人民政府有关部门责令改正，通报批评；对直接负责的主管人员和其他直接责任人员依法给予处分：

（一）对未依法取得选址意见书的建设项目核发建设项目批准文件的；

（二）未依法在国有土地使用权出让合同中确定规划条件或者改变国有土地使用权出让合同中依法确定的规划条件的；

（三）对未依法取得建设用地规划许可证的建设单位划拨国有土地使用权的。

第六十二条　城乡规划编制单位有下列行为之一的，由所在地城市、县人民政府城乡规划主管部门责令限期改正，处合同约定的规划编制费一倍以上两倍以下的罚款；情节严重的，责令停业整顿，由原发证机关降低资质等级或者吊销资质证书；造成损失的，依法承担赔偿责任：

（一）超越资质等级许可的范围承揽城乡规划编制工作的；

（二）违反国家有关标准编制城乡规划的。

未依法取得资质证书承揽城乡规划编制工作的，由县级以上地方人民政府城乡规划主管部门责令停止违法行为，依照前款规定处以罚款；造成损失的，依法承担赔偿责任。

以欺骗手段取得资质证书承揽城乡规划编制工作的，由原发证机关吊销资质证书，依照本条第一款规定处以罚款；造成损失的，依法承担赔偿责任。

第六十三条　城乡规划编制单位取得资质证书后，不再符合相应的资质条件的，由原发证机关责令限期改正；逾期不改正的，降低资质等级或者吊销资质证书。

第六十四条　未取得建设工程规划许可证或者未按照建设工程规划许可证的规定进行建设的，由县级以上地方人民政府城乡规划主管部门责令停止建设；尚可采取改正措施消除对规划实施的影响的，限期改正，处建设工程造价百分之五以上百分之十以下的罚款；无法采取改正措施消除影响的，限期拆除，不能拆除的，没收实物或者违法收入，可以并处建设工程造价百分之十以下的罚款。

第六十五条　在乡、村庄规划区内未依法取得乡村建设规划许可证或者未按照乡村建设规划许可证的规定进行建设的，由乡、镇人民政府责令停止建设、限期改正；逾期不改正的，可以拆除。

第六十六条　建设单位或者个人有下列行为之一的，由所在地城市、县人民政府城乡规划主管部门责令限期拆除，可以并处临时建设工程造价一倍以下的罚款：

（一）未经批准进行临时建设的；

（二）未按照批准内容进行临时建设的；

（三）临时建筑物、构筑物超过批准期限不拆除的。

第六十七条　建设单位未在建设工程竣工验收后六个月内向城乡规划主管部门报送有关竣工验收资料的，由所在地城市、县人民政府城乡规划主管部门责令限期补报；逾期不补报的，处一万元以上五万元以下的罚款。

第六十八条　城乡规划主管部门作出责令停止建设或者限期拆除的决定后，当事人不停止建设或者逾期不拆除的，建设工程所在地县级以上地方人民政府可以责成有关部门采取查封施工现场、强制拆除等措施。

第六十九条　违反本法规定，构成犯罪的，依法追究刑事责任。

## 第七章　附则

第七十条　本法自 2008 年 1 月 1 日起施行。《中华人民共和国城市规划法》同时废止。

# 附录三　中华人民共和国土地管理法

### 中华人民共和国主席令
### 第 28 号

《全国人民代表大会常务委员会关于修改〈中华人民共和国土地管理法〉的决定》已由中华人民共和国第十届全国人民代表大会常务委员会第十一次会议于 2004 年 8 月 28 日通过，现予公布，自公布之日起施行。

#### 第一章　总则

第一条　为了加强土地管理，维护土地的社会主义公有制，保护、开发土地资源，合理利用土地，切实保护耕地，促进社会经济的可持续发展，根据宪法，制定本法。

第二条　中华人民共和国实行土地的社会主义公有制，即全民所有制和劳动群众集体所有制。

全民所有，即国家所有土地的所有权由国务院代表国家行使。

任何单位和个人不得侵占、买卖或者以其他形式非法转让土地。土地使用权可以依法转让。

国家为了公共利益的需要，可以依法对土地实行征收或者征用并给予补偿。

国家依法实行国有土地有偿使用制度。但是，国家在法律规定的范围内划拨国有土地使用权的除外。

第三条　十分珍惜、合理利用土地和切实保护耕地是我国的基本国策。各级人民政府应当采取措施，全面规划，严格管理，保护、开发土地资源，制止非法占用土地的行为。

第四条　国家实行土地用途管制制度。

国家编制土地利用总体规划，规定土地用途，将土地分为农用地、建设用地和未利用地。严格限制农用地转为建设用地，控制建设用地总量，对耕地实行特殊保护。

前款所称农用地是指直接用于农业生产的土地，包括耕地、林地、草地、农田水利用地、养殖水面等；建设用地是指建造建筑物、构筑物的土地，包括城乡住宅和公共设施用地、工矿用地、交通水利设施用地、旅游用地、军事设施用地等；未利用地是指农用地和建设用地以外的土地。

使用土地的单位和个人必须严格按照土地利用总体规划确定的用途使用土地。

第五条　国务院土地行政主管部门统一负责全国土地的管理和监督工作。

县级以上地方人民政府土地行政主管部门的设置及其职责，由省、自治区、直辖市人民政府根据国务院有关规定确定。

第六条　任何单位和个人都有遵守土地管理法律、法规的义务，并有权对违反土地管理法律、法规的行为提出检举和控告。

第七条　在保护和开发土地资源、合理利用土地以及进行有关的科学研究等方面成绩显著的单位和个人，由人民政府给予奖励。

## 第二章　土地的所有权和使用权

第八条　城市市区的土地属于国家所有。

农村和城市郊区的土地，除由法律规定属于国家所有的以外，属于农民集体所有；宅基地和自留地、自留山，属于农民集体所有。

第九条　国有土地和农民集体所有的土地，可以依法确定给单位或者个人使用。使用土地的单位和个人，有保护、管理和合理利用土地的义务。

第十条　农民集体所有的土地依法属于村农民集体所有的，由村集体经济组织或者村民委员会经营、管理；已经分别属于村内两个以上农村集体经济组织的农民集体所有的，由村内各该农村集体经济组织或者村民小组经营、管理；已经属于乡（镇）农民集体所有的，由乡（镇）农村集体经济组织经营、管理。

第十一条　农民集体所有的土地，由县级人民政府登记造册，核发证书，确认所有权。农民集体所有的土地依法用于非农业建设的，由县级人民政府登记造册，核发证书，确认建设用地使用权。

单位和个人依法使用的国有土地，由县级以上人民政府登记造册，核发证书，确认使用权；其中，中央国家机关使用的国有土地的具体登记发证机关，由国务院确定。

确认林地、草原的所有权或者使用权，确认水面、滩涂的养殖使用权，分别依照《中华人民共和国森林法》、《中华人民共和国草原法》和《中华人民共和国渔业法》的有关规定办理。

第十二条 依法改变土地权属和用途的，应当办理土地变更登记手续。

第十三条 依法登记的土地的所有权和使用权受法律保护，任何单位和个人不得侵犯。

第十四条 农民集体所有的土地由本集体经济组织的成员承包经营，从事种植业、林业、畜牧业、渔业生产。土地承包经营期限为三十年。发包方和承包方应当订立承包合同，约定双方的权利和义务。承包经营土地的农民有保护和按照承包合同约定的用途合理利用土地的义务。农民的土地承包经营权受法律保护。

在土地承包经营期限内，对个别承包经营者之间承包的土地进行适当调整的，必须经村民会议三分之二以上成员或者三分之二以上村民代表的同意，并报乡（镇）人民政府和县级人民政府农业行政主管部门批准。

第十五条 国有土地可以由单位或者个人承包经营，从事种植业、林业、畜牧业、渔业生产。农民集体所有的土地，可以由本集体经济组织以外的单位或者个人承包经营，从事种植业、林业、畜牧业、渔业生产。发包方和承包方应当订立承包合同，约定双方的权利和义务。土地承包经营的期限由承包合同约定。承包经营土地的单位和个人，有保护和按照承包合同约定的用途合理利用土地的义务。

农民集体所有的土地由本集体经济组织以外的单位或者个人承包经营的，必须经村民会议三分之二以上成员或者三分之二以上村民代表的同意，并报乡（镇）人民政府批准。

第十六条 土地所有权和使用权争议，由当事人协商解决；协商不成的，由人民政府处理。

单位之间的争议，由县级以上人民政府处理；个人之间、个人与单位之间的争议，由乡级人民政府或者县级以上人民政府处理。

当事人对有关人民政府的处理决定不服的，可以自接到处理决定通知之日起三十日内，向人民法院起诉。

在土地所有权和使用权争议解决前，任何一方不得改变土地利用现状。

## 第三章　土地利用总体规划

第十七条　各级人民政府应当依据国民经济和社会发展规划、国土整治和资源环境保护的要求、土地供给能力以及各项建设对土地的需求，组织编制土地利用总体规划。

土地利用总体规划的规划期限由国务院规定。

第十八条　下级土地利用总体规划应当依据上一级土地利用总体规划编制。

地方各级人民政府编制的土地利用总体规划中的建设用地总量不得超过上一级土地利用总体规划确定的控制指标，耕地保有量不得低于上一级土地利用总体规划确定的控制指标。

省、自治区、直辖市人民政府编制的土地利用总体规划，应当确保本行政区域内耕地总量不减少。

第十九条　土地利用总体规划按照下列原则编制：

（一）严格保护基本农田，控制非农业建设占用农用地；

（二）提高土地利用率；

（三）统筹安排各类、各区域用地；

（四）保护和改善生态环境，保障土地的可持续利用；

（五）占用耕地与开发复垦耕地相平衡。

第二十条　县级土地利用总体规划应当划分土地利用区，明确土地用途。

乡（镇）土地利用总体规划应当划分土地利用区，根据土地使用条件，确定每一块土地的用途，并予以公告。

第二十一条　土地利用总体规划实行分级审批。

省、自治区、直辖市的土地利用总体规划，报国务院批准。

省、自治区人民政府所在地的市、人口在一百万以上的城市以及国务院指定的城市的土地利用总体规划，经省、自治区人民政府审查同意后，报国务院批准。

本条第二款、第三款规定以外的土地利用总体规划，逐级上报省、自治区、直辖市人民政府批准；其中，乡（镇）土地利用总体规划可以由省级人民政府授权的设区的市、自治州人民政府批准。

土地利用总体规划一经批准，必须严格执行。

第二十二条　城市建设用地规模应当符合国家规定的标准，充分利用现有建设用地，不占或者少占农用地。

城市总体规划、村庄和集镇规划，应当与土地利用总体规划相衔接，城市总体规划、村庄和集镇规划中建设用地规模不得超过土地利用总体规划确定的城市和村庄、集镇建设用地规模。

在城市规划区内、村庄和集镇规划区内，城市和村庄、集镇建设用地应当符合城市规划、村庄和集镇规划。

第二十三条　江河、湖泊综合治理和开发利用规划，应当与土地利用总体规划相衔接。在江河、湖泊、水库的管理和保护范围以及蓄洪滞洪区内，土地利用应当符合江河、湖泊综合治理和开发利用规划，符合河道、湖泊行洪、蓄洪和输水的要求。

第二十四条　各级人民政府应当加强土地利用计划管理，实行建设用地总量控制。

土地利用年度计划，根据国民经济和社会发展计划、国家产业政策、土地利用总体规划以及建设用地和土地利用的实际状况编制。土地利用年度计划的编制审批程序与土地利用总体规划的编制审批程序相同，一经审批下达，必须严格执行。

第二十五条　省、自治区、直辖市人民政府应当将土地利用年度计划的执行情况列为国民经济和社会发展计划执行情况的内容，向同级人民代表大会报告。

第二十六条　经批准的土地利用总体规划的修改，须经原批准机关批准；未经批准，不得改变土地利用总体规划确定的土地用途。

经国务院批准的大型能源、交通、水利等基础设施建设用地，需要改变土地利用总体规划的，根据国务院的批准文件修改土地利用总体规划。

经省、自治区、直辖市人民政府批准的能源、交通、水利等基础设施建设用地，需要改变土地利用总体规划的，属于省级人民政府土地利用总体规划批准权限内的，根据省级人民政府的批准文件修改土地利用总体规划。

第二十七条　国家建立土地调查制度。

县级以上人民政府土地行政主管部门会同同级有关部门进行土地调查。土地所有者或者使用者应当配合调查，并提供有关资料。

第二十八条　县级以上人民政府土地行政主管部门会同同级有关部门根据土地调查成果、规划土地用途和国家制定的统一标准，评定土地等级。

第二十九条　国家建立土地统计制度。

县级以上人民政府土地行政主管部门和同级统计部门共同制定统计调查方案，依法进行土地统计，定期发布土地统计资料。土地所有者或者使用者应当提供有关资料，不得虚报、瞒报、拒报、迟报。

土地行政主管部门和统计部门共同发布的土地面积统计资料是各级人民政府编制土地利用总体规划的依据。

第三十条　国家建立全国土地管理信息系统，对土地利用状况进行动态监测。

### 第四章　耕地保护

第三十一条　国家保护耕地，严格控制耕地转为非耕地。

国家实行占用耕地补偿制度。非农业建设经批准占用耕地的，按照"占多少，垦多少"的原则，由占用耕地的单位负责开垦与所占用耕地的数量和质量相当的耕地；没有条件开垦或者开垦的耕地不符合要求的，应当按照省、自治区、直辖市的规定缴纳耕地开垦费，专款用于开垦新的耕地。

省、自治区、直辖市人民政府应当制定开垦耕地计划，监督占用耕地的单位按照计划开垦耕地或者按照计划组织开垦耕地，并进行验收。

第三十二条　县级以上地方人民政府可以要求占用耕地的单位将所占用耕地耕作层的土壤用于新开垦耕地、劣质地或者其他耕地的土壤改良。

第三十三条　省、自治区、直辖市人民政府应当严格执行土地利用总体规划和土地利用年度计划，采取措施，确保本行政区域内耕地总量不减少；耕地总量减少的，由国务院责令在规定期限内组织开垦与所减少耕地的数量与质量相当的耕地，并由国务院土地行政主管部门会同农业行政主管部门验收。个别省、直辖市确因土地后备资源匮乏，新增建设用地后，新开垦耕地的数量不足以补偿所占用耕地的数量的，必须报经国务院批准减免本行政区域内开垦耕地的数量，进行易地开垦。

第三十四条　国家实行基本农田保护制度。下列耕地应当根据土地利用总体规划划入基本农田保护区，严格管理：

（一）经国务院有关主管部门或者县级以上地方人民政府批准确定的粮、棉、油生产基地内的耕地；

（二）有良好的水利与水土保持设施的耕地，正在实施改造计划以及可以改造的中、低产田；

　　（三）蔬菜生产基地；

　　（四）农业科研、教学试验田；

　　（五）国务院规定应当划入基本农田保护区的其他耕地。

　　各省、自治区、直辖市划定的基本农田应当占本行政区域内耕地的百分之八十以上。

　　基本农田保护区以乡（镇）为单位进行划区定界，由县级人民政府土地行政主管部门会同同级农业行政主管部门组织实施。

　　第三十五条　各级人民政府应当采取措施，维护排灌工程设施，改良土壤，提高地力，防止土地荒漠化、盐渍化、水土流失和污染土地。

　　第三十六条　非农业建设必须节约使用土地，可以利用荒地的，不得占用耕地；可以利用劣地的，不得占用好地。

　　禁止占用耕地建窑、建坟或者擅自在耕地上建房、挖砂、采石、采矿、取土等。

　　禁止占用基本农田发展林果业和挖塘养鱼。

　　第三十七条　禁止任何单位和个人闲置、荒芜耕地。已经办理审批手续的非农业建设占用耕地，一年内不用而又可以耕种并收获的，应当由原耕种该幅耕地的集体或者个人恢复耕种，也可以由用地单位组织耕种；一年以上未动工建设的，应当按照省、自治区、直辖市的规定缴纳闲置费；连续两年未使用的，经原批准机关批准，由县级以上人民政府无偿收回用地单位的土地使用权；该幅土地原为农民集体所有的，应当交由原农村集体经济组织恢复耕种。

　　在城市规划区范围内，以出让方式取得土地使用权进行房地产开发的闲置土地，依照《中华人民共和国城市房地产管理法》的有关规定办理。

　　承包经营耕地的单位或者个人连续二年弃耕抛荒的，原发包单位应当终止承包合同，收回发包的耕地。

　　第三十八条　国家鼓励单位和个人按照土地利用总体规划，在保护和改善生态环境、防止水土流失和土地荒漠化的前提下，开发未利用的土地；适宜开发为农用地的，应当优先开发成农用地。

　　国家依法保护开发者的合法权益。

　　第三十九条　开垦未利用的土地，必须经过科学论证和评估，在土地利用总体规划划定的可开垦的区域内，经依法批准后进行。禁止毁坏森林、草原开垦耕地，禁止围湖造田和侵占江河滩地。

根据土地利用总体规划，对破坏生态环境开垦、围垦的土地，有计划有步骤地退耕还林、还牧、还湖。

第四十条　开发未确定使用权的国有荒山、荒地、荒滩从事种植业、林业、畜牧业、渔业生产的，经县级以上人民政府依法批准，可以确定给开发单位或者个人长期使用。

第四十一条　国家鼓励土地整理。县、乡（镇）人民政府应当组织农村集体经济组织，按照土地利用总体规划，对田、水、路、林、村综合整治，提高耕地质量，增加有效耕地面积，改善农业生产条件和生态环境。

地方各级人民政府应当采取措施，改造中、低产田，整治闲散地和废弃地。

第四十二条　因挖损、塌陷、压占等造成土地破坏，用地单位和个人应当按照国家有关规定负责复垦；没有条件复垦或者复垦不符合要求的，应当缴纳土地复垦费，专项用于土地复垦。复垦的土地应当优先用于农业。

## 第五章　建设用地

第四十三条　任何单位和个人进行建设，需要使用土地的，必须依法申请使用国有土地；但是，兴办乡镇企业和村民建设住宅经依法批准使用本集体经济组织农民集体所有的土地的，或者乡（镇）村公共设施和公益事业建设经依法批准使用农民集体所有的土地的除外。

前款所称依法申请使用的国有土地包括国家所有的土地和国家征用的原属于农民集体所有的土地。

第四十四条　建设占用土地，涉及农用地转为建设用地的，应当办理农用地转用审批手续。

省、自治区、直辖市人民政府批准的道路、管线工程和大型基础设施建设项目、国务院批准的建设项目占用土地，涉及农用地转为建设用地的，由国务院批准。

在土地利用总体规划确定的城市和村庄、集镇建设用地规模范围内，为实施该规划而将农用地转为建设用地的，按土地利用年度计划分批次由原批准土地利用总体规划的机关批准。在已批准的农用地转用范围内，具体建设项目用地可以由市、县人民政府批准。

本条第二款、第三款规定以外的建设项目占用土地，涉及农用地转为建设用地的，由省、自治区、直辖市人民政府批准。

第四十五条　征收下列土地的，由国务院批准：

（一）基本农田；

（二）基本农田以外的耕地超过35公顷的；

（三）其他土地超过七十公顷的。

征收前款规定以外的土地的，由省、自治区、直辖市人民政府批准，并报国务院备案。征收农用地的，应当依照本法第四十四条的规定先行办理农用地转用审批。其中，经国务院批准农用地转用的，同时办理征地审批手续。不再另行办理征地审批；经省、自治区、直辖市人民政府在征地批准权限内批准农用地转用的，同时办理征地审批手续，不再另行办理征地审批，超过征地批准权限的，应当依照本条第一款的规定另行办理征地审批。

第四十六条　国家征收土地的，依照法定程序批准后，由县级以上地方人民政府予以公告并组织实施。

被征用土地的所有权人、使用权人应当在公告规定期限内，持土地权属证书到当地人民政府土地行政主管部门办理征地补偿登记。

第四十七条　征收土地的，按照被征收土地的原用途给予补偿。

征收耕地的补偿费用包括土地补偿费、安置补助费以及地上附着物和青苗的补偿费。征收耕地的土地补偿费，为该耕地被征收前三年平均年产值的六至十倍。征收耕地的安置补助费，按照需要安置的农业人口数计算。需要安置的农业人口数，按照被征收的耕地数量除以征地前被征收单位平均每人占有耕地的数量计算。每一个需要安置的农业人口的安置补助费标准，为该耕地被征收前三年平均年产值的四至六倍。但是，每公顷被征收耕地的安置补助费，最高不得超过被征收前三年平均年产值的十五倍。

征收其他土地的土地补偿费和安置补助费标准，由省、自治区、直辖市参照征收耕地的土地补偿费和安置补助费的标准规定。

被征收土地上的附着物和青苗的补偿标准，由省、自治区、直辖市规定。

征收城市郊区的菜地，用地单位应当按照国家有关规定缴纳新菜地开发建设基金。

依照本条第二款的规定支付土地补偿费和安置补助费，尚不能使需要安置的农民保持原有生活水平的，经省、自治区、直辖市人民政府批准，可以增加安置补助费。但是，土地补偿费和安置补助费的总和不得超过土地被征收前三年平均年产值的三十倍。

国务院根据社会、经济发展水平，在特殊情况下，可以提高征收耕地的土地补偿费和安置补助费的标准。

第四十八条　征地补偿安置方案确定后，有关地方人民政府应当公告，并听取被征地的农村集体经济组织和农民的意见。

第四十九条　被征地的农村集体经济组织应当将征收土地的补偿费用的收支状况向本集体经济组织的成员公布，接受监督。

禁止侵占、挪用被征用土地单位的征地补偿费用和其他有关费用。

第五十条　地方各级人民政府应当支持被征地的农村集体经济组织和农民从事开发经营，兴办企业。

第五十一条　大中型水利、水电工程建设征收土地的补偿费标准和移民安置办法，由国务院另行规定。

第五十二条　建设项目可行性研究论证时，土地行政主管部门可以根据土地利用总体规划、土地利用年度计划和建设用地标准，对建设用地有关事项进行审查，并提出意见。

第五十三条　经批准的建设项目需要使用国有建设用地的，建设单位应当持法律、行政法规规定的有关文件，向有批准权的县级以上人民政府土地行政主管部门提出建设用地申请，经土地行政主管部门审查，报本级人民政府批准。

第五十四条　建设单位使用国有土地，应当以出让等有偿使用方式取得；但是，下列建设用地，经县级以上人民政府依法批准，可以以划拨方式取得：

（一）国家机关用地和军事用地；

（二）城市基础设施用地和公益事业用地；

（三）国家重点扶持的能源、交通、水利等基础设施用地；

（四）法律、行政法规规定的其他用地。

第五十五条　以出让等有偿使用方式取得国有土地使用权的建设单位，按照国务院规定的标准和办法，缴纳土地使用权出让金等土地有偿使用费和其他费用后，方可使用土地。

自本法施行之日起，新增建设用地的土地有偿使用费，百分之三十上缴中央财政，百分之七十留给有关地方人民政府，都专项用于耕地开发。

第五十六条　建设单位使用国有土地的，应当按照土地使用权出让等有偿使用合同的约定或者土地使用权划拨批准文件的规定使用土地；确需改变该幅土地建设用途的，应当经有关人民政府土地行政主管部门同意，报原批准用地的人民政府批准。其中，在城市规划区内改变土地用途的，在报批前，应当先经有关城市规划行政主管部门同意。

第五十七条　建设项目施工和地质勘查需要临时使用国有土地或者农民集体所有的土地的，由县级以上人民政府土地行政主管部门批准。其中，在城市规划区内的临时用地，在报批前，应当先经有关城市规划行政主管部门同意。土地使用者应当根据土地权属，与有关土地行政主管部门或者农村集体经济组织、村民委员会签订临时使用土地合同，并按照合同的约定支付临时使用土地补偿费。

临时使用土地的使用者应当按照临时使用土地合同约定的用途使用土地，并不得修建永久性建筑物。

临时使用土地期限一般不超过两年。

第五十八条　有下列情形之一的，由有关人民政府土地主管部门报经原批准用地的人民政府或者有批准权的人民政府批准，可以收回国有土地使用权：

（一）为公共利益需要使用土地的；

（二）为实施城市规划进行旧城区改建，需要调整使用土地的；

（三）土地出让等有偿使用合同约定的使用期限届满，土地使用者未申请续期或者申请续期未获批准的；

（四）因单位撤销、迁移等原因，停止使用原划拨的国有土地的；

（五）公路、铁路、机场、矿场等经核准报废的。

依照前款第（一）项、第（二）项的规定收回国有土地使用权的，对土地使用权人应当给予适当补偿。

第五十九条　乡镇企业、乡（镇）村公共设施、公益事业、农村村民住宅等乡（镇）村建设，应当按照村庄和集镇规划，合理布局，综合开发，配套建设；建设用地，应当符合乡（镇）土地利用总体规划和土地利用年度计划，并依照本法第四十四条、第六十条、第六十一条、第六十二条的规定办理审批手续。

第六十条　农村集体经济组织使用乡（镇）土地利用总体规划确定的

建设用地兴办企业或者与其他单位、个人以土地使用权入股、联营等形式共同举办企业的，应当持有关批准文件，向县级以上地方人民政府土地行政主管部门提出申请，按照省、自治区、直辖市规定的批准权限，由县级以上地方人民政府批准；其中，涉及占用农用地的，依照本法第四十四条的规定办理审批手续。

按照前款规定兴办企业的建设用地，必须严格控制。省、自治区、直辖市可以按照乡镇企业的不同行业和经营规模，分别规定用地标准。

第六十一条　乡（镇）村公共设施、公益事业建设，需要使用土地的，经乡（镇）人民政府审核，向县级以上地方人民政府土地行政主管部门提出申请，按照省、自治区、直辖市规定的批准权限，由县级以上地方人民政府批准；其中，涉及占用农用地的，依照本法第四十四条的规定办理审批手续。

第六十二条　农村村民一户只能拥有一处宅基地，其宅基地的面积不得超过省、自治区、直辖市规定的标准。

农村村民建住宅，应当符合乡（镇）土地利用总体规划，并尽量使用原有的宅基地和村内空闲地。

农村村民住宅用地，经乡（镇）人民政府审核，由县级人民政府批准；其中，涉及占用农用地的，依照本法第四十四条的规定办理审批手续。

农村村民出卖、出租住房后，再申请宅基地的，不予批准。

第六十三条　农民集体所有的土地的使用权不得出让、转让或者出租用于非农业建设；但是，符合土地利用总体规划并依法取得建设用地的企业，因破产、兼并等情形致使土地使用权依法发生转移的除外。

第六十四条　在土地利用总体规划制定前已建的不符合土地利用总体规划确定的用途的建筑物、构筑物，不得重建、扩建。

第六十五条　有下列情形之一的，农村集体经济组织报经原批准用地的人民政府批准，可以收回土地使用权：

（一）为乡（镇）村公共设施和公益事业建设，需要使用土地的；

（二）不按照批准的用途使用土地的；

（三）因撤销、迁移等原因而停止使用土地的。

依照前款第（一）项规定收回农民集体所有的土地的，对土地使用权人应当给予适当补偿。

## 第六章　监督检查

第六十六条　县级以上人民政府土地行政主管部门对违反土地管理法律、法规的行为进行监督检查。

土地管理监督检查人员应当熟悉土地管理法律、法规，忠于职守、秉公执法。

第六十七条　县级以上人民政府土地行政主管部门履行监督检查职责时，有权采取下列措施：

（一）要求被检查的单位或者个人提供有关土地权利的文件和资料，进行查阅或者予以复制；

（二）要求被检查的单位或者个人就有关土地权利的问题做出说明；

（三）进入被检查单位或者个人非法占用的土地现场进行勘测；

（四）责令非法占用土地的单位或者个人停止违反土地管理法律、法规的行为。

第六十八条　土地管理监督检查人员履行职责，需要进入现场进行勘测、要求有关单位或者个人提供文件、资料和做出说明的，应当出示土地管理监督检查证件。

第六十九条　有关单位和个人对县级以上人民政府土地行政主管部门就土地违法行为进行的监督检查应当支持与配合，并提供工作方便，不得拒绝与阻碍土地管理监督检查人员依法执行职务。

第七十条　县级以上人民政府土地行政主管部门在监督检查工作中发现国家工作人员的违法行为，依法应当给予行政处分的，应当依法予以处理；自己无权处理的，应当向同级或者上级人民政府的行政监察机关提出行政处分建议书，有关行政监察机关应当依法予以处理。

第七十一条　县级以上人民政府土地行政主管部门在监督检查工作中发现土地违法行为构成犯罪的，应当将案件移送有关机关，依法追究刑事责任；不构成犯罪的，应当依法给予行政处罚。

第七十二条　依照本法规定应当给予行政处罚，而有关土地行政主管部门不给予行政处罚的，上级人民政府土地行政主管部门有权责令有关土地行政主管部门做出行政处罚决定或者直接给予行政处罚，并给予有关土地行政主管部门的负责人行政处分。

## 第七章　法律责任

第七十三条　买卖或者以其他形式非法转让土地的，由县级以上人民政府土地行政主管部门没收违法所得；对违反土地利用总体规划擅自将农用地改为建设用地的，限期拆除在非法转让的土地上新建的建筑物和其他设施，恢复土地原状，对符合土地利用总体规划的，没收在非法转让的土地上新建的建筑物和其他设施；可以并处罚款；对直接负责的主管人员和其他直接责任人员，依法给予行政处分，构成犯罪的，依法追究刑事责任。

第七十四条　违反本法规定，占用耕地建窑、建坟或者擅自在耕地上建房、挖砂、采石、采矿、取土等，破坏种植条件的，或者因开发土地造成土地荒漠化、盐渍化的，由县级以上人民政府土地行政主管部门责令限期改正或者治理，可以并处罚款；构成犯罪的，依法追究刑事责任。

第七十五条　违反本法规定，拒不履行土地复垦义务的，由县级以上人民政府土地行政主管部门责令限期改正；逾期不改正的，责令缴纳复垦费，专项用于土地复垦，可以处以罚款。

第七十六条　未经批准或者采取欺骗手段骗取批准，非法占用土地的，由县级以上人民政府土地行政主管部门责令退还非法占用的土地，对违反土地利用总体规划擅自将农用地改为建设用地的，限期拆除在非法占用的土地上新建的建筑物和其他设施，恢复土地原状，对符合土地利用总体规划的，没收在非法占用的土地上新建的建筑物和其他设施，可以并处罚款；对非法占用土地单位的直接负责的主管人员和其他直接责任人员，依法给予行政处分；构成犯罪的，依法追究刑事责任。

超过批准的数量占用土地，多占的土地以非法占用土地论处。

第七十七条　农村村民未经批准或者采取欺骗手段骗取批准，非法占用土地建住宅的，由县级以上人民政府土地行政主管部门责令退还非法占用的土地，限期拆除在非法占用的土地上新建的房屋。

超过省、自治区、直辖市规定的标准，多占的土地以非法占用土地论处。

第七十八条　无权批准征收、使用土地的单位或者个人非法批准占用土地的，超越批准权限非法批准占用土地的，不按照土地利用总体规划确定的用途批准用地的，或者违反法律规定的程序批准占用、征收土地的，其批准文件无效，对非法批准征收、使用土地的直接负责的主管人员和其他直接责任人员，依法给予行政处分；构成犯罪的，依法追究刑事责任。

非法批准、使用的土地应当收回，有关当事人拒不归还的，以非法占用土地论处。

非法批准征用、使用土地，对当事人造成损失的，依法应当承担赔偿责任。

第七十九条 侵占、挪用被征收土地单位的征地补偿费用和其他有关费用，构成犯罪的，依法追究刑事责任；尚不构成犯罪的，依法给予行政处分。

第八十条 依法收回国有土地使用权当事人拒不交出土地的，临时使用土地期满拒不归还的，或者不按照批准的用途使用国有土地的，由县级以上人民政府土地行政主管部门责令交还土地，处以罚款。

第八十一条 擅自将农民集体所有的土地的使用权出让、转让或者出租用于非农业建设的，由县级以上人民政府土地行政主管部门责令限期改正，没收违法所得，并处罚款。

第八十二条 不依照本法规定办理土地变更登记的，由县级以上人民政府土地行政主管部门责令其限期办理。

第八十三条 依照本法规定，责令限期拆除在非法占用的土地上新建的建筑物和其他设施的，建设单位或者个人必须立即停止施工，自行拆除；对继续施工的，做出处罚决定的机关有权制止。建设单位或者个人对责令限期拆除的行政处罚决定不服的，可以在接到责令限期拆除决定之日起15日内，向人民法院起诉；期满不起诉又不自行拆除的，由做出处罚决定的机关依法申请人民法院强制执行，费用由违法者承担。

第八十四条 土地行政主管部门的工作人员玩忽职守、滥用职权、徇私舞弊，构成犯罪的，依法追究刑事责任；尚不构成犯罪的，依法给予行政处分。

### 第八章 附则

第八十五条 中外合资企业、中外合作经营企业、外资企业使用土地的，适用本法；法律另有规定的，从其规定。

第八十六条 本法自1999年1月1日起施行。

附：《刑法》有关条文

第二百二十八条 以牟利为目的，违反土地管理法规，非法转让、倒卖土地使用权，情节严重的，处三年以下有期徒刑或者拘役，并处或者单处非法转让、倒卖土地使用权价额百分之五以上百分之二十以下罚金；情节特别严重的，处三年以上七年以下有期徒刑，并处非法转让、倒卖土地使用权价额百分之五以上百分之二十以下罚金。

第三百四十二条　违反土地管理法规，非法占用耕地改作他用，数量较大，造成耕地大量毁坏的，处五年以下有期徒刑或者拘役，并处或者单处罚金。

第四百一十条　国家机关工作人员徇私舞弊，违反土地管理法规，滥用职权，非法批准征用、占用土地，或者非法低价出让国有土地使用权，情节严重的，处三年以下有期徒刑或者拘役；致使国家或者集体利益遭受特别重大损失的，处三年以上七年以下有期徒刑。

中华人民共和国主席　胡锦涛

二〇〇四年八月二十八日